戦略の本質
戦史に学ぶ逆転のリーダーシップ

野中郁次郎
戸部良一
鎌田伸一
寺本義也
杉之尾宜生
村井友秀

まえがき

勝利を導き出す戦略に共通性はありうるのか。本書の問題意識は、なぜ日本軍は敗北を避けられなかったのかを研究した『失敗の本質――日本軍の組織論的研究』（一九八四年刊）の議論の過程で、われわれの脳裏から離れないものとなっていた。「失敗の本質」プロジェクトが終了すると同時に、日本軍とは逆に「なぜかれらは勝利を獲得できたのか」を明らかにする「戦略の本質」プロジェクトを立ち上げた。

どのようなコンセプトで、どの戦いを取り上げるかを議論していく過程で、戦略の本質が最も顕在化するのは逆転現象ではないか、という仮説が浮かび上がってきた。有利な状況では戦略の質は大勢に影響を与えない。しかし、圧倒的に不利な状況で逆転を成し遂げるときに、戦略の本質が最も顕在化する。残念ながら、この仮説を検証すべきケースは、日露戦争以降の日本には存在しなかった。そのため、日本以外の戦いの歴史のなかから、戦略の本質を示す大逆転のケースを取り上げることとなった。

さらに、本書で対象とする大逆転は戦争そのものの行方を大きく変えたものとした。例えば、当初は、北アフリカにおける英独の戦闘（エル・アラメインの戦い）も候補として挙がったが、突き詰めていくと、この戦いは逆転の好例ではあっても、戦争の重大な転機とはいえないことがわかった。事例研究として執筆した原稿は捨てざるを得なかった。

ケースの選定、執筆まではほぼ順調に進んだが、結局のところ、戦略の本質は何かという、根本的なところでわれわれは行き詰まってしまった。前著『失敗の本質』は、日露戦争という過去の成功体験に過剰適応した結果、日本軍は失敗を回避できなかった、というきわめて明快な命題を提示することができたが、戦略あるいは逆転の本質は何か、については確たる命題が見いだせなかった。かといって、われわれは、戦略のハウツーもの、これを実行すれば戦略的に成功するといったチェックリストをつくるつもりもなかった。こうして、プロジェクトはいったん休眠状態となった。

九〇年代に入り、プロジェクト・メンバーの野中らが知識創造理論を日本から発信するなど、経営理論に一つの転機が見られた。一方、冷戦が終焉して宗教紛争や、民族対立、テロなどが複雑に絡み合った戦いが出現するなかで、軍事戦略論においてもエドワード・ルトワクやコリン・グレーなどによって新たな観点が提示されてきた。

両分野における知の体系がかなり豊かになってきたとき、われわれも、あらためて戦略の本質とは何かを見つめ直そうということになった。それは、バブル崩壊後の日本に、あまりにも戦略が欠けているように思われたからである。戦略論がないわけではなかったが、流行している戦略論は分析的な戦略策定に終始していた。分析的な戦略論が行き過ぎた結果、戦略を実践する人間の顔が見えなくなっていた。

戦略とは、何かを分析することではない、本質を洞察しそれを実践すること、認識と実践を組織的に綜合することであるはずだ、という確信をわれわれは持つに至った。そこから導き出されたのは、戦略を左右し、逆転を生み出す鍵はリーダーの信念や資質にあるのではないか、という仮説であった。そこからプロジェクトは再開された。

再開されたプロジェクトで論議されたのは、日本のリーダーには徹底的にリアリズムが欠落していると同時に、理想主義も貧困である、ということであった。この二つの指摘は相矛盾しているように思われるかもしれないが、優れた戦略的リーダーはこれらを同時に達成しているのである。

リーダーには、理想主義的リアリズムが必要とされる。ただし、これはリーダー個人の問題ではない。リーダーは、彼が生きる社会から生まれ、社会によって育てられる。とすれば、逆転を成し遂げる優れた戦略は、理想主義的リアリズムをそなえたリーダーによって構築され実践されるが、それはまた、本質を直視し、対話を通じて真理をつくっていく社会のあり方にも関係してくる。わが日本には戦略を社会的に生み出す能力が欠けているのではないだろうか、いや歴史的に見てそうではない、といった議論をわれわれは重ねた。

戦後六〇年、横並び競争の下で成長してきた日本は、グローバル競争に直面し、はじめて戦略の持つ意味の大きさに気づき、戸惑っているのではないだろうか。本書は終章で、逆転を生み出すリーダーに必要な条件を一〇の命題として提示したが、果たして日本にはこの条件を満たすリーダーがいるのだろうか。あるいは、いたのだろうか。われわれは、そうしたリーダーが少なくとも過去には存在し、現在でも潜在的にはどこかにいると信じたい。別の言い方をすれば、日本社会には、本質を直視し、対話を通じて真理をつくっていく能力があると信じたい。

本書は、戦史の事例にもとづいて戦略の本質を突き詰めたものであるが、それと同時に、リーダーシップの本質を洞察しようとしたものでもある。その意味で、逆転を成し遂げることのできる戦略的な視野を持ったリーダーの実践的な資質とは何か、この問題を考えるときのきっかけともなれば、本書の第一の目的は達せられることになるだろう。

本書の完成まで二〇年かかり、ヤングソルジャーだった執筆者たちも古武士となってしまったが、一人も欠けず無事完成を見届けることができた。しかし、われわれは、まだ戦略の本質の何かが少し見えてきたにすぎないと思っている。したがって、われわれも今後、研究を継続していくつもりだが、若い世代の研究者がいつの日か本書を不要にしてくれることも期待したいと思う。

最後に、休日も関係ない研究会を支援してくれた所属部署の方々、家族の配慮に感謝したい。また、出版にこぎつけるまでに、叱咤激励し、背中を押してくれた日本経済新聞社出版局編集部の堀口祐介氏にお礼を申し上げる。かれがいなければ、本書は休眠から目覚めることはできなかっただろう。

二〇〇五年八月

執筆者を代表して　野中郁次郎

第5章（朝鮮戦争――軍事合理性の追求と限界　鎌田伸一執筆）262ページにおいて朱建栄著『毛沢東の朝鮮戦争』（岩波書店刊）に対する重大な権利侵害がありました。該当箇所を削除し、新たな文章を挿入するとともに、著者の朱建栄氏をはじめ関係者の皆様に深くお詫びいたします。

鎌田伸一

戦略の本質——戦史に学ぶ逆転のリーダーシップ

［目次］

序章 なぜいま戦略なのか

1 逆転できなかった日本軍 19
2 なぜ逆転できなかったのか 23
物量的劣勢？／戦略不在——戦いの本質を理解しなかった
3 あらためて戦略の必要性を考える 28
歴史を繰り返してはならない／本書の構成

第1章 戦略論の系譜

1 ナポレオン戦争と近代戦略論 34
忘れられた戦略家ジョミニ／戦争の本質をとらえる——クラウゼヴィッツ／摩擦——戦略の実行側面
2 第一次大戦とリデルハート 45
間接アプローチ戦略／リデルハートの功罪
3 第二次大戦後の戦略論 48
戦略の逆説的論理——ルトワク／大戦略のリーダーシップ
4 戦略の位相 53

グレーの議論／埋め合わせ――戦略のダイナミズムを考える

第2章 毛沢東の反「包囲討伐」戦――矛盾のマネジメント

1 国民革命の変質 63
国民党誕生／対立と分裂
2 根拠地の建設 66
紅軍の建設／土地革命
3 第一次反「包囲討伐」戦（一九三〇年一二月～三一年一月） 75
六つの条件／重要なのは緒戦で勝つこと／建軍来最大の勝利
4 第二次反「包囲討伐」戦（一九三一年三～五月） 82
意志と意志との勝負／白軍三万人消滅
5 第三次反「包囲討伐」戦（一九三一年七～九月） 87
一〇対一の劣勢／遊撃戦と機動戦による勝利
6 第四次反「包囲討伐」戦（一九三三年六～一〇月） 91
7 第五次反「包囲討伐」戦（一九三三年一〇月～三四年一〇月） 93
白軍の戦略・戦術革新／陣地戦を選択／広昌攻撃作戦

8 長征 98
機動力を生かした運動戦へ／「鍛え上げられた」軍隊に／抗日戦争から解放戦争へ
アナリシス 105
戦争の弁証法／「人民」の軍隊と戦う意志／「動く」根拠地／組織の機動化／情報活動／毛沢東のレトリック／「知」の方法論の共有
第3章 バトル・オブ・ブリテン――守りの戦いを勝ち抜いたリーダーシップ
プロローグ 123
1 ドイツ空軍――電撃戦の花形 126
ヒトラーの指令／航空艦隊の編成
2 イギリス防空戦力 131
チャーチルの備え／英空軍戦略のジレンマ／明暗分けたレーダー開発――実用化・システム化／防空システムの構図
3 戦闘――守りの戦い 144
フランスでの戦い――戦闘機不足、パイロット不足／序盤戦――何を学んだか／「鷲の日」――ドイツの失われた機会／危機――ドイツ空軍の戦術転換／終盤戦――転機は九月一五日におとずれた

アナリシス　169
リーダーシップ／守りの戦い／ドイツの過誤

第4章　スターリングラードの戦い──敵の長所をいかに殺すか

プロローグ　179
1　「バルバロッサ」から「ブラウ」へ　182
イギリスを屈服させるには／矛先は南部へ──浮上するスターリングラード
2　一九四二年夏──ドイツ軍の急襲・包囲戦　193
圧倒的な勢い／ヒトラーの失策／基本方針崩壊の始まり
3　スターリングラード攻防戦──市街戦の展開　203
衰えるスピード、詰まる補給／本来は脇役のはずが……／攻防戦の開始／風前の灯火／「モスクワ方式」で戦う──戦略的持久プラス逆包囲／チュイコフ登場／異質な市街戦を勝つ
4　ソ連軍の逆包囲作戦　218
反撃の開始／逆包囲作戦の狙い／「第六軍の心臓病」
アナリシス　226
時間の転換──方針の変更と兵力の分散／エネルギーの転換──戦略的持久と逆包

囲／強みを弱みに――市街地における近接戦闘法の開発／視点の環流――前線と司令部の対話／二つの系列――精巧な情報システムの構築／政治指導者と軍事専門家

第5章 朝鮮戦争――軍事合理性の追求と限界

プロローグ 233
1 開戦から仁川上陸まで 237
2 仁川上陸作戦 240
作戦計画の起源／実行可能性をめぐる論争／作戦計画／上陸作戦の実施／ターニング・ポイントと国連軍の北上
3 中国軍の参戦 262
参戦の準備／参戦の決定
アナリシス 267
マッカーサーの軍事合理性の追求／軍事合理性の限界

第6章 第四次中東戦争――サダトの限定戦争戦略

プロローグ 277
1 イスラエルの戦略 279

戦略環境の変化／軍事戦略の変化／防衛システム／システム機能の鍵——情報／空軍と機甲部隊、そしてスエズ運河／イスラエルの過信と驕慢
2 サダトの戦争構想 287
中東をめぐる米ソの角逐／サダトの登場——破綻寸前の国家財政／人事の刷新／サダトの決断
3 エジプト軍の作戦戦略 296
4 スエズ運河渡河作戦 300
作戦経過の概要／企図の秘匿・欺騙／局地空中優勢圏の造成／歩兵による対戦車戦闘／スエズ運河渡河作業／イスラエルからの評価
アナリシス 319
「アラブの大義」からの脱却／戦争目的の確立／全面戦争から限定戦争への転換／親ソから親米への転換

第7章 ベトナム戦争——逆転をなしえなかった超大国

プロローグ 329
巨人はなぜ敗れたのか／敗北・失敗・不道徳の象徴／ノー・モア「ノー・モア・ベトナム」

1 テト攻勢・ケサン攻防戦の意味 337
軍事的敗北、政治的勝利／「七七日間の攻囲」の虚実／ターニング・ポイント
2 アメリカ軍の戦略 344
「歴史上最も複雑な戦争」／北爆の効果？／見えなくなった正当性／通じないアメリカ軍のスタイル――対ゲリラ戦／消耗戦略の実態／主導権を握っていたのも北ベトナム／空虚な政治的コントロール
3 戦闘の実相 359
索敵撃滅作戦／山岳・ジャングルでの戦闘の実態／前例なき戦闘／兵士の能力の優劣は／目標は死体の数――歪められた真実
アナリシス 367
食い違う戦争目的／「戦線なき戦争」の誤算／裏目に出た戦略・技術／存在しなかった「正義の戦争」／軽視されたゲリラ戦の組織的学習／マクナマラの反省

第8章 逆転を可能にした戦略

1 戦略の構造とメカニズム 379
戦略の意味するもの／技術のレベル／戦術のレベル／作戦戦略のレベル／軍事戦略のレベル／大戦略のレベル／戦略のメカニズム

2　逆転を可能にした戦略　396
毛沢東の反「包囲討伐」戦／バトル・オブ・ブリテン／スターリングラード攻防戦
／朝鮮戦争／第四次中東戦争／ベトナム戦争

終章　戦略の本質とは何か――10の命題

命題1　戦略は「弁証法」である　422
命題2　戦略は真の「目的」の明確化である　425
命題3　戦略は時間・空間・パワーの「場」の創造である　428
命題4　戦略は「人」である　433
命題5　戦略は「信頼」である　434
命題6　戦略は「言葉」である　437
命題7　戦略は「本質洞察」である　439
命題8　戦略は「社会的に」創造される　444
命題9　戦略は「義」である　447
命題10　戦略は「賢慮」である　449

参考文献　461

装丁・川上成夫

序章　なぜいま戦略なのか

1　逆転できなかった日本軍

前作『失敗の本質』でわれわれは、大東亜戦争時の日本軍が、アメリカ軍を中心とする連合軍に対して、単に物量の面だけでなく、戦い方の面でも劣っていたことを指摘した。なるほど個々の戦闘に限定するならば、作戦的には見事な成果を挙げた事例がないわけではない。だが、その大半は緒戦段階だけで、ミッドウェーとガダルカナルで敗れた後は、敗勢を覆すほどの成功例は見られなかった。端的に言えば、日本軍は逆転のきっかけすらつかめなくなったのである。

日本軍の観点から見るならば、三年八カ月に及ぶ大東亜戦争は大きく四つの戦略的局面に区分される。すなわち、戦略的攻勢（一九四一年一二月の開戦から四二年中頃まで）、戦略的対等（一九四二年中頃から四三年前半まで）、戦略的守勢（一九四三年前半から四四年六月のマリアナ沖海戦まで)、絶望的抗戦(一九四四年六月以降、四五年八月の終戦まで)の四つの局面である。

第一の戦略的攻勢の局面は、日本軍が一方的に攻勢をかけた段階である。開戦初頭のハワイ作戦や、フィリピン、マレー方面などの南方作戦では、連合軍側の準備不足もあり、日本軍は兵力、作戦遂行能力において圧倒的優位に立っていた。特に海軍航空部隊は、運用技能(スキル)、航空機の性能などの面でこの時期抜群の水準にあったといわれ、向かうところ敵なしの独壇場であった。

第二の戦略的対等の局面は、日米両軍の陸海軍部隊がほぼ互角の戦闘をしたと思われる段階である。この時期、日米双方はそれぞれ作戦の場所と時機を選んで主導権(イニシアティブ)を取りうる可能性があった。開戦以降守勢一方だったアメリカ軍は、一九四二年四月、日本近海に接近した空母から陸上爆撃機を発進させ、日本本土を空襲して(ドゥーリットル空襲)一矢を報いた。同年五月、海戦史上初めての空母部隊同士の戦いとなった珊瑚海海戦では、日米双方ほぼ互角の戦果を挙げたが、同年六月のミッドウェー海戦で日本海軍は大敗を喫し、開戦以来の積極攻勢作戦は挫折することになる。

とはいえ、空母を含めた海上兵力では、この時点で依然日本軍のほうが優位にあった。このことから、ミッドウェー海戦で積極的進攻作戦が挫折しても、まだ余力のあるこの段階で、攻勢終末点を考慮して戦域を縮小し、早期和平を試みるべきだったという見方がある。しかしながら、これは後知恵にすぎない。そもそもその時点で、アメリカにとって脅威となるような軍事力を保持したままの日本と、アメリカが和平するとは考えられないからである。

さて、このような互角の状況の転機となったのが、一九四三年一月の日本軍のガダルカナル島からの撤収と、同年六月のアメリカ軍によるソロモン諸島からの本格的反攻の開始である。日本軍がガダルカナル島攻防戦に兵力を逐次投入し、パイロットを含む多数の陸海軍兵力を消耗したことは、大きな戦略的失敗であった。消耗戦になることの危険性を知りながら、それゆえ短期決戦を志向したにもかかわらず、結果的に消耗戦に引きずり込まれてしまったのである。

これ以降の第三の局面は、日本軍が受身一方の作戦を余儀なくされる戦略的守勢の段階である。一九四三年九月、日本の戦争指導部は、戦域を縮小し、戦争遂行上絶対確保すべき絶対国防圏を設定した。しかし、アメリカ軍の兵力が次第に増強され、中部太平洋からの反攻が開始されるとともに、戦局は日本軍にとってきわめて困難なものとなった。四四年六月、アメリカ軍がサイパン島に上陸し、日本海軍がマリアナ沖海戦で完敗することによって、この絶対国防圏構想も崩壊することになる。

特にマリアナ沖海戦は、日本海軍が基地航空兵力と連合艦隊の全力を投入して最後の逆転決戦を意図したものであった。連合艦隊は開戦以来初めて九隻もの空母を集結させ、持てる兵力を最大限に投入した。にもかかわらず、日本海軍は見るべき戦果を挙げることができず一方的に敗退した。これは、日米主力艦隊間における事実上の最後の戦いとなった。この段階で、アメリカ軍は日本軍に対し、兵力の質、量ともに圧倒的優位に立ったのである。この海戦こそ大東亜戦争の帰趨を決した転換点であった。

したがって、これ以降の第四の局面は、日本軍がまったく見込みのない戦いを継続した絶望的抗戦の段階といえよう。一九四四年八月、アメリカ軍の進攻を阻止するためにフィリピン方面での決戦が構想された。だが、これはもう、実態とかけ離れた時間稼ぎにしかすぎなかった。近代戦を戦うための組織的な作戦能力を喪失しながらも、戦争を継続したことには、惰性がはたらいていたというべきかもしれない。また、敗北が決定的になった後でも戦争を続行したがゆえに、戦い方は通常とは異なる異常なものとならざるをえなかった。その典型が特攻である。

一九四五年六月に決定された戦争指導方針は、本土決戦態勢を確立し戦争を完遂することを空しく強調した。しかし、その二カ月後に、日本軍は本土決戦を断念し、無条件降伏するに至るのである。

以上のような経緯をたどった三年八カ月の大東亜戦争において、いったん敗勢へ動き出すと、日本軍はその敗勢を挽回する逆転をなしえなかった。もちろん逆転の発想や試みがなかったわけではない。フィリピンや沖縄で敵に多大の犠牲を強要し、本土決戦の準備を進め、できれば無条件降伏ではない講和を勝ち取ろうというのは、当時の日本軍の力から見て、唯一考えられ得る逆転であったかもしれない。しかし、それを現実に具体化することは、ついにできずじまいに終わったのである。

2　なぜ逆転できなかったのか

物量的劣勢？

日本軍にはなぜ逆転がなかったのか。この問いに対する最も素朴な答えは、物量の面で絶対的に劣っていたから、というものだろう。しかし、物量は逆転の必要条件ではあっても十分条件ではない。そもそも大東亜戦争は、物量の劣勢が最初から分かっていて始めた戦争であった。また、物量の面で劣勢であっても、優勢な敵に勝った国、あるいは少なくとも負けなかった国の例は、少数ながら存在する。例えば、日露戦争での日本、中国の国共内戦での紅軍、ベトナム戦争での北ベトナム。したがって、大東亜戦争時の日本軍は、そうした例に見られる物量的劣勢を相殺する戦い方ができなかったということになる。

むろん冒頭にも述べたように、日本軍が作戦としての次元で見事な戦い方を見せた例がないわけではない。大東亜戦争における日本軍の注目すべき戦い方は、例えば、海軍航空部隊による緒戦のハワイ作戦やマレー沖海戦で示された。それは、当初の予想をはるかに上回る戦果を挙げ、それまでの海軍作戦の常識では不可能とされていたことを実現した。予想以上の戦果を挙げえたのは、相手側の準備不足もあるが、日本が優れた兵器を開発していたからであり、周到な計画と訓練を積み重ねた日本海軍の作戦遂行能力のレベルが高かったからである。

一九四一年の時点で、母艦艦載機による攻撃作戦が可能だったのは、アメリカ海軍、イギリス海軍、日本海軍だけだったといわれている。そのなかでも、日本海軍が世界で初めて航空母艦の集団的運用を実戦に移し、航空戦力の持つ可能性を創造的に引き出したことは、海戦史上の画期的なイノベーションといえよう。二〇世紀におけるRMA(Revolution in Military Affairs：軍事における革命)の典型例の一つである空母機動部隊による航空艦隊作戦に関し、日本海軍は先頭グループの一角を占め、瞬間的に先頭を走っていたのである。

しかし、それはあくまで瞬間的でしかなかった。緒戦の戦果は、一見、日本海軍がそれまでパラダイムとしてきた大艦巨砲主義に基づく艦隊決戦思想から脱皮しつつあったかのように思わせるが、実際にはそうではなかったのである。日本海軍は、海軍戦闘の主役が戦艦から、それまで補助兵力の一つと考えられていた航空機に代わりつつあることを自ら実証しながら、その意味を理解しなかった。むしろその意味を正しく理解したのは、手ひどい損害をこうむったアメリカ海軍のほうであった。アメリカ海軍が、空母を中心とする複数輪形陣を編成し、航空主兵時代の海上戦闘に適応していったのに対し、日本海軍が運用レベルで空母中心になったのは、遅れに遅れ、一九四四年になってからのことである。

もう一つ、日本海軍が遅れをとったのは、海上護衛戦である。日本海軍の潜水艦は技術的に優れていたが、本来的に艦隊決戦の補助兵力とされていたために、それ以外の目的にあまり運用されなかった。一方、アメリカ海軍の潜水艦は当初、技術的な不備が目立ったが、やがて通商破壊戦に用いられるに及んで、巨大な効果を挙げた。すなわち、南方の戦地に兵員や武器・弾薬を運ぶ日本の輸送船や、南方の資源を日本に運ぶ輸送船を大量に沈めたのである。日本海軍が事の重大さを悟って海上護衛総司令部を設けたのは、一九四三年一一月であった。潜水艦を通商破壊戦に用いるという発想が希薄だったがゆえに、日本海軍は敵のそうした戦い方の重大性になかなか思い至らなかったといえよう。アメリカ潜水艦による通商破壊戦の偉大な戦果と、日本海軍の海上護衛戦の立ち遅れは、日本の物量的劣勢をさらに大きくしたのであった。

戦略不在——戦いの本質を理解しなかった

日本海軍は自ら描いたシナリオどおりに敵が動くものと考えていたのではないだろうか。敵の準備不足に乗じ、さらにその不意を衝いた緒戦段階では、綿密に描いたシナリオどおりに事が運んだ。しかし、敵が目覚め、我の予想したシナリオとは異なる戦い方で対応してきたとき、日本海軍はそれに十分に対応することができなかった。あるいは、敵が描いたシナリオどおりの戦い方しかできなかった。

日本海軍の戦い方のシナリオは、戦艦大和型の四六センチ主砲に象徴されている。いわゆる大艦巨砲主義である。そのような巨砲を搭載しうる大艦は、幅員の関係からパナマ運河を通航することができなかったので、太平洋と大西洋の双方を守らなければならないアメリカ海軍としては、たとえ大和型に匹敵する大艦を建造することができるとしても、それを配備することは難しかった。それゆえ、太平洋での艦隊決戦では日本海軍に対抗できないと考えられたのである。

しかしながら、結局、日米両海軍の戦艦同士の決戦は起こらなかった。四〇センチ主砲を搭載したアメリカ海軍戦艦と大和、武蔵との間の砲撃戦は生起せず、四〇センチ主砲に対する四六センチ主砲の威力を発揮する機会はついに訪れなかった。武蔵はレイテ沖海戦でアメリカ機動部隊の雷撃機によって撃沈され、大和も沖縄戦に「体当たり特攻」を試み、航空機によって沈められた。

自ら思い描いたシナリオどおりに敵が動くと考えていた点では、日本陸軍も大差なかった。日本陸軍は、日露戦争以後、精神力を重視する白兵銃剣主義を金科玉条のように信奉してきた。たとえ敵が物量の面で優位にあっても、精神力で敵にまさっていれば、負けるはずがないという信念は、敵もしばしば同等の精神力を有することに対して日本陸軍を盲目的にした。太平洋での島嶼作戦で、アメリカ軍の水陸両用作戦に対して、水際撃滅の試みをいたずらに繰り返したのも、白兵銃剣主義へのこだわりに一因があった。水陸両用作戦という敵の新しい戦い方に対する対応策を打ち出すよりも、白兵戦に持ち込むことに多くの努力が払われたのである。

　前述したように、一九四四年六月以降、大東亜戦争は絶望的抗戦の段階に入った。日米間の兵力差は質量ともに隔絶し、しかもそれはさらに拡大しつつあった。逆転が不可能になり敗北がほぼ決定的になったとき、日本独自の戦い方として採用されたのが「特攻」作戦である。

　おそらくいかなる時代にあっても、ほとんどの軍事作戦は、それに従事する将兵の決死の覚悟の下で実施されたであろう。戦争では、将兵は常に死と隣り合い、作戦の結果、死に至ることが日常であったとも考えられる。しかし、特攻はそうではない。特攻は、結果としての死ではなく、最初から死を予定し、死を必然とした作戦であった。

　日本は、航空機をはじめとする各種の体当たり専用兵器を開発・生産・配備し、そのための要員を編成・訓練し、戦い方として特攻を組織的に実施した。こうしたことは歴史上、例がない。彼我の戦力差が圧倒的で、直面する状況が絶望的であればあるほど、常識では考えられないような、異常かつ極限的な選択が必要とされたのであろう。

　特攻作戦で散華した将兵の崇高さをいささかも貶めるつもりはないが、その作戦が統帥の外道であることは否定しようがない。問題は、敗勢を挽回するための、あるいはその進行を少しでも遅らせるための戦い方として、特攻作戦しか思いつかず、それしか実行されなかったことである。それは、大東亜戦争時の日本軍の戦略不在を象徴するものであった。

日本軍は、開戦にあたっては、事前に綿密なシナリオを描き、周到な準備を重ね、敵の準備不足と不注意に乗じて、大きな戦果を挙げることができた。しかし、その後、敵が我のシナリオにはない行動をとるようになると、それに対する効果的な対応行動がとれなかった。戦略不在とはこのことを意味する。

クラウゼヴィッツによれば、戦争は敵対する意志の不断の相互作用である。日本軍はこの戦争の本質を十分に理解していなかったのではないだろうか。戦略不在とは戦争の本質についての理解の不十分さに根差していた。そして、日本軍が逆転できなかったのは、そもそもそれを可能にする戦略がなかったからなのである。

3　あらためて戦略の必要性を考える

歴史を繰り返してはならない

戦後六〇年、日本は目覚ましい復興を成し遂げ、次いで高度成長を達成し、二度の石油危機も乗り切って、一時はジャパン・アズ・ナンバーワンと呼ばれるほど世界のトップを走る経済大国に伸し上がった。それは、予期せざる好条件に恵まれ、友好国の好意にも助けられたとはいえ、日本の国家戦略、あるいは日本企業をはじめとする様々な組織の戦略の、成功の証と見られよう。一時期、「日本的経営」なるものがもてはやされたのも、その一例である。

やや大胆なアナロジーを用いれば、これは大東亜戦争緒戦のハワイ作戦やマレー沖作戦の成功に似ている。そのとき、日本海軍航空隊は、瞬間的に世界の先頭を切っていた。一九八〇年代の日本企業もそうであったように見える。だが、大東亜戦争では、海上戦闘が航空主兵の時代に入ったことにいち早く気づき、空母主体の艦隊編成と戦法を本格的に採用したのはアメリカ海軍であった。一九八〇年代にも、「日本的経営」が日本独自のものではなく、むしろ普遍的な経営方式であることを見抜いて、その長所を批判的に導入したのは、日本企業と厳しく競争していた諸外国の企業だったようである。日本企業の多くは、「日本的経営」が日本独自のもので、日本人でなければ具現しえないという幻想に安住していたように思われる。

その後、バブルがはじけ、日本は、陰鬱な状況に陥った。それは、「失われた一〇年」と呼ばれるとおり、戦略不在の時代でもあった。また、「第二の敗戦」と言われるように、大東亜戦争緒戦の積極進攻作戦が挫折した後と同様の事態が出現したかのようでさえあった。バブルがはじけるまでは、営々として積み重ねてきた努力と工夫と、幾分かの幸運とによって、日本の諸組織が描いたシナリオどおりに事態が推移したのだろう。あるいは、それらと競合する諸外国の組織がその筋書きに合わせてくれていたのかもしれない。

しかしながら、たとえ戦争ではないとしても、何らかの程度まで闘争あるいは競争の性質を帯びる状況には、クラウゼヴィッツが述べたように、敵対する意志の相互作用という本質が内在している。日本の諸組織は再びこれを忘れたかのようであり、自ら思い描いたシナリオどおりに事が運ばないと、自信を喪失し、敗北感に打ちひしがれてしまった。それは、大東亜戦争で敗勢に陥った後、逆転ができなかった状況にどこか似かよっている。

だが、戦後六〇年の復興と成長の実績をもってすれば、逆転はもちろん可能である。また、明治維新以降の近代化の成功、さらには有史以来の国民的・文化的伝統を踏まえれば、逆転できないわけがない。ただし、逆転するためには、戦略の本質を理解しなければならない。誠実な努力や、周到な準備や、僥倖（ぎょうこう）や、相手の好意だけに頼っていては、逆転はなしえない。

本書の構成

では、逆転を可能にすべき戦略の本質とは何なのか。本書がこれから取り組もうとするのは、この問題である。この問題に取り組むため、本書は以下のような構成をとっている。まず、第1章では、近代以降の戦略論を概観し、その本質的部分を抽出する。第2章から第7章まではケーススタディーである。

ここで扱われているのは以下の六つの事例である。一九三〇年代、中国の国民政府軍による剿共戦に対抗した毛沢東の反「包囲討伐」戦（野中担当）。第二次世界大戦でイギリスがドイツ空軍の本土爆撃を迎え撃ったバトル・オブ・ブリテン（戸部担当）。ソ連軍がドイツ軍の進撃を食い止め反撃に転じたスターリングラード攻防戦（寺本担当）。第二次大戦後、北朝鮮軍による怒濤のような韓国侵略に対抗しアメリカ軍が仁川上陸によって戦勢を転換させた朝鮮戦争（鎌田担当）。不利な中東情勢を流動化させるため、劣勢のエジプトがイスラエルに果敢に挑んだ第四次中東戦争（杉之尾担当）。「小国」北ベトナムが、民族解放の理念を掲げて超大国アメリカを敗北させたベトナム戦争（村井担当）。

一見して明らかなように、この六つのケースには逆転の契機が含まれている。それはそもそも本書のねらいが、逆転を可能ならしめる戦略の本質を抉り出すことにあるからであり、また、逆転のケースにこそ、戦略の本質がより明確に現れるからでもある。なお、ベトナム戦争のケースでは、逆転をなしえなかったアメリカ軍のほうに焦点が当てられる。

第8章では、第1章の戦略論の系譜を踏まえ、六つのケースで明らかにされた戦略の構造、すなわち逆転を可能ならしめた戦略の構造が体系的に解き明かされる。そして最後に、終章では、戦略の本質が一〇の命題にまとめられて提示される。

本書は必ずしも純然たる戦史研究ではない。各ケースの描写と分析にあたっては、関連の一次史料を参照しているわけでもない。ただし、信頼すべき二次文献に依拠すること、しかもできるだけ最新の研究成果を取り入れることに、われわれは意を用いた。また、戦略の構造分析や、戦略の本質に関する命題提示に際しては、最新の組織論の理論が導入されている。

本書は、ケースの選択からも分かるとおり、戦争と軍事を分析の材料としている。それは、戦略なるものがもともとは戦争や軍事の分野で用いられてきたからであり、また、戦争や軍事の領域にこそ戦略現象が明確に発現するからである。しかし、戦略現象は、戦争や軍事だけに限らない。闘争や競争の要素があるところ、どこにでも生起する。本書があえて戦争、軍事のケースを用いながら、むしろ一般の社会状況や組織一般にも通用する戦略の本質を提示するのは、このためにほかならない。

第1章　戦略論の系譜

戦略とは何か。本書がこれから扱うのは、この単純にして答えにくい問題である。ここでは、先人たちがこの問いにいかに答えたかを整理し、われわれの答えを提示する準備作業をしておきたい。

ただし、戦略に関する古今東西の様々な議論を紹介し整理することが、ここでの本意ではない。戦略論の詳細にわたる学説史的な紹介は他の研究に譲り、思い切って、一九世紀以降の近代ないし現代の戦略論を対象として検討してみたい。

とはいうものの、まず、戦略という言葉の語源から確認しておこう。戦略（英語ではstrategy）の語源はギリシャ語のstrategosとされるが、これは本来、「将軍」を意味したという。今日の戦略という意味で古代ギリシャ人が一般に使ったのは、taktike techneという言葉である。ローマ時代にはars bellicaとラテン語訳され、一六世紀の初め、『君主論』を書いたことで知られるニコロ・マキャヴェリがarte della guerraというイタリア語でこの言葉を復活させた。英語でいえばart of warである。日本語では戦争術、兵術、兵学等々、様々に訳されるが、要は戦略なるものが戦争のやり方、戦い方として議論されたことに注目しておきたい。

1　ナポレオン戦争と近代戦略論

忘れられた戦略家ジョミニ

ヨーロッパがナポレオン戦争を経験した後の一八三〇年代、近代戦略論に最も大きな影響を及ぼした二つの著作がほぼ同時に刊行されている。一つは近代戦略論を開拓した人物としてあまりにも有名なクラウゼヴィッツが著した『戦争論』であり、もう一つは、今では軍事専門家以外にはほとんど忘れられてしまったジョミニが書いた『戦争概論』である。ジョミニがフランス語で書いた『戦争概論』の原題は Précis de l'art de la guerre、まさに art of war の概論であった。

では、クラウゼヴィッツの戦略論とジョミニのそれとはどこが共通し、どこが違っていたのだろうか。共通している部分はさておき、ここでは両者の違いを重視してみよう。この違いこそ、その後の戦略論の二つの流れを示しているからである。まず、ジョミニの戦略論の特徴から検討してみる。

第一に、ジョミニの主張の最も際だった特徴は、かれが戦いの原則なるものを提示したことにある。かれは次のように述べている。「戦争行為における良い結果が依存する基本原則はいかなる場合でも存在するものである。……これらの原則は武器の種類、歴史的時間あるいは場所の如何にかかわらず、不変である」「戦争におけるすべての作戦の基礎には一つの偉大な原理が横たわっている。――それは優れた計画を立てるに際し、必ずやこれに準拠せねばならぬものである」。ジョミニの目的は、そのような永久不変の戦いの基本原則・原理を解明することであった。

ジョミニが提示した、四つの戦いの基本原則・原理をやや単純化して要約すれば、「機動によって軍の主力を交戦地域の決戦を企図する地点に集中し、その優勢な集中兵力によって敵の脆弱な、あるいは重要な部分を攻撃する」ということになろう。つまり、かれの戦いの基本原則は、機動と集中兵力による攻撃を強調したものであった。このような戦いの基本原則は、その大半がいまや軍事常識に属しているといっても過言ではない。ただ、問題はジョミニがこうした基本原則を不変のものとし、時空の相違を超えて普遍的に妥当すると論じたことであった。

ナポレオン戦争以前、ヨーロッパの戦略論は当時の啓蒙思想の影響を受け科学性を強く志向した。要塞をめぐる攻城戦が多かったこともあり、その戦い方を幾何学的に解明しようとする戦略論も現れた。ジョミニは、「戦争はこれを全体として見た場合には科学(サイエンス)ではなくて術(アート)である」と述べたが、実際には科学性志向の呪縛から逃れられなかったようである。ジョミニは、戦いの基本原則なるものが、いかなる戦争にも普遍的に適用されることを強調した。そうした基本原則は分析上の道具であるにとどまらず、むしろ処方箋として提示された。つまり、かれの基本原則は、どんな戦いにも見いだされるというだけでなく、いかなる戦いにも適用しなければならないものであった。クラウゼヴィッツはこれを批判し、戦い方に不変の原則があることをも否定したのである。

ジョミニは、戦争術（art of war）を六つの部分から構成されるものとしている。政治（statesman-ship）、戦略、大戦術（grand tactics）、ロジスティクス（logistics）、築城（engineering）、（小）戦術の六つである。こうしてみると、かれが政治と戦争との関係についてまったく考慮を払わなかったわけではない。しかし、かれの戦いの基本原則では、政治は完全にといってよいほど捨象された。戦争を政治の延長ととらえるクラウゼヴィッツからすれば、これも批判されるべき点であったろう。

第二に、ジョミニの戦略論は、静態的（スタティック）なものに終始した。かれは戦略を次のように定義づけている。「戦略とは、図上で戦争を計画する術であって、作戦地の全体を包含しているものである」「戦略とは、戦域または作戦地帯の要点に、軍の最大限の兵力を指向する術である」。つまり、かれの戦略論では、敵の意志や反応が考慮されていないのである。敵は戦略の対象（客体）にとどまるか、あるいは戦いの基本原則どおりにしか動かないものと見なされた。ジョミニの戦略論は、敵と我、彼我のダイナミックな関係、相互作用を捨象してしまったのである。

第三に、かれの戦略論は、その定義から明らかなように、計画・準備に重点があり、その実行の側面にあまり目を向けなかった。かれは一三項目に及ぶ戦略の任務を規定したが、その大半も計画・準備に関連している。そして、かれはそうした計画と準備が一三項目の任務に則って万全になされれば、戦略の成功は半ば保証されると考えたのである。ただし、このように言うことはジョミニにとってやや酷であるかもしれない。かれの戦争術の六つの構成要素に着目すると、実行の側面がまったく無視されたわけでもないからである。六つの構成部分のうち、かれが重視する三つの部分についてジョミニは以下のように述べている。

「戦略とは、図上で戦争を計画する術であって、作戦地の全体を包含しているものである。大戦術とは、図上の計画と対照しつつ、現地の特性に応じて、戦場に部隊を配置し、これを行動に移し、かつ地上で戦闘させる術である。ロジスチックスは、戦略及び戦術の計画を遂行するための、諸手段と諸準備から成っている。戦略はどこで行動すべきかを決め、ロジスチックスはこの地点に部隊を運び、大戦術は戦闘実行の様式と部隊の用法とを決定する」

このように戦争術全体をとらえれば、当然ながら実行の側面も取り込んではいるのだが、「戦略」だけを取り出せば、やはり計画・準備に重点があることは否定できない。ジヨミニは実行の部分を、戦術とロジスティクスに委ねてしまったのである。そして、ジョミニの戦略論は、かれの戦争術全体ではなく、「戦略」の部分に核心があるかのように理解されてしまった。

戦争の本質をとらえる――クラウゼヴィッツ

それでは、クラウゼヴィッツはどうか。第一に、かれはジョミニと違って、戦いの基本原則を追求せず、まず戦争の本質・本性をとらえようとした。クラウゼヴィッツは、戦争を「拡大された決闘」になぞらえ、物理的な力を行使して自分の意志を相手に強要するものであるととらえた。それゆえ、戦争は敵の完全な打倒を目指さなければならなくなる。これがクラウゼヴィッツの「絶対的戦争」の概念である。

しかし、より重要なのは、クラウゼヴィッツがこのような理念型としての「絶対的戦争」に、「現実の戦争」という概念を対置させたことである。戦争の本質から論理的に突き詰めてゆけば、あらゆる戦争は敵の絶滅を目指す絶対的戦争となるはずだが、クラウゼヴィッツは、現実の戦争は必ずしもそうとはならないと論じた。なぜならば、「戦争とは、異なる手段をもってする政治の延長にほかならない」からであり、戦争は「政治の道具」にすぎないからである。

つまり、戦争は、政治から分離し独立して生起する現象ではない。かくして、「戦略とは、戦争の目的を達成するために戦闘を使用することである」という有名なテーゼが展開される。戦略は目的あるいは政治によって規定されるものとされたのである。

第二に、ジョミニが戦略を静態的にとらえたのに対し、クラウゼヴィッツがそれを動態的（ダイナミック）なものとしてとらえたことも重視されるべきである。ジョミニの理論には、敵が我と同様に闘争の意志を持ち、我の行動に対して様々の対応・反応・抵抗を試みるという視点が欠けている。こうした視点を欠いて不変の原則を強調する理論を、クラウゼヴィッツは、「一方的な活動だけを考察している」と批判し、「戦争は彼我双方の活動の不断の交互作用なのである」と指摘した。

さらにかれは次のように述べている。

「戦争において意志のはたらきの向けられるのは機械的技術の場合と異なり、生命のない材料ではない……。それだから戦争における意志のはたらきが、諸種の術や学におけるような型にはまった思考活動に適合するものでないことは極めて明白である。更にまた戦争において、生命のない物体界の法則に類似するような法則を探し求めようとする努力が、絶えず誤謬を犯さざるを得なかった次第も分明である。……戦争においては、生けるもの同士の衝突が生起してはまた消滅し、このような起滅が絶えず繰返される」

ここには、戦争の本質を交戦者あるいは闘争者間の作用と反作用の繰り返しと動態的にとらえ、それを見落としたジョミニなどに対する鋭い批判が込められている。

このような戦争ないし戦略の動態的把握は、彼の絶対的戦争についての以下のような説明に、より明確に示されている。

「……戦争は一種の強力行為であり、その旨とするところは相手に我が方の意志を強要するにある。……それだからかかる強力を仮借なく行使し、流血を厭わずに使用する者は、相手が同じことをしない限り、優勢を占めるに違いない。こうして彼は自己の意志を、いわば掟として相手に強要するのである。しかし彼我双方が、いずれも相手に対して同じことをするならば、彼我の強力行使は次第に昂じて極度に達することになる」

「戦争は、生ける力を生命のない物質に加えることではない、およそ絶対的受動のようなものは戦争とはいえないだろう。要するに戦争は常に二個の生ける力の衝突である。……我が方が敵を完全に打倒しない限り、敵が我が方を完全に打倒することを恐れねばならない」

以上のような絶対的戦争観から、敵の完全な打倒を目指す決戦戦略が導き出されたのであったが、われわれがここで注目すべきは、決戦戦略の当否ではなくて、クラウゼヴィッツがそこで展開した意志の相互作用というポイントであろう。これこそ、かれの戦争ないし戦略の動態的把握につながっている。なお、かれの決戦戦略も、かれが既に現実の戦争を考慮に入れていたことを考えると、クラウゼヴィッツの戦略論のあくまで一部であるにすぎず、しかもそれをジョミニのように処方箋としての不変の原則と述べているわけでもないことに注意しておく必要がある。

摩擦――戦略の実行側面

最後に、クラウゼヴィッツの戦略論のなかでわれわれが重要と考える「摩擦」の概念についで触れておこう。クラウゼヴィッツによれば、摩擦とは、「現実の戦争と机上の戦争とをかなり一般的に区別するところの唯一の概念である」。それは天候や何らかの偶発的事件を意味し、偶然と緊密に結びつき、敵の反応を予測する困難さとともに、戦争の不確実性を高める重大な要因でもある。かれは次のように述べている。「戦争においては、机上の計画では到底考えられないような無数の小さな事情のために、一切が最初の目標を下回り、所定の目標のずっと手前までしか達しないのが通例である」「戦争における行動は、いわば重たい媒体のなかでの運動のようなものである。極めて自然的で単純な運動、則ち単に前進することでも、水中では軽捷、正確に行なうことができないのである」。

このように「摩擦」という概念によって示唆されるのは、予測不能で偶然の自然現象や偶発事件が発生し、それを克服しうる技術が欠如していたり、あるいはそのために心理的に混乱するなどして、計画どおりに実行できなくなることである。こうして「摩擦」は、絶対的戦争と現実の戦争との相違を説明する重要な要因・概念ともなる。

それと同時に、この「摩擦」という概念は、戦略の「実行」の側面の重要性を暗示しているように思われる。それまで、しばしば戦略はその計画としての側面だけが重視されてきた。例えば既に紹介したように、ジョミニは、「戦略とは、図上で戦争を計画する術である」と述べていた。ここに典型的に示されているように、戦略とは図上で計画されるものというイメージが強く、しばしばその実行と明確に区別されたり、実行の側面がほとんど考慮されないままに戦略論が組み立てられた。原則どおりに計画を立て準備が整えば、あとは自動的にその成功が保証されるかのように主張されることもあった。これに対してクラウゼヴィッツは、「摩擦」の概念を導入することにより、戦略は必ずしも計画どおりには実行できないことを示唆し、戦略の「実行」の側面の重要性を暗示したのである。

これまで指摘してきたように、クラウゼヴィッツは、戦略の本質を鋭く突いたいくつかの洞察を残している。しかし、かれの文章はしばしば明快さを欠き、しかもその著書『戦争論』は、大部分が未整理のままに残された遺稿を出版したものであるだけに、なおさら難解であると同時に、ところどころに相互に矛盾した主張も見られる。それゆえかれの主張はしばしば誤解されたが、特にその最大の誤解は、かれの決戦戦略が第一次大戦の甚大な、しかも無益な被害の原因と非難されたことであった。そうした非難が起こるほど、一九世紀を代表する戦略論としてクラウゼヴィッツの『戦争論』が残した影響は巨大であったというべきかもしれない。

これに対してジョミニの影響は、むしろクラウゼヴィッツの陰に隠れて広く深く浸透したといえるだろう。それは、一九世紀以降のいくつかの戦略の定義によく表れている。例えば、クラウゼヴィッツの使徒といわれる大モルトケは、戦略を「戦闘に至る最良の過程を指示し、いつ、どこで戦うべきかを教える法」とし、「戦略は、軍隊を戦場に集中することにより、敵を攻撃してこれに打撃を与える機会を戦術に提供する」と述べたが、これなどはいかにもジョミニ的である。ジョミニの理論は特にアメリカの軍事理論に大きな影響を与えた。アメリカ陸軍だけでなく、アメリカ海軍が生んだ有名な海軍戦略家アルフレッド・セイヤー・マハンもジョミニの影響を強く受けていた。

今日でもしばしば戦いの原則あるいは戦略原則なるものが唱えられる。これも、ジョミニの戦略論の系譜をひくものと見なされるだろう。ただし、戦いの基本原則を提示したのはジョミニだけではない。リデルハートも、毛沢東もそれぞれの戦いの原則を説いた。おそらく問題は、戦いの原則そのものにあるわけではない。戦争の本質・本性を把握せず、戦いの原則を普遍の原理のように説くことが問題なのである。

それぞれの戦略理論家が強調する戦いの原則は、特定の戦争ないし特定の種類の戦争にはおそらく妥当するであろう。しかしそれがすべての戦争、あらゆる種類の戦争に通用するとは限らない。戦いの原則は、戦略の本質そのものではなくて、その本質から派生し特定の状況に適用された、戦略の具体的応用なのである。

その点からすれば、ジョミニの戦略論もクラウゼヴィッツの戦略論も、フランス革命戦争とナポレオン戦争から受けた衝撃を基にして構築されたものであった。例えば、ジョミニの「戦略」は、この時期に導入された師団編制と密接にかかわっている。それまで、戦場で用いられる兵力の規模は最大五万ないし七万であったが、ナポレオン戦争時代にはそれが三〇万ないし四〇万に飛躍的に大きくなった。この規模の大兵団を戦場で効果的に機能させるためには、独立の戦闘能力を有する単位にこれを区分し、その上で各単位を連携させ統合しなければならなかった。この単位が師団であり、師団、あるいは数個師団から成る軍団を運用する術が「戦略」（あるいは高等統帥）と見なされるようになったのである。戦略を軍隊の規模と関連づけて考えるようになったのは、このためであろう。

ただし、ジョミニは、ナポレオン戦争を体験したにもかかわらず、半ば一八世紀的戦略論を唱えた。かれは、プロイセンのフリードリヒ大王によって実践された戦略がナポレオン戦争によって、規模を拡大し強化されたと解釈したのである。それは、敵主力軍との正面からの決戦よりも、巧みな機動によって敵の重要な一部に打撃を与えることを、戦いの基本原則とした点によく表れている。

このようなジョミニに比べれば、クラウゼヴィッツの戦略論は完全に一九世紀的であった。かれの絶対的戦争のモデルはナポレオン戦争であった。決戦戦略もそこから論理的に導かれた。また、フランス革命戦争を支えた国民の情熱に対してジョミニが否定的だったのに比べて、クラウゼヴィッツはそれを戦争の構成要素の一つととらえた。

2 第一次大戦とリデルハート

間接アプローチ戦略

このように一九世紀の戦略論をクラウゼヴィッツによって代表させるとすれば、二〇世紀、少なくともその前半の戦略論はリデルハートによって代表させられるだろう。そして、クラウゼヴィッツの戦略論がフランス革命戦争とナポレオン戦争の衝撃から構築されたのと同様に、リデルハートの戦略論は第一次大戦の衝撃によるものであった。

リデルハートの戦略論は、「間接アプローチ戦略」として知られる。それは直接アプローチ戦略、つまり戦力の大量集中によって戦場での敵軍主力の殲滅(せんめつ)を目指す決戦戦略に対するアンチテーゼとして唱えられたものであった。直接アプローチの戦略は第一次大戦で無益かつ甚大な被害を生んだ元凶と見なされ、その典型としてリデルハートはクラウゼヴィッツの決戦戦略を批判したのであったが、前述したように、そこにはかなりの誤解が含まれていた。

間接アプローチ戦略とは、やや単純化していえば、心理的にも物理的にも敵の予想していないところを攻撃することにより、最小限のリスクとコストで勝利を達成しようというものである。リデルハートによれば、戦略のねらいは敵の「抵抗の可能性を消滅すること」であり、敵に「攪乱（dislocation）」を生ぜしめることであるから、必ずしも敵戦力の殲滅が必要とされるわけではない。そして敵のバランスを攪乱しその抵抗を断念させるためには、「心理的には敵の最小予期線を選び」「物理的には敵の最小抵抗線を選んで」前進すれば、その成功の確率は高くコストは低くなる、とリデルハートはいう。ここには、戦略が敵と我との意志の衝突、作用と反作用とのダイナミックスを前提とするものであることが、「敵の虚を衝く」という文脈で語られている。

さらにかれは、「戦略とは、政策上の目的を達成するために軍事的手段を配分し、運用する術である」とし、戦略が政治目的によって変わりうることを示すと同時に、他方では「手段を目的にではなく、目的を手段に適合させる」ことを戦略原則の一つとも述べて、戦略のダイナミズムを明らかにしている。

リデルハートの功罪

このようなリデルハートの戦略論で注目されるのは、かれが孫子から多大な影響を受けていることである。かれの『戦略論』の冒頭には孫子の言葉が数多く引用されているが、そのなかには「兵は詭道なり」「凡そ戦いは、正を以て合い、奇を以て勝つ」「兵の形は実を避けて虚を撃つ」といった間接アプローチの、発想の原点のような箴言が引かれている。孫子は既に数千年も前に、戦略が彼我の作用・反作用を前提とすることを鋭く洞察していたのである。

ただし、リデルハートが戦争の本質を洞察したうえで戦略論を展開していたかどうかについては、否定的な見方がある。かれの間接アプローチ戦略も戦略原則として提示されており、その意味ではジョミニ的ではないかとの批判もある。さらに、かれの間接アプローチ戦略が、そもそも二〇世紀的であるというよりも、いわばクラウゼヴィッツ以前の一八世紀に戻ろうとしたものではないかという指摘もなされている。また、間接アプローチ戦略が軍事作戦のレベルでは有効であるとしても、いわゆる大戦略のレベルで有効であるかどうかについては疑問がある。つまり、敵の虚を衝くことによって戦闘に勝つことはできるだろうが、戦争に勝てるかどうかは甚だ疑わしい。

だが、リデルハートが戦略を彼我の意志の衝突、作用と反作用のダイナミックスととらえていたとすれば、クラウゼヴィッツのように思弁的・哲学的ではないにせよ、かれも戦争の本質をそれなりに把握していたと考えられるのではないだろうか。また、戦略の目的と手段との関係についても、同じことが言えるように思われる。

戦略の作用と反作用のダイナミックスを的確にとらえたものとしては、フランスのアンドレ・ボーフル将軍の「戦略とは、紛争を解決するために力を用いる、二つの対立する意志の弁証法のアート（術）」であるという簡潔な定義がある。「対立する意志の弁証法のアート」という巧みな言い回しは、戦略の本質的な部分を見事に衝いている。また、ボーフルは、戦略のねらいを「敵の精神的解体」に置いているが、ここには「攪乱」を戦略のねらいとしたリデルハートの影響が直接反映されている。さらにボーフルは、これまでの戦略論の多くが、特定の状況に適用された戦略の具体的応用形態を主張したものであることを明らかにし、リデルハートの間接アプローチ戦略もその一つと位置づけた。これもきわめて的確なとらえ方といえよう。

3　第二次大戦後の戦略論

二〇世紀前半を代表するのがリデルハートの戦略論だとすれば、その後半は核戦略論によって代表されることになるだろう。ただし、核戦争はあまりに被害が大きいことが明白であるため、勝利を無意味にすると考えられた。つまり、核兵器はその巨大な破壊力のゆえに、それを用いた戦略の政治的目的を無意味にするとされたのである。こうして核戦略論は、核戦争を戦うための戦略ではなく、それを防止するための核抑止論として展開された。

抑止とはまさに、相手の心理に作用を及ぼして、その反作用をコントロールしようとする戦略である。だが、ときには、作用・反作用の連鎖を一定の固定したシナリオに置き換えて、その本来のダイナミックスの意味を失う例もないわけではなかった。また、戦略兵器や戦術兵器という区別や呼び方に象徴されるように、戦略と戦術の違いを兵器の射程や破壊力の大きさと混同してしまう傾向も見られた。

戦略の逆説的論理――ルトワク

このような核抑止戦略の推移を踏まえ、ギリシャ・ローマ時代の軍事史に関する知識を生かして、新たな視点からユニークな戦略論を著したのは、アメリカのエドワード・ルトワクである。ルトワクは戦略の本質を、対立するものを合一しときには転倒させる逆説的論理にあると見る。かれはそれを次のような例で説明する。

「ある目標に向かって軍が前進する場合、道が二つあるとする。ひとつは良路で道幅も広く目的地までの距離も近いが、もうひとつは悪路で道幅は狭く目的地まで大きく迂回している。通常の場合ならば、この二つの道のどちらをとるかの選択はあまりにも明白である。しかし、戦略の前提となる闘争的状況では、悪路を選択することが適切な場合もある。それはまさに悪路であるがゆえに、敵は我がその道を選択するとは予想せず、その道の防備を弱めるかもしくはまったく防備していないからである。同様に、良路をとることは軍事的に不適切となりうる。良路であるがゆえに、敵は我がこの道をとることを予想し防備を固めるからである」

この逆説の論理はまさに、特に奇襲に典型的に示されているように、相互に敵対意志を持つ彼我の作用・反作用を的確にとらえたものだが、これだけならば、リデルハートの「間接アプローチ戦略」とその発想において大した差違はない。ルトワクの戦略論で注目されるのは、ここに「時間」の概念を導入して、この逆説的論理をダイナミックなものとしたことである。

彼によると、一定の時間が与えられ、また外部からの実質的な影響がなければ、戦争においては成功が失敗に、勝利が敗北に、あるいは逆に失敗が成功に、敗北が勝利に転化し得るのであり、これこそ戦略の逆説的論理の完全な発現であるとされる。このことをよく示す単純な例として、かれは、敵軍を破って敵地に進入した部隊がやがてその勝利の限界を超えて敗北してしまう次のようなパターンを挙げている。

「敵軍に勝って敵地に進入した部隊は、まず兵站線が長くなり、それを守るために兵力を割かねばならなくなるが、敗れた側は自らの後方基地に近くなり、その分有利となる。敵地を占領するとすれば、それに要する人員と資源のために前線の戦力がそれだけ減少し、また敵のゲリラに悩まされることもある。敵はよく知った国土の地形を巧みに利用できる。勝った側は士気の弛緩と疲労が発生するのに対して、負けた側には雪辱を期すという点で士気の高揚があるかもしれない。負けた側は何度も負けているうちに相手の戦法に習熟し、負けたがゆえに思い切った革新的戦法を採用する可能性がある。こうして、勝利を重ねてきた部隊でも、そのまま前進を続けていくだけで外部からの実質的影響（たとえば兵力の大幅増強）がなければ、一定の時間が経つと（途中で休戦成立のような事態にならなければ）、やがて逆に敗北してしまうのである」

　このパターンは、逆説的論理のダイナミックスをよく表している。連戦連勝、向かうところ敵なしの観があった、あれほど強力なナポレオン麾下のフランス軍が、なぜ敗北したのか、という理由もこのような観点から説明することができる。フランス軍のロシア遠征の失敗や半島戦争（スペインでの戦い）の敗北は、前述の引用そのままということができよう。また、それ以外についても、端的に言えば、プロイセンに代表されるフランスの敵国は、フランスとの戦いの経験からその勝利の秘訣を学び、自ら軍制改革を行って、フランス軍と同じように戦える軍隊をつくったのである。まさに彼我の作用と反作用の結果であった。

　ルトワクはまた、クラウゼヴィッツの「摩擦」の概念を受け継ぎ、戦略の実行面についても鋭い分析を見せた。かれはその典型的な例として奇襲を挙げている。奇襲は、逆説的論理に基づき、敵と対決したときの戦闘上のリスクを極小化しようとするものである。しかし、奇襲を達成するためには準備、秘匿、欺騙などかなり複雑な作業が必要となり、「摩擦」の発生に対処する用意もしておかねばならない。そうすると、こうした複雑な準備や作業のために、企図したことを実施するうえで、失敗するという組織上のリスクが大きくなる。戦闘上のリスクを小さくする逆説的行動（奇襲）は、これまた逆説的にも組織上（あるいは実行上）のリスクを大きくする。そもそも組織上のリスクが大きいがゆえに、誰もそんなことはやるまいと考えるので、奇襲が成立するわけでもある。

大戦略のリーダーシップ

ルトワクは戦略に、技術、戦術、作戦（operation）、戦域（theater）、大戦略（grand strategy）の五つのレベルを設けている。彼によれば、どのレベルにも逆説的論理が作用している。つまり、五つのレベルすべてに戦略があり得ることになる。ルトワクはこれを水平的逆説と呼ぶ。そしてさらに、水平的逆説に加えて、ルトワクは次のような垂直的逆説も指摘する。

言うまでもないが、五つのレベルは階層的なもので、上位のレベルが下位のレベルを規定する。例えば、技術レベルの兵器は戦闘に使われて、はじめて意味をなす。戦術レベルの戦闘は作戦の一部であり、作戦は軍事組織全体が関わる戦域の一部である。戦域レベルは、政治、外交、経済等を含む大戦略の一部である。だが、技術は戦術に影響を与え、戦域レベルの変化が大戦略の変化を促すこともありうる。この垂直的逆説は、リデルハートの「手段を目的にではなく、目的を手段に適合させる」という戦略原則にも通じていると考えられるだろう。

ここで注目しなければならないのは、大戦略を指導するリーダーシップである。戦略の逆説的論理が特定のレベル、つまり大戦略のレベルにとどまらず、すべてのレベルに働き、しかも水平的にだけでなく垂直的にも作用しているとすれば、国家のリーダーは大戦略のレベルのみにとどまってはならないことになる。優れた戦争指導者は、しばしば兵器の技術的側面や部隊の戦術的行動、あるいは部隊指揮官の人事にまで強い関心を寄せたという。その典型は第二次大戦のウィンストン・チャーチルだが、エリオット・コーエンによれば、チャーチルだけでなく、南北戦争時のアメリカ大統領リンカーン、第一次大戦時のフランス首相クレマンソー、イスラエル独立を指導したベングリオンもそうであった。

4 戦略の位相

グレーの議論

ルトワクの戦略論を発展させたものとして最近注目されるのは、コリン・グレーが精力的に展開している理論である。これを最後に一瞥（いちべつ）して、われわれの戦略論を構築する準備作業を終えることにしよう。

グレーは、戦争ないし戦略をいくつかの要素あるいは位相（dimension）から構成されるものととらえている。かつてクラウゼヴィッツは、戦争が国民の感情（根源的暴力、憎悪、敵意）と偶然性（偶然性と蓋然性）と合理性（手段としての合理性）から成る三位一体であると論じた。マイケル・ハワードはこれを敷衍して、クラウゼヴィッツの三位一体のうち、国民の感情から戦略の社会的位相を、合理性から作戦的位相を引き出し、さらに技術的位相と兵站的位相を加えて、戦略は四つの位相から成ると論じた。ハワードによれば、西洋では従来、戦略の作戦的位相のみがことさら重視されてきた。しかし、実はそれと同じほど兵站的位相が重要である。二つの世界大戦でドイツが勝てなかったのは、この兵站的位相を軽視したことに一因があった。

ハワードが特に批判したのは、冷戦時代の核戦略が核兵器やその運搬手段（ミサイル等）だけを問題とし、もっぱら技術的位相に偏ったことであった。彼は技術的位相の重要性を軽視しなかったが、それ以上に、戦略の社会的位相の重要性を強調した。ベトナム戦争に代表される第二次大戦後のいわゆる民族解放戦争では、民衆の支持、あるいは逆に国民の離反や厭戦意識の蔓延が勝敗の鍵を握った。つまり、戦略の社会的位相が最も重要な作用を及ぼしたのである。核（抑止）戦略に関しても、国民が核攻撃を容認できるかどうか、核攻撃に耐えられるかどうか、といった意味で、戦略の社会的位相が重要な位置を占めている、とハワードは指摘した。

グレーはなんと一七もの戦略の位相を挙げ、それを三つのグループに区分している。第一の区分は「国民と政治」で、ここには国民、社会、文化、政治、倫理の五つが含まれる。第二の区分は「戦争準備」で、ここには経済と兵站、組織（防衛計画）、軍事行政

図 1-1　戦略の諸位相

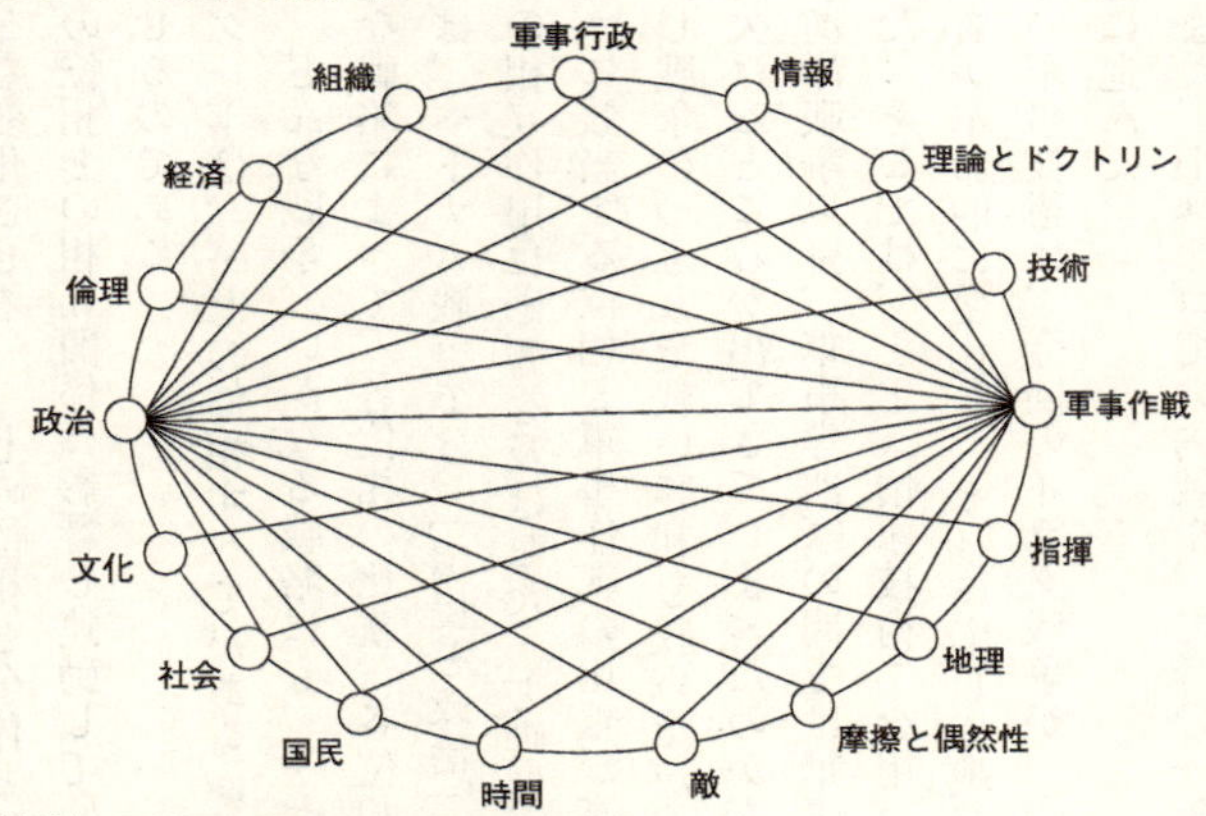

（出典）　C.S. Gray, *Strategy for Chaos*, Frank Cass

（兵員募集、訓練、武器調達）、情報と諜報、（軍事）理論とドクトリン、技術の六つが入る。第三の区分は戦争そのもので、ここには軍事作戦、指揮（政治指導と軍事指導）、地理、摩擦と偶然性、敵（の存在）、時間の六つが含まれる。あまりに網羅的すぎるように思われるが、ここではかれが挙げた一七の位相の適否を論じるつもりはない。

ただ、注目されるのは、戦争あるいは戦略が複雑系の性質を有し、各位相が相互に影響を及ぼしあうと同時に、各位相が全体とも相互作用を営んでいる、とグレーが指摘していることである。したがって、あるひとつの位相が変化すれば、その位相と他の一六の位相との相互関係に影響を及ぼし、さらにそれぞれ一六の位相間の相互作用をも変化させる。一七の位相と全体との関係も変化する。つまり、ある位相の変化が、他の位相との相互関係に影響し連動してゆけば、戦争や戦略の内容をダイナミックに変化させるのである。

グレーは、一七の位相すべてがあらゆる戦争、あらゆる戦略に内在する、と述べている。どんな戦争、いかなる戦略にも、一七の位相が含まれる。ただし、個々の戦争、具体的な戦略によって、各位相の比重、各位相間の関係、各位相と全体との関係が異なる。例えば、ベトナム戦争では、「国民と政治」に含まれる位相の比重が高く、それが他の位相との相互作用に影響を及ぼした、と理解することができる。また、湾岸戦争は「戦争準備」に該当する位相と軍事作戦の比重が高い戦争であったといえるだろう。イラク戦争も同じ戦争のつもりで戦い勝利を収めたが、占領後は、「国民と政治」の位相に対する配慮に欠けるところが出てきてしまったのかもしれない。

湾岸戦争以降、軍事専門家の間では軍事における革命＝ＲＭＡをめぐる議論が盛んになった。そこでは、ＩＴ（情報技術）を用いた様々の新兵器システムの出現により、戦争の性質が革命的に変化し、それに応じて戦略も変化すべきであるという主張が唱えられた。その軍事技術は、今回のイラク戦争が一〇年前の湾岸戦争を古臭く見せるほど、さらに急速に進んだ。

また、旧ユーゴでの内戦や、二〇〇一年の九・一一事件などで、主権国家以外の政治単位が従来の交戦ルールを無視した戦い方を展開しているのを見て、戦争はこれまでとはまったく異なる性質を帯びてきた、との観察もなされるようになった。軍隊の役割についても、従来の軍事作戦以外の行動＝OOTW（Operations Other Than War）の重要性が強調されるようになった。

このような状況のなかで、もはやクラウゼヴィッツは時代遅れになったと主張する軍事専門家も現れた。湾岸戦争・イラク戦争で示された軍事技術の革命的な変化や、内戦、テロの蔓延が戦争の本質を変え、それに応じて戦略の本質をも変えた、というのである。しかし、グレーによれば、それは戦争や戦略の本質の変化ではなく、戦争様相の変化、戦略の具体的応用の変化にすぎないとされる。一七の位相のうち、軍事技術や情報、社会や文化や倫理などを含むいくつかの位相が変化し、それが各位相間の相互関係、各位相と全体との相互関係に影響を及ぼしたものだ、とグレーは分析している。

埋め合わせ――戦略のダイナミズムを考える

位相をめぐる議論でグレーが強調したのは、クラウゼヴィッツ以来の戦争の本質論であった。すなわち、戦争や戦略の本質は、どんなに軍事技術が進歩しても、いかに社会が複雑化しても、変わらない。しかし、その位相の変化、位相間の相互関係の変化によって、戦争の様相、戦略の方法は様々に変わりうる。戦争や戦略の本質は過去も現在も、そして未来も変わらない。ただし、戦争様相、戦略の方法や具体的応用は、それぞれの位相が変化すれば、常に変わる可能性がある。

戦略の本質を考えるにあたって重要なのは、各位相間に埋め合わせ（compensation）が成り立つことである。グレーによれば、ある特定の位相が劣っている場合は、他の位相の優越によってそれを埋め合わせ、全体として優位に立つことができる。政治的あるいは経済的弱者が、テロやゲリラを含むいわゆる非対称戦争（asymmetric warfare）によって、超大国に対抗できるのも、この埋め合わせが成り立つからである。アメリカの南北戦争のとき、物量の面で劣勢の南軍がよく戦ったのは、軍事作戦や軍事指導力の面で優位にあったからであった。古今東西、優れた戦争指導者や将帥が、我の弱みを強みによって埋め合わせ、敵の強みを消して、その弱みに乗じる、という戦い方をしてきたのは、このことを直観的に理解していたからだと考えられる。

ただし、同じ埋め合わせがいつまでも有効であるとは限らない。当初、物的に劣勢であったにもかかわらず優位に戦った南軍が、やがて北軍に圧倒されていったのは、このことをよく示している。時間が経つにつれて、北軍が学習し、軍事作戦や軍事指導力の面で南軍との差が狭まると、もともとあった物量の差がものをいうようになったからである。ここには、時間と、敵（の存在）という位相が関わっている。やはりクラウゼヴィッツが喝破したように、戦略の本質は彼我の相互作用のなかにある。

グレーによれば、戦略とは「政策目的のために力もしくは力の威嚇を用いること」であり、「軍事力を政治目的に関連づける架け橋」である。またかれは、「すべての軍事行動は本質的に戦術的である。すべての軍事行動の結果が、戦略の領域に属する」とも述べている。クラウゼヴィッツが、戦闘には、「戦闘自体を組み立て、実行する活動」と「戦争目的を達成するために戦闘を目的に結び付けておく活動」の二つがあり、前者が戦術で後者が戦略であると論じたのは、おそらく同じ意味であろう。

要するに、戦略は、何らかの政治目的を達成するための力の行使であるので、対立する意志を持つ敵との相互作用がダイナミックに展開される。それゆえ、戦略の各レベルでは逆説的論理が水平的かつ垂直的に作用する。さらに戦略はいくつかの位相から成る複雑系の性質を有し、その位相間の相互関係の変化に応じて、具体的な表れ方が異なってくる。

では、実際の戦争において、戦略はどのように実践されたのか。優れた指導者は、どのようにして戦略を編み出し、いかにしてそれを実行に移したのか。なぜかれらの戦略がうまくいったのか。うまくいかなかった場合があるとすれば、その原因は何なのか。次章以下では、いくつかのケーススタディーによって、これを検証してみよう。

第2章　毛沢東の反「包囲討伐」戦――矛盾のマネジメント

遠く一九二八年四月のこと、江西省と湖南省の省境、井崗山の山塞地帯で朱徳と毛沢東が兵力約一万の労農紅軍第四軍を創設した。およそ二一年後の一九四九年一月三一日、毛沢東の指導した人民解放軍は解放された北京に入城した。前年の一二月一〇日、蔣介石は五〇万の国民党軍とともに台湾に逃れていた。

弱小な中国共産党軍が強大な国民党軍に長期間にわたる戦闘の結果勝利したことは、アメリカをはじめとする連合国を驚愕させた。これを世紀の大逆転と呼ぶならば、それを可能にした戦略・戦術の原点は、毛沢東の反「包囲討伐」戦にあったといえよう。それは、一九三〇年一二月から三四年一〇月にかけて一次から五次にわたる蔣介石の「包囲討伐」、あるいは「囲剿」と呼ばれる作戦に対抗した戦闘、すなわち反「包囲討伐」戦である。

一連の反包囲討伐戦は、毛沢東の人民戦争の一環としての「遊撃戦」という概念の生成過程としてとらえることができる。本章では、「正規戦」に対する軍事戦略としての「遊

毛沢東関連年表

1912. 1. 1　中華民国臨時政府、南京に成立。孫文、臨時大総統に就任
1914. 7. 8　孫文、東京で中華革命党を結成
1915. 1.18　日本、中国に二一カ条の要求を提出
5. 9　袁世凱政府、二一カ条要求を承認
1919.10.10　孫文、中華革命党を中国国民党に改組
1921.7下旬　陳独秀ら、上海で中国共産党（中共）創立大会を開く
1923. 1.12　コミンテルン執行委員会、中共に国民党との党内合作を公式に指示
1924. 1.20～30　国民党一全大会。ソ連人顧問の援助下、党改組や国共合作を決定
6.16　広東に黄埔陸軍軍官学校開校。校長、蔣介石
1925. 3.12　孫文、北京で客死（60歳）
1926. 7. 9　国民革命軍、北伐を開始
10.10　北伐軍、武昌を占領し華中に進出
11.28　国民政府，武漢への遷都を決定
1927. 4.12　四・一二クーデタ。蔣介石、南京に別の国民政府を樹立（-18）
7.27　武漢政府、反共を声明。第1次国共合作終わる。のち南京政府に合流
8. 1　中共、南昌で蜂起。八・七会議で戦術転換（-7）
10　毛沢東ら、江西省井崗山に革命根拠地を設ける
1928. 4. 7　国民政府軍、北伐を再開。この日総攻撃を始める
1929. 4　毛沢東ら、井崗山を放棄し、江西省瑞金に革命根拠地を移す
1930. 6.11　中共中央政治局会議、李立三路線の新決議を採択
7.27～ 8. 5　紅軍、長沙を攻撃。長沙ソビエトを樹立
12.19　国民政府軍、紅軍に対する第1次包囲討伐戦（～1931.1.3）
1931. 4. 1～5.31　紅軍に対し第2次包囲討伐戦
7. 1～9.20　紅軍に対し第3次包囲討伐戦
9.18　柳条湖事件を機に日本軍、東北侵略を開始（「満州事変」）
1932. 1.28　一・二八事変。日本軍、上海に侵攻（「上海事変」）
3. 1　「満州国」成立
1933. 1. 1～4.29　紅軍に対し第4次包囲討伐戦
10.16　紅軍に対し第5次包囲討伐戦（～1934.10.14）
11.20　福建省に、抗日反蔣の中華共和国人民革命政府成立（～1934.1.13）
1934.10.25　紅軍主力、瑞金を放棄し長征（1935.10.19　陝西省へ）
1935. 1. 8　中共、貴州省遵義で政治局拡大会議。毛沢東、軍事的指導権を確立
8. 1　中共、八・一宣言を発し、抗日統一戦線の結成を呼びかける
1938. 5.19　毛沢東、延安の抗日戦争研究会で持久戦論を報告
1945. 8.15　日本降伏、第二次大戦終結
10.13　蔣介石、国民政府軍に攻撃を指令。国共間に武力衝突発生
1946. 7.20　毛沢東、党内指示で「自衛戦争」を指令
1947. 9.12　中共中央、中国人民解放軍総反攻宣言を発す
10.10　中共中央、中国土地法大綱を公布
1948. 9.12～11. 2　人民解放軍、「遼瀋戦役」で東北地区を解放
11. 6～1.10　人民解放軍、「准海戦役」で勝利
11.29～1.31　人民解放軍、「平津戦役」で勝利
1949.10. 1　毛沢東、中華人民共和国の成立を宣言

撃戦」の概念がどのように創造・実践・修正されていったかを考察してみよう。

1 国民革命の変質

国民党誕生

一九二一年七月下旬、中国共産党の創立大会（中共一全大会）が上海で開かれた。そのころ北京、武漢、上海など各地で共産主義者の集団が形成されつつあったが、この時の党員は全国総数でわずか五七名にすぎなかった。その代表として大会に参加した者は董必武（とうひつぶ）、毛沢東、張国燾（ちょうこくとう）、周仏海（しゅうふつかい）、陳公博（ちんこうはく）など一三名で、コミンテルン代表としてマーリンほか一名も加わっていた。創立当初の共産党の指導的地位にあった陳独秀（ちんどくしゅう）や李大釗（りたいしょう）は、この創立大会に出席していないが、陳独秀は書記に選ばれ、党中央を指導することとなった。

一方中華革命党を組織した孫文は、その基礎を主に小ブルジョア、インテリ階級におき、軍閥の武力に依存して中国革命を遂行しようとしていた。しかしロシア革命の成功や、上海での五・四運動を目のあたりにして、人民の巨大な力を認識しつつあった孫文は、やがてマーリンの説得や配下の一部軍閥の裏切りなどから、これまでの革命理論を転換し、一九一九年一〇月中華革命党を中国国民党と改称し、共産党と協力して労働者と農民を主とする全民衆的組織と合作し、国民革命の達成を意図するようになった。共産党は二三年六月の第三回大会で、コミンテルン指令に基づいて、全共産党員が個人の資格で国民党に加入する「党内合作」を決定した。二四年一月国民党一全大会で国共合作が正式に成立した。

新生国民党は、国民革命を実現するために北方の軍閥を打倒し、政権を民衆の手にとりもどすという「北伐」の準備を進めることになった。ソ連赤軍にならった革命軍を創設するために、ソ連の援助のもと黄埔に軍官学校が設立され、孫文がソ連に派遣していた蒋介石がその校長に就任し、フランスから帰国した周恩来が政治部副主任となった。こうして、軍閥の私兵（傭兵軍）とは基本的に異なる革命のための軍隊が国民革命を遂行するという展望が、現実化しはじめていた。

孫文死後の一九二六年七月九日、国民政府は蒋介石を国民革命軍総司令に任命して、「帝国主義と売国軍閥を打倒して人民の統一政府を建設する」ために北方の軍閥打倒の北伐を開始した。総計約一〇万の北伐軍は、広州の国民政府を基盤に沿道の農民運動と労働運動に支えられながら怒濤の勢いで進撃し、わずか九カ月足らずの間に揚子江流域の中流一帯の地域、すなわち長沙、武漢、九江、南昌などの主要都市を占領し、さらに上海、南京に進駐するに至った。

対立と分裂

しかしながら、この国民大革命は、翌二七年春、一挙に反転することになった。激しい労働運動の展開は、革命陣営のなかにも強い階級対立を発生させた。共産党は北伐に呼応して労農大衆を軍に先行して組織化したので、北伐の間に革命軍が来ないのに大衆組織の圧力で軍閥を敗走させることもあったほどにその勢力を拡大していた。その結果蔣介石は共産党の勢力拡大に強い危機感を抱いた。そもそも土地革命を主張する共産党と民族ブルジョアジー、地主層を基盤とする国民党とでは革命の理念と方法論が本質的に異なるのは当然のことであった。南昌に国民革命軍総司令部を置いた蔣介石と、武漢に移転した国民党左派・共産党グループを中心とする武漢政府の根本的対立は、革命高揚のまさしくその時に、急激に噴出したのである。

このような背景のなかで危機感を抱いた蔣介石は、北伐をきっかけにまき起こった労働者、農民の闘争に対立し、上海共産党党員や労組活動家を一斉に逮捕・虐殺する「四・一二反共クーデター」を敢行、共産党に対する弾圧を開始した。ここに至って、国共合作によって押し進められてきた北伐は、道半ばにして大きく変質した。約二〇万人にふくれた兵力を有する蔣介石に対し、武漢政府は数千万の労農大衆に支えられていたが、それを支持する軍隊は武漢の国民党左派唐生智（とうせいち）の第八軍に限られていた。

一九二七年七月、国共はついに分裂。そして中国共産党は、コミンテルンの指令にしたがって「武装蜂起」路線へ転換していった。武漢を退去した共産党は、国民党から投じた賀龍、葉挺の部隊、それに朱徳の将校教育連隊の総兵力二万五〇〇〇を動かして、八月一日、南昌(なんしょう)で共産党独自の手による最初の武装蜂起を決行し、同市を占領して革命委員会をつくった(この日は今日人民解放軍の建軍記念日とされている)。

2　根拠地の建設

しかしながら、南昌で蜂起した共産党軍は、強力な国民政府軍に攻撃されわずか三日しか持ち堪(こた)えることができず、広東省めざして退却した。

一方、南昌起義と同時にこの蜂起を助けるために、農村で秋の収穫期をねらって暴動を起こす「秋収蜂起」も計画され、毛沢東は湖南省の責任者としてこれに当たっていた。二七年九月、毛沢東は、湖南、江西の省境地方に軍を集めて長沙を取ろうとしたが、優勢な国民政府軍の進出や蜂起部隊内部での裏切りなどのために、計画は挫折した。毛は、党中央の指令に反して長沙への進撃を断念し、残存部隊約一〇〇〇をまとめて農村へと撤退、そして一〇月、井崗山山岳地帯へとわけ入った。

井崗山は江西省と湖南省の省境、羅霄(らしょう)山脈の一部を占め、海抜一五〇〇～一七〇〇メートル、南北四五キロの天然の山塞地帯である。このあたり一帯は、王佐(おうさ)と袁文才(えんぶんさい)という二人の緑林（義挙をなす土匪）が支配していたが、毛は彼らと同盟関係を結んで井崗山へ入った。翌年五月には、南昌蜂起以来各地に転戦して生き残った朱徳の軍が井崗山で毛軍に合流した。両軍はここで再編成され、軍長を朱徳、政治委員（党代表）を毛沢東とする、兵力約一万の労農紅軍第四軍、いわゆる「朱毛軍」が成立した。蒋介石の「四・一二反共クーデター」から約六カ月後、「南昌起義」から二カ月余りのこと、朱徳四二歳、毛沢東三五歳の時であった。

井崗山根拠地は、『水滸伝』の豪傑たちが梁山泊を根拠地として活躍したことに示唆されたともいわれる。それを地でいくように、「朱毛軍」は彭徳懐の平江蜂起部隊などを加え約二年間井崗山を拠点として周辺に労働政権を樹立していった。このような根拠地（ソビエト地区）でなされた基本的課題は、紅軍の建設と土地革命であった。

紅軍の建設

毛沢東の軍隊は、もともと安源炭鉱の坑夫、平江、瀏陽、醴陵地方の貧困の農民や国府軍や軍閥軍からの反乱分子から成り、朱徳の軍は、南昌起義軍の多く（国府軍の最精強部隊の一部）の生存部隊と湖南の農民軍であった。したがってこれらの紅軍の構成員の多くは、貧農、流民や労働者、さらには遊民で構成されていた。遊民層は、ルンペン・プロレタリアートで、土匪（土地の盗賊）、緑林の類いであった。中国には、「好人不当兵、好鉄不打釘」(よい鉄が釘にならないように、よい人間は兵士にはならない)という諺があるように、まともな人間は軍人にはならないという通念があった。しかし毛沢東は、政治教育と激しい訓練を通じて、紅軍を自らのために戦うという自覚をもつ革命軍に改造していった。

毛沢東によれば、「赤軍の構成要素は、一部分が労働者、農民、一部分がルンペン・プロレタリアである。ルンペンの要素が多すぎることは、もちろん好ましくない。しかし、ルンペン分子には戦闘力がある。毎日戦闘が行われ、死傷者も多いなかで、そのルンペンを見つけてきて補充することもすでに容易ではなくなっている。このような状況のもとでは、政治的訓練を強化する以外に方法はない」(「井崗山の闘争」)のであった。

このような兵士の使命感の昂揚に貢献したのは、軍隊内に階級制をおかず、「三大民主」といわれる民主生活を実行させたことであった。具体的には、幹部と兵士の間で作戦および訓練の策定と事後評価の討論の自由(軍事民主)、幹部と兵士の相互批判の許容(政治民主)、兵士への給与と炊事管理の権限委譲(経済民主)である。これらの行動様式の有効性について、毛沢東は次のようにいっている。

「赤軍の物質生活がこのように粗末であり、戦闘がこのように頻繁にやられているにもかかわらず、赤軍が依然として崩れず維持できているのは、党の果たしている役割のほかに、軍隊内で民主主義が実行されているからである。上官は兵士をなぐらず、将兵は平等に待遇されており、兵士には会議を開き意見をのべる自由があり、わずらわしい儀礼は廃止され、会計は公開されている。……こうしたやり方に、兵士は満足している。とくに新しく入ってきた捕虜の兵士は、国民党の軍隊とわれわれの軍隊とではまったく違った世界であることを感じている。彼らは、赤軍の物質生活が白軍より劣ってはいても、精神的には開放されたと感じている。……赤軍はるつぼのようなもので、捕虜の兵士がはいってくると、たちまちとかしてしまう。中国では人民が民主主義を必要としているばかりでなく、軍隊もまた民主主義を必要としている」（「井崗山の闘争」）

毛沢東はまたこの軍隊に厳格な規律を課して、大衆と共存する人民軍とした。有名な紅軍の三大規律・六項注意を公布したのは、井崗山への進軍途上であった。これらは、次のようなおどろくほど日常的な行動規範であった。

三大規律

一、いっさいの行動はかならず指揮に従う

二、人民から針一本、糸一すじもとらない

三、土豪から取り上げたものはかならず全体のものとする

六項注意

一、売り買いは公正に

二、話はおだやかに

三、寝るために借りた戸板はもとにもどし、寝わらはもとどおり束ねておく
四、借りたものはかならず返し、こわしたものはかならず弁償する
五、やたらなところに大小便をしない
六、捕虜を虐待しない
(後の一九四七年に経験が蓄積されて「八項注意」、例えば「農作物を荒らさない」「婦人にみだらなことをしない」などが加えられ全体の表現も整理・改訂され、今日の人民解放軍の軍規となっている)

組織編成も独特のものであった。三種の軍隊を創造した。紅軍(正規軍)、遊撃隊(地方軍)、赤衛隊(民兵)である。紅軍は主力軍として生産と離れ絶えず移動して国民政府軍(正規軍)をたたき、根拠地を防衛する。ただし、平時には人民大衆の生産活動も支援する。遊撃隊は生産と部分的にあるいは完全に離れながら、地方地主の武装民団と戦う。地主の武装民団の数は多い、国民政府の正規軍が二〇〇万とすると、民団は少なくとも三〇〇万に上ると推定された。赤衛隊は生産を離れず村を防衛する。

紅軍の武器は小銃、重・軽機関銃が主体で、砲は少数の追撃砲、野砲に限られていた。遊撃隊は小銃をもつが、赤衛隊は槍、鉾(ほこ)を主な武器としていた。したがって、共産党軍全体は比較的弱い地主武装民団に勝利して武器を獲得し、国民政府軍に勝利してよりよい武器を充実させて戦力を発展させていくのである。勝てば勝つほど士気が昂まるだけではな

く、火力が増幅されるのである。とりわけ初期の紅軍は、獲得した小銃をかついだり、傷病兵の銃と弾丸をもつ徒手の兵士を多く抱えていた。

人員の補充の面では、主力紅軍は内部的には大衆の革命運動のなかから地方軍をつくりだし、それを昇格させて紅軍としていくという赤衛隊—遊撃隊—正規軍という発展過程をとるシステムを構築していった。したがって、三種の軍隊をいかに配分・組み合わせて最大の相乗効果を生み出すかが紅軍の戦略・戦術の基本であった。

土地革命

根拠地の第二の課題は、土地革命であった。農民を主体とした土地革命委員会が組織され、一九二八年一二月の「井崗山土地法」は、地主の土地を没収し、それを家族数に応じて分配することを定めた。井崗山における土地革命は、まだ試行錯誤のはじまりであったが、この土地革命実現の期待こそが農民による中国革命の行動源であった。

一九二七年七月、国共合作の破綻とともに、これまで国共合作を推進してきた陳独秀の勢力は後退し、労農運動を強化しようとする毛沢東は、国民革命期のなかで、これまで十分認識していなかった農民運動の重要性を湖南で体験していた。湖南での農民の組織工作の手ざわりの感覚から、「中国社会各階級の分析」「湖南農民運動の視察報告」などをまとめ、農民が中国革命の基盤を形成することを確信した。

農民が中国革命の中心であるという考え方は、ヨーロッパ市民社会の内部構造の分析から出発し、ブルジョア階級による生産手段の私有が人間解放と対立する資本主義的生産様式の本質的矛盾であり、その矛盾を解消する革命の主体は、資本主義的生産様式そのものが生みだす対立物としての近代プロレタリア階級である、としたマルクスの展望と異なるものであった。毛沢東によれば「マルクス主義の『書物』を学ぶことは必要だが、わが国の実際の状況と結びつけなければならない」(「書物主義に反対する」)のである。

毛沢東が直視した中国の農村社会は、もっと簡明直截に農民の「飯を喰う」問題をめぐって展開しており、大小地主階級が農民を搾取しているという事実を示していた。一九二六年の調査によれば、農村人口の一四%の地主が耕地の六二%を所有し、六八%を占める貧・中農の土地はわずか一九%にすぎなかった。

このような認識から形成された毛沢東の中国革命の基本的な戦略は、次のように要約されよう。

① 農民に土地を分配するならば、農民は自分の土地を守るために革命に立ち上がる。国民党との協力にだけ目を向け農民のことを忘れていた右翼日和見主義(陳独秀)、労働運動にだけ目を向け農民のことを忘れていた左翼日和見主義(瞿秋白)に対し、中国のプロレタリア階級の最も広範かつ忠実な同盟軍は農民である。農民は「貧しければ貧しいほど革命的である」。「鉄鎖以外失うもののない」貧農こそ最も革命的で、渇望

している土地を与えるならば革命の熱烈な擁護者となる。

②　農民に土地の持続的所有を可能にするためには、安定した根拠地とそれを守る軍隊が必要である。そのためには、軍閥混戦の域を出ない中国の特殊条件を利用して赤色根拠地を建設すること、軍閥治下では行政・保安能力が弱く広大な農村は地主豪紳とその傭兵の支配下にあること、さらにこのような軍閥が分裂し相互に戦い合って白色政権の支配力を弱めていることこそが、土地革命と紅軍建設を主要任務とする小地域の農村赤色根拠地の建設にとって有利な条件である。「一国のなかで、一つの小さな、あるいはいくつかの小さな赤色政権の地域が、周囲を白色政権にとりかこまれながら、長期にわたって存在することは、いままで世界のどの国にもなかったことである」（「中国の赤色政権はなぜ存在できるか」）。そして、このような根拠地のなかにこそ革命勢力の維持拡大の源泉がある。

かくして毛は、土地革命が中国における革命の基礎であり、農村の封建勢力を転覆することなしに中国革命の勝利はなく、農村に革命根拠地を建設して、「武装した革命農村を以て都市を包囲する」ことを主張した。つまり、根拠地の発展を点から面へと波状的に拡大させることによって、全国的な革命のうねりを創出しようとしたのである。

しかし、当時の上海の党中央は宣伝部長李立三を中心に、依然として中国革命を成功させる前提条件はロシア革命をモデルとする都市労働運動の発展であり、プロレタリアによる中心都市の武装闘争なくして革命は成功しないと主張していた。そして、いわゆる「李立三路線」のもと、ふたたび長沙、武漢、南昌など、内陸部の大都市での武装蜂起、政権樹立を目指す計画を進めていた。「農村は支配階級の手足であるが、都市はその頭脳であり、心臓である」というのが李立三の考えであり、「一省ないし数省の首先勝利」というのが、彼の提出したスローガンであった。

一九三〇年六月、党中央は、農村ソビエト地区の紅軍に、これらの大都市の攻撃を発令した。朱徳・毛沢東の第一軍団は南昌に、賀竜らの第二軍団、彭徳懐らの第三軍団は武漢にむけて進撃を開始した。しかし、この攻撃は再度無残な敗北に終わった。彭徳懐の率いる第三軍団がわずか一一日間、長沙に赤旗を翻し「長沙ソビエト」として世界を驚かせたものの、優勢な国民政府軍のまえに数千名の損害を出して撤退した。南昌、武漢はとうていこれを落とすことができなかった。三〇年九月一日、第一軍団が加わって長沙の第二次攻撃が試みられたが、紅軍の軽兵器と国民政府軍の重砲、飛行機、軍艦（揚子江を利用した列強の艦砲射撃による支援）とでは勝負にならなかった。紅軍は運動戦や奇襲には長じていたが、正規の陣地戦の攻撃技術については十分な訓練を積んでいなかった。

毛沢東は独断で攻撃を中止し、再び江西省西南部の根拠地へと引き揚げた。この敗北は党内に大きな波紋を起こし、結局李立三は「第二次極左冒険主義」として失脚し、党の主導権は王明、博古、洛甫らいわゆる「二八人のボルシェヴィキ」といわれるモスクワ留学生派が握ることになった。こうして都市進攻論は倒れ、毛の「農村から都市を包囲する」武装割拠論が容認されはしたが、その間の路線ギャップは埋まったわけではなかった。

3　第一次反「包囲討伐」戦（一九三〇年一二月〜三一年一月）

六つの条件

そのころ、国民党政権のもとにほぼ全中国を統一するかの勢いをみせていた蔣介石は、「紅軍長沙占領」という事件を契機として、三〇年代に入ると毛沢東の根拠地政権の徹底的壊滅を目指して戦闘を開始した。そして、正規の中央政府軍を建設しつつあった蔣介石は、この江西ソビエト地区を包囲し、いわゆる「囲剿（いそう）」という形をとって、包囲討伐戦を推し進めようとした。

一九三〇年冬、蔣介石は湖北、江西の省長を集め、共産党討伐の第一次作戦計画を構想した。一二月江西省南昌行営主任魯滌平（ろてきへい）を総司令として、約一〇万人、一一個師団の兵力が江西省西南部革命根拠地へと南下した。革命根拠地は、この時すでに三四の県で樹立され、根拠地内の人口は二〇〇余万に達し、土地分配の運動を展開していた。土地を分配された農民は、紅軍とソビエト政府を積極的に支持していた。国民政府軍（白軍）を迎え撃つ紅軍主力は、第一軍団（朱徳）の第三軍（黄公略）、第四軍（林彪）、第十二軍（羅炳輝)、第三軍団(彭徳懐)、第八軍(李傑)約四万人で、このような多数の敵の正規軍と戦うのははじめてであった。

だが、この討伐軍は一〇万の兵力を有していたが、蔣介石の直系部隊を含まない地方軍の寄せ集めで構成されており、根拠地の地形や状況についてはほとんど知識をもっていなかった。何のために戦うのかという目的についても部隊の間には、疑問が存在していた。

国民政府軍(白軍)兵力約一〇万は、吉安、建寧の線から七つの縦隊に別れて進攻してきた。紅軍は当時無電機をもっていなかったが、情報活動は改善されており、また国民政府軍は自軍の計画を新聞に発表したので、その動静をかなり正確に察知していた。攻撃の先鋒には、野戦司令部官張輝瓚の第一八師団、公秉藩の新編第五師団、譚導源の第五〇師団の三個師団が当たっていた。新編第五師団は途中の丘に布陣する紅軍部隊約一〇〇〇人と交戦したのち、東固を占領し富田に駐屯した。蔣介石は、洋銀一万元を特賞として与え、新編第五師団を第二八師団と改称させた。第一八師団は東固に進出し、第五〇師団は源頭に到着、布陣した。張と譚の二個師団は包囲討伐の主力軍で、各兵力約一万四〇〇〇であった。紅軍は約四万おり、一回に一個師団を攻撃するのであれば勝機はある。紅軍としては、この第一八と第五〇の両師団をまず殲滅することができれば、白軍の中間に突破口を開き、同軍を東西に分割し、包囲討伐を基本的に打ち破ることができるのであった。

このとき、朱・毛の紅軍第一軍団主力はすでに源頭の真南の黄陂、小佈一帯に集結を終わっていた。紅軍はこの頃新兵の比重が高かったので、白軍に多数の村落を占領させている合間をぬって新兵を訓練した。彭徳懐の紅軍第三軍団主力は、敵を牽制するため、竜岡と第二八師団および第五〇師団との間に展開していた。

戦闘に先立って、毛沢東は盛大な出陣の決起大会を開いた。まだ不安定な人民の信頼を得るためでもあった。会場は小佈付近のひろい河原にもうけられた。布陣している紅軍主力部隊を除き、多くの遊撃隊（地方軍）、赤衛隊（民兵）と民衆が集まった。河原には大勢の人がつめかけ、多くの赤旗がひるがえり、銃や槍が林立していた。主席台の上には「ソビエト区軍民殲敵宣誓大会」と書いた横断幕が掲げられ、両側の台柱には大きな字で書いた対聯（ついれん）がかけてあった。右の聯には「敵が進めば退き、敵が駐まれば攪乱し、敵が疲れれば攻撃し、敵が退けば追い、遊撃戦の中で勝利を得よう」と書かれ、左側の聯には「大規模に進退し、敵を深く誘い入れ、兵力を集中し、各個撃破し、運動戦の中で敵を殲滅しよう」と書かれていた。

朱・毛軍はすでに井崗山の時期から「敵進我退、敵駐我攪、敵疲我打、敵退我追」の一六字句の戦いの基本原則を確立していたが、毛はこれに「誘敵深入」（敵を深く誘い入れる）、「利而誘之」（利して之を誘う）を加え、六要件とした。これらの要件が左右の聯に表明されていたのである。

毛沢東は大会で講話をした。かれは当面の情勢は緊張したものであり、敵は大兵力で迫っているが、紅軍には勝利をするための十分な条件があることを指摘した。毛は左手をあげ、右手で一本また一本と手の指を開きながら、六つの条件について話した。

第一の最も重要な条件は、軍隊と人民とが一致しており、人民は積極的に紅軍を援助していること。第二の条件は、主動的に有利な作戦陣地を選ぶことができ、敵を罠にかけることができること。第三の条件は、各個撃破によって優勢な兵力を集中できること。第四の条件は、敵の弱点を攻撃できること。第五の条件は、敵が力を消耗しつくすのを待って、攻撃することができること。第六の条件は、敵の失策を作り出し、敵の隙に乗じ、攻撃を加えることができること。

六つの条件を説明してのち、毛沢東はさらに、紅軍は敵を深く誘い込む作戦方針を実行し、すでに二回にわたって大幅に後退したため、敵はすでに罠にはまりかかっており、敵情、地形、人民等の条件は、すべて変化しはじめており、紅軍に有利になっていると述べた。根拠地中部の竜崗、源頭一帯は、相対的に人民との関係が良好で、隠蔽しながら接近でき、また竜崗にはすぐれた陣地があった。

重要なのは緒戦で勝つこと

毛沢東は慎重に行動していた。反「包囲討伐」の第一戦を勝ち取ることをきわめて重視していたからであった。毛は「最初の戦闘の勝利は全局にきわめて大きな影響を与え、さ

図 2-1　黄陂・小佈地区への四万人の集中

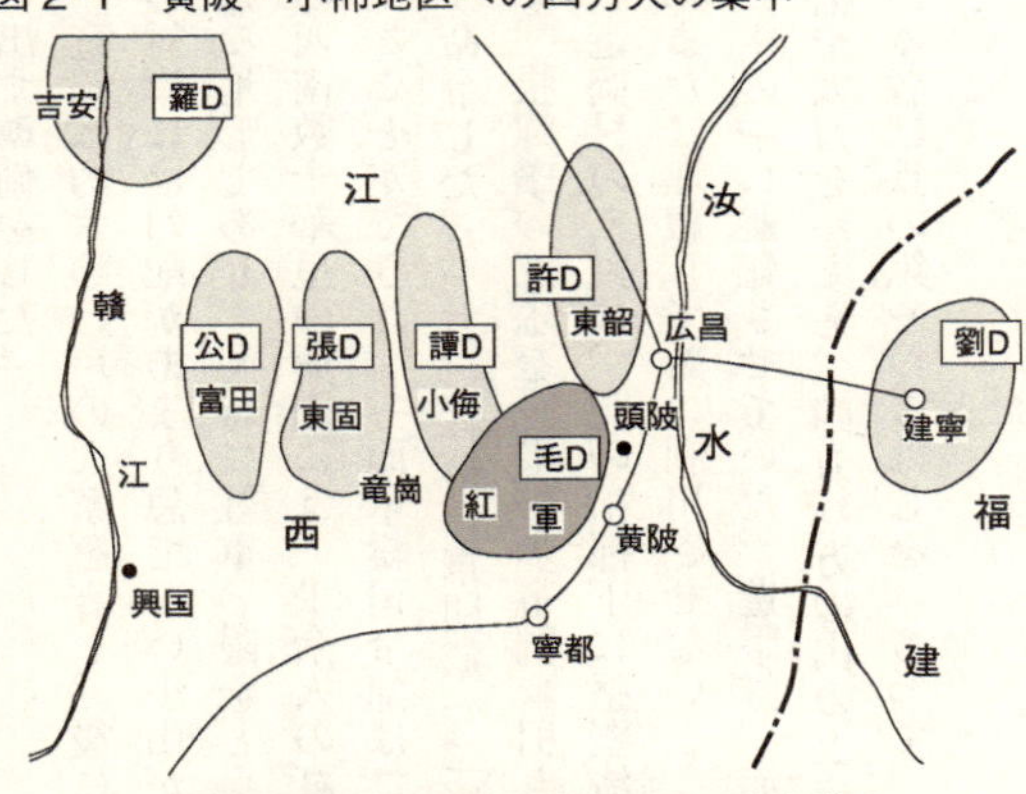

羅D―羅森D、公D―公秉藩D、張D―張輝瓚D、
譚D―譚道源D、許D―許克祥D、毛D―毛炳文D、
劉D―劉和鼎D

（出所）毛沢東「中国革命戦争の戦略問題」日本国際問題研究所中国部会編『中国共産党史資料集』第8巻、勁草書房

らには最後の戦闘にまでずっと影響をおよぼすものである」「必ず勝たねばならないこと、全戦の計画に配慮を加えなければならないこと、これが反攻の開始にあたって、つまり第一戦を行うにあたって、忘れてはならない二つの原則である」と述べており、したがって緒戦で慎重であるべきであり、「敵情、地形、人民等の条件がすべてわが方に有利で敵に不利であり、ほんとうに確実性があったとき手をくだすべきである」というのであった。

二七日より、二日待ったが、譚道源の第五〇師団は源頭一帯の高地の有利な陣地から出てこなかった。小佈以北の有利な地形を利用してこの敵を攻撃しようとしたが、それが見込みないと知ると、毛沢東は計画を変更し、東固にある張輝瓚の第一八師団を竜岡に誘い出す準備をした。

竜岡は約六〇〇戸の人家を有し、後には一つの大きな山があり、前には谷川があり、川の対岸には勾配があまり急でない小山がある山村である。ここは守るにやすく攻めるに困難な地形であり、同時に紅軍の隠蔽と兵力の集中にはきわめて便利な土地であった。竜岡の西南数十華里の興国には、千余人の紅軍の独立師団がおり、作戦時には敵の後方に迂回することができた。方面軍総司令部はここで罠をかけることを決定し、連夜工事を急ぐよう命令した。一方、紅第一軍団第一二軍の一部には敵を誘い込み、負けるだけで勝たせず、張輝瓚の部隊を一歩一歩竜岡に引き寄せさせた。

竜岡村の人民は、党の指揮下に堅壁清野（陣地をかたく守ると同時にすべての物質を焼却または埋蔵して敵に利用させないようにする戦術）を実行し、老人、子供、婦人はすでに山の中に避難させていた。遊撃隊、赤衛隊、少年先鋒隊や婦女会員のある者はよく光る槍や大刀をかまえ、四方八方の山の上や大路に歩哨に立ったり、パトロールしたりした。ある者は鉄の鍬やつるはしをふるって、紅軍の兵と共に工事をしたり、道を破壊したりしていた。

建軍来最大の勝利

張輝瓚の第一八師団三個旅団のうちの第五二、五三の二個旅団は、ついに紅一二軍についてきた。一二月二九日午前一〇時、その先頭部隊の第五二、一〇三連隊が竜岡に到着し、後続部隊もそれに続きつつあった。まもなく、若く敏捷な農民の伝令が命令をつたえてきた。一二月三〇日早朝から紅軍は攻撃を開始した。紅第一軍団第四軍は、竜岡の西北に向かって斜めにつっ切り、紅第一軍団第三軍の戦線と結び、張の師団司令部と後備旅団の連絡を切断し、紅第三軍団の戦線ともつながった。国民政府軍は高山に囲まれていたので、その退路を断つのは容易であった。張の師団司令部と二つの旅団約六〇〇〇人は、紅軍計約二万八〇〇〇人に完全に包囲された。

三〇日午後四時前後に、総司令部は全面攻撃の信号を発した。数百の突撃ラッパがいっせいに吹き鳴らされ、「突撃！」の喊声（かんせい）は、竜岡村全体をゆるがせた。討伐軍中の精鋭で「鉄の師団」といわれた第一八師団は、盆地で四方から包囲されるという不利な形勢のなかで頑強に防戦し、突破口を開こうとしたが、紅軍の新手がぞくぞくと到着してきたため陣容が乱れた。紅軍が繰り返しはげしい突撃をかけたため、第一八師団は急速に崩壊した。山も谷も「銃をわたせば殺さないぞ」と投降を呼びかける紅軍兵士の喚声でいっぱいだった。張輝瓚師団長は捕らえられ、のちに処刑された。

紅軍は捕虜に対し、紅軍に参加を願う者は紅軍に参加させる、家に帰りたい者は帰らせる、ふたたび白軍になりたい者は自由にまかせる、の三つの方法を示した。約三〇〇〇人の捕虜は自発的に紅軍に参加した。家に帰りたい捕虜には、各人に銀三元をあたえ、帰途の道を教えた。しかし民衆のなかには、白軍が根拠地に侵入したとき、放火・殺人・強姦など行ったので、紅軍が捕虜を寛大にあつかうのを不満とし、道路に待ち受け、捕虜の通過を許そうとしない者もあった。紅軍は宣伝員を派遣して民衆に説明し、捕虜を境界まで送った。紅軍は、井崗山において定めた三大規律、六項注意にある捕虜を寛大にあつかう政策を実行したため、白軍の兵士の中に大きな政治的影響を与えた。

源頭の第五〇師団は、第一八師団の敗戦を聞いて撤退を開始したが、紅第一二軍が正面、第三軍団が左翼、第三軍が右翼から追撃し、一月三日東韶でこれを捕捉、約半数を殲滅した。紅軍は五日間にわたる竜岡、東韶の勝利で、白軍の一個半師団合計一万五〇〇〇余人を殲滅し、一万二〇〇〇余挺の銃を捕獲した。無線機も二台獲得し、第一八師団の捕虜のなかから六人の無電要員を探し出し、紅軍無電隊の基礎をつくった。さらに紅軍主力は、とって返して東固の第二八師団を攻撃した。しかし、第二八師団は戦わずして退却し、その他の討伐軍も撤退したので、蒋介石の第一次包囲討伐戦はここに挫折した。この勝利は、紅軍の建軍三年来最大の勝利であり、中国全土を震撼（しんかん）させた。

4　第二次反「包囲討伐」戦（一九三一年三～五月）

蔣介石は一九三一年二月、紅軍に休息の時間を与えることなく、総兵力約二二万、一八個師団以上の大軍を集め、信頼する側近の何応欽を総司令とし、第二次包囲討伐の開始を指令した。国民政府軍は第一次包囲討伐の失敗により、「一歩一歩と陣地を築き、徐々に進攻する」作戦を採用し、富田、楽韶、広昌の一線まで進出したのち、堅固な陣地を築き、長駆突入しようとしなかった。

毛沢東は、第一回目同様白軍は蔣介石の直系部隊を欠き内部に統一なく、蔡廷楷の第一九路軍、孫連仲の第二六路軍、朱紹良の第八路軍以外は、比較的弱体であると分析した。王金鈺の第五路軍は新たに北方より到着したが、山地の作戦には不慣れであった。退却の終点を、第一次反包囲討伐戦のときのように根拠地の中部におかず、根拠地の前部——秦和県の東固一帯——においていた。白軍の最右翼は王金鈺の部隊であり、西から東に向かって孫連仲、朱紹良の部隊が並んでいた。蔡廷楷の部隊は興国に駐在していた。

毛沢東は全局面を検討し、西から東に攻撃をかけ、第一戦でまず弱いつなぎ目の王金鈺の第五路軍をたたき、初戦の勝利で全戦線をゆらがせ、その後白軍の後方の連絡線を全力で切断することにした。戦略的には富田から攻撃をかけ東に向かって横ざまにないでゆけば、建寧、黎川、泰寧地区でソビエト区を拡大できるが、東から西に攻撃すれば、贛江にさえぎられ、結局、戦いの終結後に発展の余地がないと読んだからであった。

かくして紅軍は東固一帯に展開し、有利な地形を占拠し、第五路軍が富田の堅固な陣地

図 2-2　第二次囲剿配置図

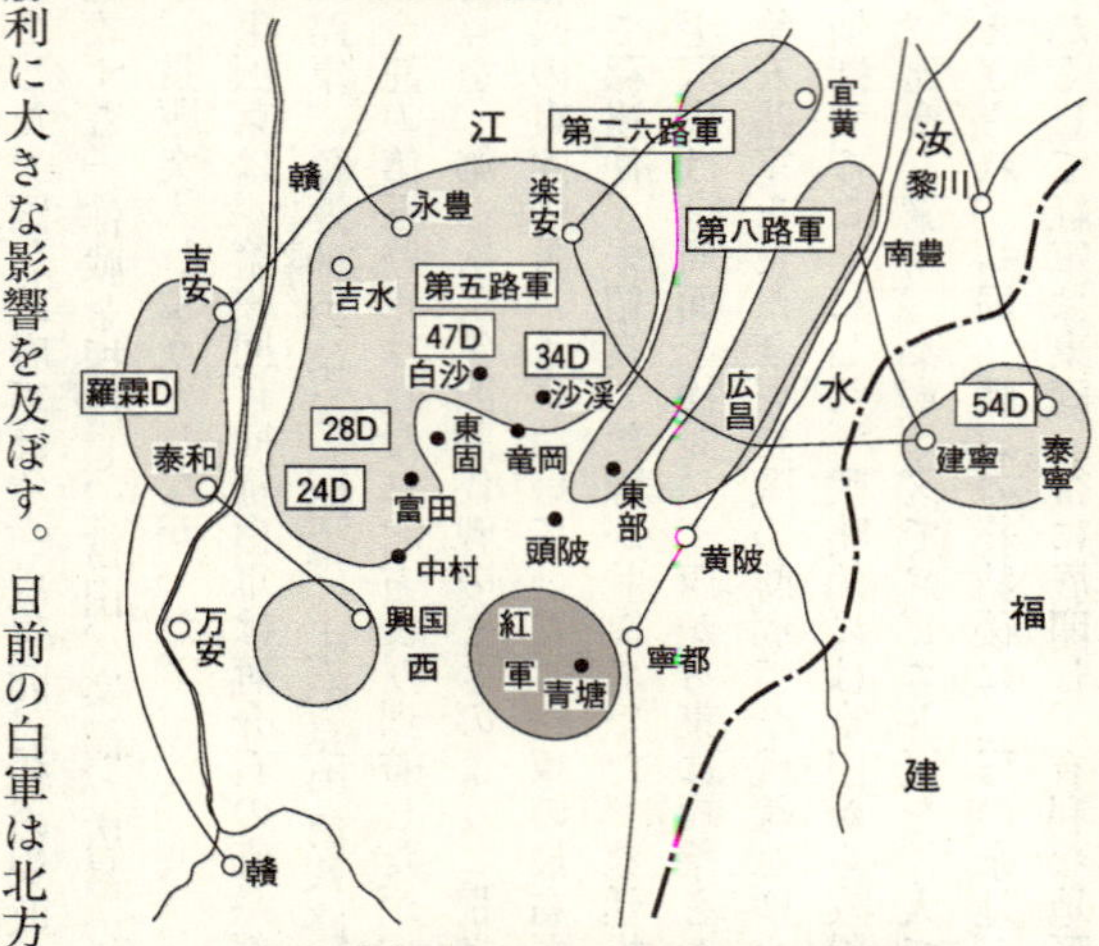

第五路軍（王金鈺）34D―郭華宗、54D―郝夢齢、
28D―公秉藩、47D―王金鈺、第二六路軍（孫連仲）
第八路軍（朱紹良）8 D―毛炳文、24D―許克祥

（出所）毛沢東「中国革命戦争の戦略問題」日本国際問題研究所中国部会編『中国共産党史資料集』第 8 巻、勁草書房

を離れるのを待って出撃するよう決定した。東固一帯は四方、山に囲まれ、このいくつかの高嶺を北に越えれば、そこが富田であった。紅軍は周囲の山上に陣地を築き、この山の窪地で白軍を攻撃するよう準備を整えた。部隊は深い谷間や林のなかに隠れ、政治学習、軍事学習、武器の手入れ、演習などを行った。当時、軍事訓練は、主として射撃の照準と山登りの二項目であった。山地の作戦においては、山の頂上を奪取することが勝利に大きな影響を及ぼす。目前の白軍は北方出身の部隊で、山登りに馴れていないので、よりいっそう有利に敵を殲滅するために紅軍部隊は連日山登りの練習をした。中国の新聞は、紅軍兵士に〝人間猿〟という綽名（あだな）をつけた。

紅軍は東固の山にひそみ、動かず、白軍に致命的な一撃を加える機会をうかがっていた。紅軍が動かないことは食糧難を招くことになるので、主食の減量に耐えるとともに、学習や訓練の余暇には、山に登ってたけのこや山菜をとり、川をさらって「たにし」や「どじょう」を捕まえたりして、副食物の問題を解決していた。

この意志と意志との勝負において、白軍は敗れた。紅軍は二五日間待ったが、根拠地の人民大衆に依拠し、情報をもらさなかった。王金鈺の第五路軍は、逆に毛沢東の予想どおり、五月一三日富田を離れ、三方面に分かれて東固に進撃を開始した。中央の王金鈺直轄の第四七師団はすでに九層嶺を通過し、右翼の公秉藩の第二八師団は東固の西端中洞に到達した。

このとき、前後四カ月間兵を休めていた紅軍は、興国にいる蔡廷楷の第一九路軍と、郭華宗の第三四師団の間二五キロのいわゆる「牛の角の間」に突入し、紅三軍は宅地調査から近道を発見、先回りして中洞の南側に到達し、高所から下を臨む有利な地形に位置していた。五月一六日、公秉藩師団の最後尾が中洞を離れようとした時に、紅軍は突如上から攻撃をしかけ、まったく応戦準備のない第二八師団の大部分を殲滅した。紅四軍は、九層嶺の山上でまだ足場の定まらない第四七師団を捕捉し、集中攻撃をかけ、ほぼ一個旅団を殲滅した。

第二次反「包囲討伐」の第一戦において、紅軍はまたしても勝利を得た。第二八師団長の公秉藩はいったんは捕虜になったが、兵士の群の中に混じり逃亡した。

白軍三万人消滅

紅軍は勝ちに乗じて富田を占領、さらに水南に到着した。一九日の早朝、郭華宗の第四三師団を白沙でとらえ、これを撃滅した。富田と白沙の二回の戦闘によって、全局の勝敗は決まったが、紅軍はすぐに東方へ前進し中村で高樹勲の第二七師団の一個旅団を消滅させ、さらに進んで朱紹良の三個師団のいる広昌に迫り、彼らを逃走させ、二七日広昌を占領した。

この後紅軍は二方面に分かれ、紅四軍は南豊に向かって北上し、総本部は第三軍団をひきいて福建省の建寧を攻略した。紅軍は建寧付近に到着すると、ただちに城の背後から攻撃を開始し、三〇日午後三時には、また一個師団をもって建河の下流を渡河し、建寧城の前面まで迂回し、包囲した。戦闘は午後六時ごろまで続き、白軍の劉和鼎の第六路軍第五六師団を全滅させた。この一戦では、紅軍と白軍の比率は一万対七〇〇〇であった。

紅軍は五月一六日から半月の間に、富田、白沙、中村、広昌、建寧で五回の勝ち戦さをし、白軍三万人を消滅させ、二万余挺の銃と大量の軍用物資を捕獲した。紅軍の第二次反「包囲討伐」戦は、個別の戦闘において集中の原則を守るべく、山岳地帯を七〇〇華里(三五〇キロ)にわたり、驚異的機動力を発揮して白軍を各個撃破した。それが可能になるためには、兵士は昼夜兼行で行動し、「歩きながら眠り、つまづいてもいびきをかいていた」、食事もとる時間がなかったが、民衆が食事を道端に用意してくれたので、「戦士たちは半分眠ったままで歩きながら食べた」ほどであった。

5　第三次反「包囲討伐」戦（一九三一年七〜九月）

一〇対一の劣勢

蔣介石は、わずか一カ月をおいたのみで七月一日、三〇万の兵力で第三次包囲作戦を開始した。蔣自身が指揮をとり、直系の陳誠（第一四師団）、羅卓英（第一一師団）、趙観濤、衛立煌（えいりつこう）、蔣鼎文（しょうていぶん）（第九師団）などの最精鋭五個師団（兵力約一〇万）も投入した。作戦は、このような優勢な大軍を使用し、第二次包囲討伐の「一歩ごとに陣地を固める」のではなく、精鋭部隊の三進路からの長駆直進で紅軍を贛江に追い詰め、一挙に中枢を絶滅させるというものであった。

当時、紅軍の兵力は三万余人に過ぎず、その上第二次反「包囲討伐」を経たばかりで、まだ休養と整備を行う暇がなく、このような早期攻勢を毛沢東も予想していなかった。「第二次囲剿（いそう）が終わってから、第三次囲剿が始まるまでは、時間的にわずか一カ月しかなかった。紅軍が苦戦のあとでまた休息もとらず、補充（約三万人）もまだできていない

図 2-3　第三次囲剿良村戦役時の彼我の配置図

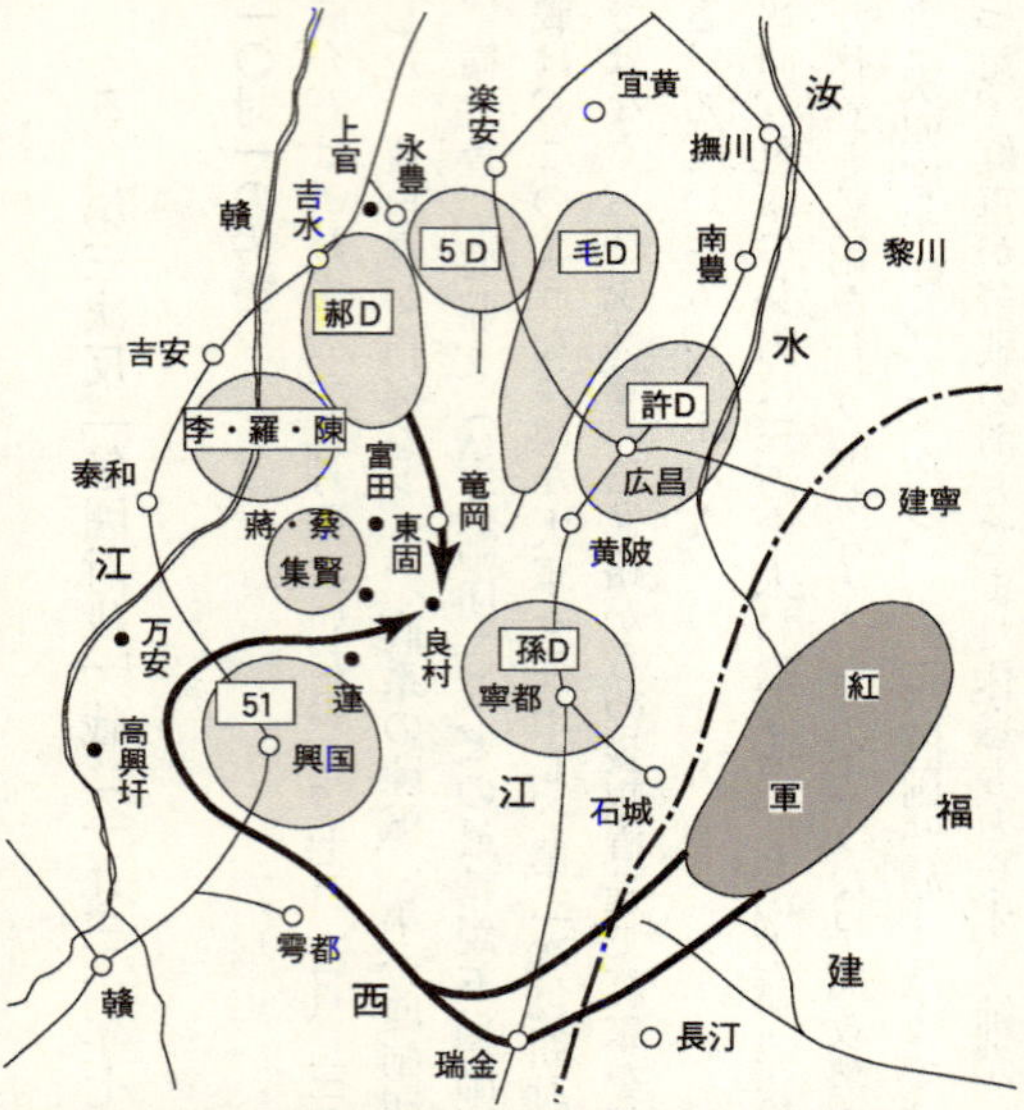

（出所）毛沢東「中国革命戦争の戦略問題」日本国際問題研究所中国部会編『中国共産党史資料集』第 8 巻、勁草書房

で、一〇〇〇華里（五〇〇キロ）もの道を遠回りして、［中央］ソビエト区西部の興国県に結集したときには、敵はすでに数路に分かれてわが軍の前に肉迫しつつあった」。

毛沢東は、兵力的に一〇対一の劣勢であるから、「敵の主力を避けて弱いものを打つ」「ぐるぐる引き回す」戦術を基本とし、白軍を分裂させ、疲労させ、そのすきに乗じて打つことにした。つまり、第一段階は興国から万安を経て、富田の一点を突破して西から東へ敵の後方連絡線を横断し、敵主力を江西省の南部の根拠地に深く誘い込む、第二段階で敵が北へ転じ疲労してくれれば、攻撃しやすい部隊を叩く、という方針であった。

ところが八月初旬、紅軍が富田に向けて進撃を開始すると、白軍にさとられ最精鋭の陳誠、羅卓英両師団が富田に迫ってきた。やむなく計画を変更し、高興圩(こうこうう)に引き返した。紅軍はこれとの対決を避け、間隙(かんげき)をぬってそれほど強力でない上官雲相の第三路進撃軍第四七師団一個旅団を蓮塘で全滅、緒戦をかざり、第五四師団を良村で壊滅させ、さらに黄陂で毛炳文(もうへいぶん)の第八師団を撃滅し、三戦三勝で一万余人を殲滅し、小銃一万以上を捕獲した。これに対して、討伐軍が四方から黄陂地区に進撃してきた。紅軍は、第一二軍を陽動部隊に残し、陳誠、羅卓英軍師万と蔣光鼎、蔡廷楷、韓徳勤軍四万余との間に二〇華里（一〇キロ）の間隙にある大きな山を越えて興国地区へもどった。

遊撃戦と機動戦による勝利

九月初旬、討伐軍がそれに気づいて再び興国地区に接近したとき、飢えと疲れで士気の低下した白軍に対し、紅軍はすでに半月の休息をとっていた。丁度この時国民党有力者の汪精衛らが広東で反旗を翻したので、蔣介石は第三次囲剿を断念し、九月四日前敵総司令何応欽は全軍進撃停止を命令、引き揚げを開始した。この退却に乗じて紅軍は攻勢に転じ、蔣光鼎、蔡廷楷、蔣鼎文、韓徳勤の部隊を攻撃した。韓徳勤の第五二師団、蔣鼎文の第九師団には老営盤で大きな打撃を与え、さらに九月七日両師団を救出にきた蔣光鼎、蔡廷楷の二個師団に戦いをしかけた。

しかしこの高興圩の戦いでは、双方とも死傷者を三〇〇〇人近く出し、対峙状態となった。白軍の優秀な装備、火力によって紅軍は大きな損害を受け、第三軍は軍として形をなさないまでの損害を受け、第五軍、第七軍に吸収合併された。朱徳は、戦勝によって心がおごり慎重さを欠いた暴挙であったと反省した。一五日未明、紅軍は東固以南の方石嶺一帯に移動し、韓徳勤の第五二師団を全滅させた。

しかし九月一八日の日本軍の手による「満州事変」の発生は情勢を急変させ、討伐軍は一部兵力を残して全面的に撤退したので、紅軍は一度ほぼ全域を占領された根拠地を、全部とり返すことができた。紅軍は、第一回包囲討伐は一週間、第二回は半月で勝利したが、第三回目は三カ月もかかった。六回の戦闘のうち、高興圩が五分五分の戦いであった他は、いずれも勝利を収め、国民政府軍一七個連隊、合計三万人を殲滅し（うち捕虜一万八〇〇〇余人）、武器二万点を捕獲した。

第三次反「包囲討伐」戦は、遊撃戦と機動戦が思いきり発揮された戦いであった。彭徳懐は「これによって古今中外の前例のない、まったく新しい戦略と戦術をつくりだした」と言い、毛沢東は「敵の三回目の包囲討伐に打ち勝ったことにより、紅軍の作戦原則のすべてが形成された」と指摘した。

しかしながら、蒋介石の最強部隊は依然無傷のまま残っており、満州事変がなければ根拠地の首都瑞金への進撃は止められなかったかもしれなかった。第三次包囲戦は、反蒋内乱と満州事変とによってかろうじて救われた戦いでもあった。

6　第四次反「包囲討伐」戦（一九三二年六～一〇月）

満州事変と上海事変とのために、蔣介石は共産軍討伐をしばし休止したが、「先安内、後攘外」（さきに内を安んじ、のちに外を攘う）の策を決し、日本と妥協してまず共産勢力を討つこととし、一九三二年六月から約五〇万の大軍を出してソビエト区を包囲した。一次から三次に至る反包囲作戦での紅軍の勝利は、毛沢東の名声をいよいよ高くしたが、党中央は毛沢東の遊撃戦を「陣地戦」と「攻城戦」を軽視した逃走主義としてきびしく批判し、積極攻勢を主張した。紅軍も兵力的には約二〇万の兵士と一六万挺のライフルを擁し、その最盛期にあった。「もはやゲリラ戦の段階は終わった。山の中にマルクス主義はない。全線にわたって出撃し、勝利に乗じてまっしぐらに追撃し、中心都市を奪取すべし」というのであった。

このような考え方は、「一省ないし数省の首先勝利」というかつての李立三路線の台頭でもあった。

一九三二年一〇月、ソビエト区中央局全体会議が寧都で行われ、毛沢東の紅軍での指導的職務を解任し、代わって周恩来の紅軍第一方面軍政治委員の兼任を決定し、周恩来に第

図2-4　第四次囲剿彼我の配置図

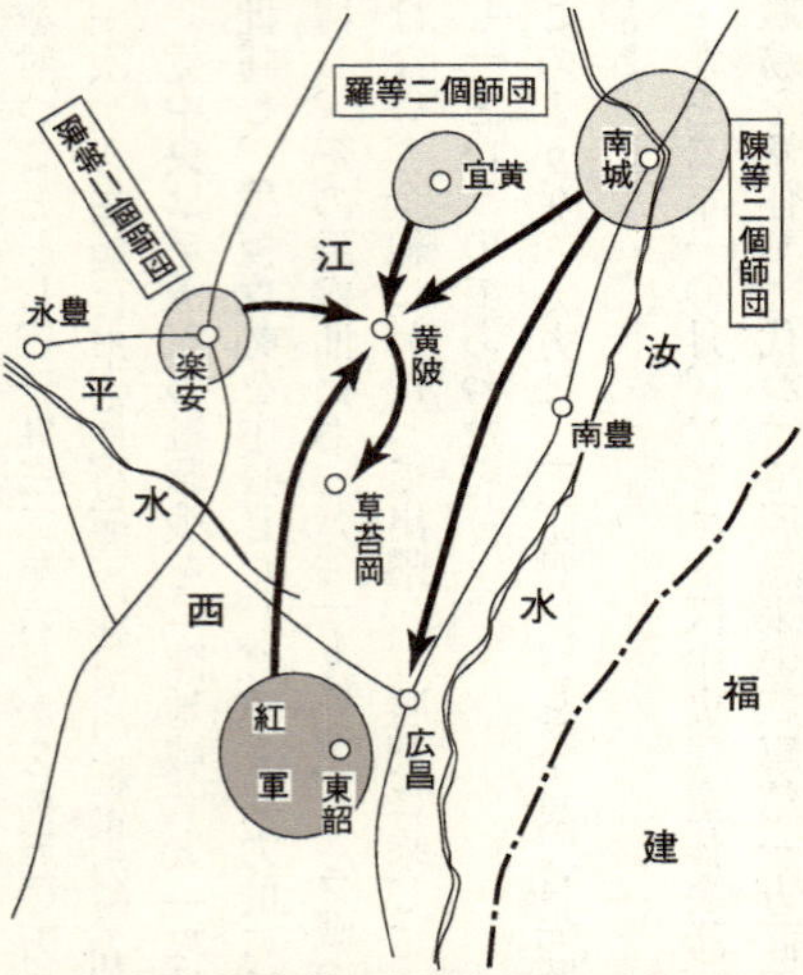

（出所）毛沢東「中国革命戦争の戦略問題」日本国際問題研究所中国部会編『中国共産党史資料集』第8巻、勁草書房

四次反「包囲討伐」戦の指導権を与えた。周恩来は、毛の根拠地への「誘敵深入」は有利ではあるが、根拠地での人的物的損失も大きいし、紅軍も拡大発展しているので、境界外で正規戦を展開しうるとして、「城門の向こうで敵をくい止める」主動攻撃への転換を主張した。

一九三二年六月、国民政府軍は、五〇万の兵力をもって江西の中央ソビエト地区に対し、第四次包囲討伐を開始した。三三年二月中旬、紅軍主力は南豊を包囲し、白軍の救援部隊をつり出して、伏撃して叩くという作戦に出た。白軍はこの策にのり、羅卓英指揮下の第一縦隊の主力第五二、第五九師団は、宜黄、楽安から南豊の南方広昌に向け進撃し、紅軍の退路を脅かそうとした。紅軍はこれを知って、その中途黄陂北方で宜黄から前進する第五二師団、楽安から前進する第五九師団を伏撃してこれを殲滅した。第五二師団長李明は重傷を負い自決し、第五九師団長陳時驥は捕虜になった。

この黄陂山地の伏兵戦は、第四次反「包囲討伐」の期間における最大規模の戦役であった。紅軍は、四、五万の大軍を黄陂山地に隠蔽し、蔣介石直系の第五二、第五九の二個師団を一挙に殲滅した。この両師団は蔣介石の直系部隊であり、最新式のフランス製のホッチキス軽機関銃とドイツ製の自動歩兵銃を装備したものであった。これら紅軍がまだ見たこともない新兵器は、すべて紅軍の戦士たちの手に移り、のちに羅卓英のみずからひきいる増援の敵第一一師団と第九師団の一個大隊を草苔岡で消滅させた勝利に貢献した。したがって黄陂山地と草苔岡の戦役の勝利は、国民政府軍のほぼ三個師団二万八〇〇〇人を殲滅して、中央根拠地に対する第四次包囲討伐の粉砕に決定的な影響を及ぼした。

7 第五次反「包囲討伐」戦（一九三三年一〇月～三四年一〇月）

白軍の戦略・戦術革新

蔣介石は第一次から第四次の包囲作戦の反省のうえに立って、第五次包囲作戦では次のような戦略・戦術の革新を行った。

(1) 編制の改革——編制を一個師団三個連隊に簡素化し山地戦での機動力を増大すべく、部隊内の非戦闘員の数を大幅に削減する一方、連隊以上の部隊には偵察隊を設け、輸送隊も拡充強化した。

（2）訓練の改良――直系軍の小隊長以上の幹部七五〇〇人に対し、堡塁戦の戦い方をはじめ、山地戦に備えての登山などのレンジャー部隊的練習もほどこした。

（3）戦略・戦術の改善――戦略面では、厳密封鎖、穏扎穏打（じりじり押し）の方針をとり、戦術面でも今までの優勢な兵力、武器に依存した長駆突入の失敗から学んで、極力慎重にじり押し作戦を進めることにした。二本柱は堡塁政策と経済封鎖であった。

①堡塁（トーチカ）政策――占領した村落にトーチカをつくって、一歩一歩ソビエト区を圧縮していく戦法は、蔣介石が軍事顧問として招いたフォン・ゼークト将軍が、第一次大戦での経験から提言したものといわれている。このような戦略戦術は速戦即決、短期決戦型から「歩歩営をなす」という堡塁による包囲網作戦に、一方面に全力を投入し他方面は専守防衛の体制をとるという形に変えたものである。したがって、第五次討伐戦はこれまでの討伐戦と様相を異にし、まず地方都市の防衛拠点を二重、三重の防衛網で固めると、そこへの道路輸送網を確保し、そこから前進する場合にも一歩一歩、一日数キロ進むに止め、前進部隊と増援部隊との間を二～五キロの距離におき、ほぼ同程度の距離に中規模の堡塁を築き、さらにその間に小規模の機関銃座をもった堡塁を築き、銃火と銃火とがとどきあう程度の範囲で作戦行動を展開するといった具合であった。このような堡塁網は江西省全域で三〇〇〇におよんだ。

②経済封鎖――封鎖政策は、経済ばかりでなく、郵便、電信、交通などあらゆる面で実

施されたが、その中心はソビエト区に対する軍用品、日常必需物資、とくに塩の封鎖であった。

(4) 支援措置――穏扎穏打の戦略を支援するために、自動車道路の建設、通信連絡のための電話網の整備、保甲制の実施（一〇〇戸を一甲とし一〇〇〇戸を一保とする王朝体制以来の治安警防組織）、秘密工作員の要請、紅軍幹部への懸賞金などが行われた。

陣地戦を選択

一方の紅軍は、一九三二年の初めから毛沢東に代わって、党、紅軍の指導権を握った周恩来らが毛沢東の遊撃戦を必要条件の一つであるとしながらも、「正規戦と遊撃戦の正しい関係をうちたてる必要がある」として、紅軍の「正規化」「近代化」に努めてきた。周恩来の指導下の第四次反「包囲討伐」戦の勝利は、一層の積極攻勢路線による決戦の勝利へ拍車をかけ、これが第五次反「包囲討伐」戦の基本戦略であるとされた。

ところで蒋介石の戦略がしだいに効果を発揮し始めつつあった一九三三年の暮れ、紅軍にとって一つの好機が偶発的に到来した。それは、この年一一月二〇日、前年の「上海事変」で日本海軍陸戦隊に英雄的抵抗を試みた蔡廷楷（さいていかい）司令の第一九路軍が紅軍討伐の命令を受けて、福建へ移動してきていたにもかかわらず、そこで蒋介石に対して反旗を翻し、いわゆる福建人民革命政府を樹立したからである。他方、蒋介石の方は、これに対してきわめて機敏だった。翌三四年一月、第一九路軍に攻撃をかけた。この時共産党中央は、福建人民革命政府を人民的でも革命的でもないと批判し、また第一九路軍の反日反蔣の真意を信じきれず、蔣介石の攻撃を受ける第一九路軍を援護せず、見殺しにしてしまった。

国府軍の穏扎穏打のじり押し作戦に対して紅軍総司令部がとった対策は、「寸土といえどもソビエト区を敵に蹂躙（じゅうりん）させるな」というスローガンに示される寸土を争う陣地戦であり、実際の戦術では、コミンテルン軍事顧問オットー・ブラウン（中国名、李徳）が提唱する短促突撃（短距離強襲）の戦法であった。オットー・ブラウンは、毛沢東の遊撃戦を「匪賊のやり方」と嘲笑していたが、同じドイツ人フォン・ゼークト将軍による包囲網作戦に対抗した彼の短促突撃の概念とは、敵のトーチカ戦術にはトーチカで対抗し、敵が堡塁から出てきたところを反覆的にたたいて戦闘力を減少させていくという考え方である。これは、毛沢東の根拠地を固定的に考えない遊撃戦という融通無碍（むげ）の運動戦とは異質の、西欧的合理主義に基づくより分析的かつ原則的な戦法であった。

広昌攻撃作戦

戦局を決定的にした広昌攻撃作戦は、一九三四年四月九日から開始された。国府軍の主力北路軍（陳誠）は、三個縦隊・九個師団を投入した。紅軍は第一方面軍（朱徳）の第一軍団（林彪）、第三軍団（彭徳懐）、第五軍団（董振堂）、第九軍団（羅炳輝）の主力をここに集中し、とくに彭徳懐の第三軍団は勇敢に戦い、大羅山の鐃家堡では陣地を五、六回も取りつ取られつする激戦を二〇日間近くにわたって展開した。

しかし国府軍は、紅軍が攻撃してくれば、トーチカに引きつけ損害を与え、紅軍がトーチカにこもれば、飛行機、大砲の砲爆撃で破壊するという戦法でじりじりと紅軍を圧迫した。とくに紅軍の堡塁は白軍飛行機の格好の固定目標となった。林彪はこういっている。

「第二師団だけでも、爆弾で四七〇〇名を失ったのです。堡塁内の兵士は固定目標となりました。兵士が三、四名負傷しても、多くの士官は少しもくじけず堡塁に止まりました。将校が最後の一人になって戦ったことも少なくありません。士官が全員戦死したら、一般兵が堡塁の指揮をとるのも、ふつうのことでした」（スノー『中共雑記』）

紅軍が敵の後方に回って運動戦を展開する余地は狭まり、「敵を深く誘い込む」戦法をとるには、敵はあまりにも用心深く前進し、深く根拠地内に侵入してきていた。かくして、四月二八日広昌は占領され、「城門の向こうで敵をくい止める」戦略は崩壊した。

第五次包囲の最後の大戦闘は、八月瑞金の北一〇〇キロの戦略拠点である駅前（えきぜん）で行われた。紅軍はこの地区に堅固な陣地をつくって、瑞金への最後の防衛線を守ろうとしたが、八月中旬から空陸からの攻撃を開始した国府軍は、八月二九日から三日間の総攻撃で、ついに駅前を占領した。

このころになると、かつて七〇県を擁したソビエト区は瑞金、寧部、長汀など六県程度に縮小していた。もはや根拠地を持ちこたえられないのは明らかで、残された道は、血路を開いて包囲を突破するしかないと考えられた。

毛沢東は、第五次反「包囲討伐」戦について、この時期われわれは二つの大きな誤謬を犯したと批判している。それは福建事変のとき蔡廷楷の軍隊との連合に失敗したことと、土地を失うことを怖れ紅軍の戦術を機動戦から陣地戦に変えた結果、ソビエト区を失ってしまったことである。毛沢東を軍事指揮から外し、かれの遊撃戦を軽視したことが、第五次反「包囲討伐」戦の敗北につながったのである。

8 長征

機動力を生かした運動戦へ

長征は、ナポレオンのモスクワからの退却やハンニバルのアルプス越えと比較されることがある。それは恐慌的な敗走であり、また人間の忍耐力の叙事詩でもあった。

一九三四年一〇月一六日から、三五年一〇月二〇日までの間、三七〇日間にわたって、毛沢東指揮下の第一方面軍は二万五〇〇〇華里（一万二〇〇〇キロ）の距離を踏破した。長征がこのような長期間にわたるものとなったのは、慎重な計画の結果というよりは、追い込まれてそうなったのであり、毛は「われわれがなにか確定的な計画を持っていたかといえば、なにもなかったというのが答えである」と言った。

毛沢東は、一九三五年一月の遵義における中央政治局拡大会議で周恩来、黄稼祥と共に軍事指揮の指導者に復活した。そして「抗日戦争のために西北（陝西、河南）へ向かって前進する」という大目標を示した。遵義を占領するまでに、紅軍は博古―李徳路線の「あわてふためいた逃亡的行動」によって膨大な損害を被っていた。これを境に、紅軍は意識的な政治的目標を持たずただ漂浪していた段階から、一つの新しい意味「北上抗日」をもつ長征へとその目標を生成していった。遵義会議後、毛沢東が指揮をとるようになってから、紅軍の戦法は再び機動力を生かした運動戦によって敵をふりまわすことを基本とするようになり、運動戦ができるように「引っ越し部隊」といわれた大縦隊の改編が行われた。

一月初め遵義を占領してから、五月初め金沙江上流を渡河するまでの約四カ月間の紅軍は、「四度赤水を渡る」という言葉で知られる思う存分の運動戦を展開した。紅軍は四川入りしないふりをして四川入りするための行動をとった。「運動曲線」を描きながらぐるぐる回転し、進路を蛇行し回転させながら蔣介石の予測を困難にさせた。北上して四川入りするかのように見せかけては急に西進し、長江支流の赤水河を渡り、雲南の札西へ南下し、さらに突如として東へ急転し、再度赤水河を渡って桐梓を占領、婁山関で貴州軍閥の王家烈軍と戦ってこれを撃破、逃げるのを追って、二月二七日また遵義を占領した。敗北

図 2-5　紅軍長征略図

する貴州軍閥の王家烈軍を追った紅軍は、遵義に迫っていた国民政府中央直系軍と戦い、二〇個連隊を殲滅した。

毛沢東は、さらに南下して手薄な貴陽をうかがう形勢を示し、これに対して蔣介石が急遽雲南軍を貴陽に呼び寄せているすきに、主力は一気に西南に方向を転じ雲南へ急進撃をはじめ雲南軍をやり過ごした。こうして毛は、四川から甘粛へという道の代わりに、さらにその外側の雲南から西康へと、いわば中国本部の西端を大きく弧を描いて北上した。貴州、雲南では、江西地域でのような人民の協力による「誘敵深入」の戦法が期待できない以上、紅軍は機動力に頼るほかなかった。そして、江西の山岳地帯の多年の戦闘で鍛え上げられた紅軍主力部隊の強靱な戦闘力と機動力が、この運動戦を可能にした。

「鍛え上げられた」軍隊に

紅軍は国民政府軍の追撃をふり切りつつ、揚子江の上流で金沙江を渡り、少数民族、ロロ族の住む地帯をこえ、さらに大渡河を渡るべく安順場へ到達した。ここはかつて太平天国軍の名将、翼王石達開が大渡河にはばまれて清朝軍によって全滅させられたところである。蔣介石は、ここで紅軍を第二の石達開にしてみせると豪語していたが、紅軍は意表をついて、安順場からさらに一四〇キロ上流の瀘定橋へと七〇〇メートルほどの吊橋を英雄的な突撃によって奪取した。

さらに、海抜四〇〇〇メートルを越える大雪山を越えた約二万の第一方面軍は、一九三五年六月末四川西部の懋功(ぼうこう)で張国燾の第四方面軍と合流した。しかし張国燾は遵義会議の決定の妥当性をめぐって毛と対立し、紅軍は、東方縦隊(張国燾)と西方縦隊(毛沢東)に分かれて北上することになった。東方縦隊は、多くの困難を克服し続け、九月初旬四川省南西部の大草原湿地帯の突破に成功した。そして一〇月二〇日陝西省の呉起鎮に到着した。

一九三五年一二月二七日陝北に到着してから、最初の重要な会議である中央政治局会議で、毛沢東は長征についての総括を次のように行った。

「長征についていえば、それにはどんな意義があろうか。長征は歴史に記録された最初のものであり、宣言書であり、宣伝隊であり、種まき機であるとわれわれはいう。盤古が天地を開いてから三皇五帝をへて今日に至るまで、われわれのこのような長征がかつて歴史上にあっただろうか。一二カ月のあいだ、空では毎日何十機という飛行機が偵察と爆撃を行い、地上では何十万という大軍が包囲し追撃し、阻止し遮断し、道中では言葉ではいいつくせない困難と険阻があったにもかかわらず、われわれはめいめいの二本の足を動かして二万余華里を長駆し、一一の省を横縦断した。われわれのこのような長征が、かつて歴史上にあっただろうか。いまだかつてなかった。長征はまた宣言書である。それは全世界に紅軍が英雄であり、帝国主義やその手先蔣介石などには、まったく歯が立たないものであることを宣言した。長征はまた宣伝隊である。それは一一の省のおよそ二億の人民に対して、かれらを解放する道は紅軍の道しかないことを宣布した。もしこの壮挙がなかったならば、広範な人民は、世界に紅軍が示しているこの大きな道理のあることを、どうしてこんなに早く知ることができただろうか。長征はまた種まき機である。それは一一の省にたくさんの種をまいたが、それらは芽を出し葉をのばし、花を咲かせ実を実らせ、やがて収穫されることになる。要するに長征はわれわれの勝利と敵の失敗という結果をもって終わりをつげた」(「日本帝国主義に反対する戦術について」）

江西を出発した約一〇万の主力紅軍は、一〇分の一に満たぬ数に減っていたので、この宣言は驚くべき革命的楽天主義を発揮しているが、その後の経過は、長征が「モーゼの出エジプト」に比すべき歴史の「転轍機(てんてつき)」となる事件であり、毛沢東の総括の正しかったことを示した。長征という途方もない挑戦の過程で、紅軍は後に北京に入城する人民解放軍の基幹となる「鍛え上げられた」軍隊になった。

抗日戦争から解放戦争へ

長征途上の一九三五年八月一日、中共は「抗日救国のために全国に告ぐるの書」を発し、中国の全階級を結集した抗日民族統一戦線の結成を宣言した。その理念は、西安事件の翌年三七年七月七日の盧溝橋事件の勃発を契機に第二次国共合作として実現された。ここで紅軍三万余は、国民革命軍第八路軍三個師団に改編された。

抗日戦争は、日本軍の急速な進出と国民政府軍の敗北をもって始まった。毛沢東は国民政府軍の主張する日本軍に対する正規戦を避け、得意とする遊撃戦を展開する方針を示した。これが抗日戦争を、①敵の戦略的進攻と我の戦略的防御の時期、②敵の戦略的保持と我の反攻準備の時期、③我の戦略的反攻と敵の戦略的退却の時期の三段階で発展することを予見した「持久戦論」（一九三八）である。遊撃戦は運動戦そして正規戦へと発展・転化するより大きなパースペクティブとして捉えられ、その後の戦争の経過はほぼ毛のシナリオどおりに進行した。

日本軍は怒濤の如く中国沿岸の大部分を占領した。しかし、日本軍が制圧していたのは大都市を結ぶ主要鉄道沿線の「点と線」だけであり、面的支配は達成不能であった。やがて日中戦争は膠着状態に陥った。国民政府軍は重慶に後退したが、八路軍は日本占領地周辺に出没し、遊撃戦を展開した。共産党軍は抗日戦争を戦いつつ、国民政府軍が撤退した後に権力の空白状態が生じた農村を中心に根拠地を拡大していった。

一九四五年八月一〇日、日本がポツダム宣言を受諾した翌日から国共の武力対決は始まった。遠く後方の都市に退いていた国民政府軍と異なり、日本軍の背後で遊撃戦を展開していた人民解放軍（四七年改称）は、中小都市の占領地区と交通要路をいちはやく接収した。アメリカの支援を受け圧倒的な武力を誇示した国民政府軍は、当初多くの都市と交通要路を占領し、共産党軍のメッカ延安までも占領した。しかし、日本軍同様に「点と線」を保持しただけだったので、兵站線が延びきったところを遊撃戦でたたかれ、徐々に戦力を消耗させつつ、大都市に封じ込まれていった。

一九四六年七月、国民政府側の全面攻撃に際して、毛沢東は蔣介石の攻撃を粉砕するには、(1)持久計画をたてる、(2)運動戦であり、いくつかの地方や都市の一時的放棄が必要である、(3)人民大衆と緊密に協力し、獲得できるすべての人びとを獲得しなければならない、と党内に指示を発した。

一九四七年一〇月、共産党は「中国土地法大綱」を発表し、すべての地主の土地所有を廃止し、「耕す者が田畑をもつ」という孫文の政策を実行するとして、農民の絶対的支持を獲得し、人民解放軍はその戦力基盤を飛躍的に拡大していった。

一二月、毛沢東は中国人民の革命戦争はいまや一つの転換に達している、「これは蔣介石の二〇年にわたる反革命支配が発展から消滅に向かう転換点であり、中国における一〇〇余年にわたる支配が発展から消滅に向かう転換点である」と宣言した。

人民解放軍の反攻は、やがて「遼瀋戦役」「淮海戦役」「平津戦役」の三大戦役で勝利を決定づけた。毛沢東は、一九四九年一〇月一日、北京天安門の上から中華人民共和国の樹立を宣言した。

アナリシス

毛沢東の一連の反「包囲討伐」戦は、「遊撃戦」という概念の創造とその組織的な実現過程としてとらえることができる。ここで、この概念を生みだした方法論とそれを組織的に実現した仕組みとリーダーシップを考察してみよう。

戦争の弁証法

遊撃戦の概念は、毛沢東の事象の本質把握の方法論と深くかかわっている。その事象の本質把握の方法論は弁証法である。簡単にいえば、事象生成の根本要因は矛盾にあり、その矛盾は、対立する二つの要因を抽出し、分析し、対比してそのギャップを克服ないし止揚することによって解消するという考え方である。そして、敵の力が強く味方の力が弱い条件下では、単に力を競い合うのではなく、知恵を競い合うことが要請されるのである。

遊撃戦の戦い方は「一六字句」に凝縮されているが、それは強大な敵に対して弱小な我と、我は不敗であるという信念との間の矛盾を解消する戦法であった。戦争における矛盾関係は、優勢と劣勢、攻撃と防御、主動と受動、持久と即決、内線と外線、集中と分散、全局と局所などの関係でとらえられている。

例えば、攻撃と防御については、二つの視点がある。第一の見方は、攻撃とは単に攻める、防御とは単に守ることであると考え、両者は対立的なもので、相互に転換できないものと考える立場である。このような機械的な視点からでてくる主張は、「消極的防御」である。一方、弁証法的視点では、攻撃と防御は対立しながら相互に依存し、場合によっては転換できるものであると考える立場である。つまり攻撃と防御は明確に分離できないものであり、攻める時には守りが必要だし、守るときにも攻めることがあり得る。一定の条件がみたされれば、攻守は相互に転化できるものなのである。このような視点から「積極的防御」が主張される。

毛沢東の攻防関係の弁証法は、井崗山時期の「一六字句」から、反包囲時期の「誘的深入」方針などに典型的に示されている。「一六字句」の攻防関係は、反包囲戦の基本原則を示しており、「進めば退き、駐まれば攪し、疲れたら打ち、退けば追う」は、戦略的防御と戦略的進攻の二つの段階を含んでいるのである。戦うときには移動することを考え、戦うために退くのである。

「誘敵深入」方針でも、退却することは目的ではなく、目的は敵を全滅させる有利な条件をつくり出すことであり、退却はこの目的を達成するための手段である。攻撃のための防御、前進のための後退、正面に向かうための側面への転向、直進のための迂回などは、いかなる事物の発展過程にも不可避の現象なのである。

戦略的退却とは劣勢の紅軍が優勢の白軍の攻撃に直面するとき、その攻撃をすぐには撃ち破れないという認識のもとに、自らの力を保持しつつ、敵を破る機会を待つよう計画された戦略ステップの一つであるという考え方である。

このような認識のもとに攻防の転換を行うためには、転換の条件をつくり出し、転換のタイミングをうまくつかむことが鍵である。条件が充分備えられていないとき（敵が弱く、我が強いという情勢が現れていない場合）、無理に転換すると攻防の転換がつくれない。転換が遅すぎると戦機を失い、敵に休憩のチャンスを与えてしまう。転換のタイミングをつかむため、「敵を知り、己を知る」上で防御の時に攻撃の条件をつくり、攻撃に切り替える準備をしなければならない。

主動と受動についても、戦略上の主動から受動への転化は、戦役ないし戦闘の転化をベースとして量的変化から質的変化を経て達成される。この転化は、正確な主観指導によって局所的な優勢と主動をつくり、その積み重ねによって戦略上の劣勢あるいは受動から抜け出ることができる。

持久と速決の関係については、当初の党中央による大都市攻撃は、党中央が速決と持久の関係を認識しないでひたすらに戦略的速決のみを追求したために、すべて失敗した。全局でみれば、敵と我の力が比較にならないから、長期的な逃走によって局所的な勝利を積み重ねなければ、この関係を変えられない。しかし持久のみでは勝利することはできない。勝つためには、速決戦も採らなければならないが、そのための条件は充分な準備、タイミングの把握、優勢な兵力の集中、迂回包囲の戦術、有利な戦地、運動中の敵あるいは陣地が固まっていない敵への攻撃などである。

内線と外線については、中国革命戦争の特徴として、力の差が大きい敵と我との「包囲」と「反包囲」という局面が長期的に繰り返していることに目が向けられる。しかし、内線と外線というものも、ある条件の下で転換できるものである。例えば、敵の紅軍に対する大きな包囲を分断すれば、紅軍が敵の各部分に対する逆包囲に転換することができるのである。

集中と分散の関係については、「一をもって十に当たり、十をもって一に当たる」という相互に矛盾し、しかも相互に補完する関係を実現しなければならない。紅軍の創設期では兵力が少なく、分散して敵を動かすことさえできなかったため、「勝つことができれば戦い、できなければ退く」という柔軟な戦術を採る場合が多かった。つねに大きな力を結集して、敵の一部を攻撃（各個撃破）するのであり、「全線出撃」という軍事的平均主義は避けなければならない。

全局と局所の関係については、局所のものは全局に従う。しかし、全局は局所を離れて存立できず、あらゆる局所によって構成されるものである。局所は全局に属するから、局所的戦争指導の規律と実行は全局の規律に従わなければならない。局所の立場から見て実行可能なもので、しかし全局から見ると適当ではないものは全局のために放棄すべきである。

以上のように毛沢東は、戦争という現象を「対立統一」という弁証法の原理でとらえ、戦争の基本的な矛盾は敵と我との矛盾であるとした。この矛盾は戦争の過程の始めから終わりまで存在するので、彼我の矛盾は双方の主観指導の正しさまたは誤りによって、強から弱へ、弱から強へと変化する。このような強弱の相互転化は戦争の一般原理なのであり、したがってこのような矛盾関係を創造的に解消しなければならないとしたのである。

「人民」の軍隊と戦う意志

敵が強く我が弱い、しかし我は不敗であるという矛盾を克服する最も基本的な戦略は、常に紅軍を支援する膨大な数の人民と共に戦うことである。毛沢東は「戦争力の最も深厚な根源は民衆の中にある」と指摘し、民衆を動員することを戦争の勝利を獲得する諸条件の中で最も基本的な条件だと考えていた。かれの遊撃戦の原則は人民戦争の一環としてとらえられ、赤衛隊―遊撃隊―正規軍という三種の軍隊をつくりその相乗作用を発揮させようとした。

彭徳懐は、「大衆は生活問題の具体的な解決のみに関心を抱いているのですから、かれらの最も切実な要求を直ちに満足させることによってのみ遊撃戦を発展させることができます」と言っている。人民の支持と援助を得ることによって戦争を遂行するため、毛沢東は土地革命を推進し、農村根拠地をつくった。それと同時にこれまで対立すると考えられてきた軍民関係を融合あるいは統合させるための一連の原則と方法をつくりあげた。例えば、人民に対する服務の指導思想、三大規律と八項注意、軍民一致の原則、統一戦線、民衆を動員する政策などは、紅軍が白軍を勝ち破ることのできた基本条件であった。

質的には、兵士の政治教育と思想教育を重視し、何のために戦うかという使命の自覚と規律を浸透させた。また、紅軍は徴兵制ではなく志願制であり、紅軍の大半を占める農民は長征で示されたように忍耐力と困苦に耐える能力においてすぐれていた。紅軍将校の平均年齢は約二四歳と若い。指揮官の約三分の一は国民政府軍の元兵士であり、黄埔軍官学校卒業者も多かった。紅軍指揮官は、通常、兵士とともに突入するので死傷者は多かった。物量で優勢な白軍に対する紅軍の戦闘力を説明できる唯一のことは、紅軍将校の慣用句「ものども続け！」であって「ものども進め！」ではなかった。

「動く」根拠地

毛沢東は戦略的反攻を可能にするために、次のような条件をつくり出さなければならないと指摘している。

「われわれの以前の状況をもとにしていえば、だいたいにおいて、退却の段階では次のような諸条件のうち、少なくと二つ以上を獲得した場合にのみ、味方に有利で敵に不利だといえるのであり、そこではじめて反攻に転じることができるのである。

それらの条件とは、

(1) 紅軍を積極的に援助する人民。
(2) 戦いに有利な陣地。
(3) 紅軍主力の完全な集中。
(4) 敵の弱い部分を発見すること。
(5) 敵を疲れさせ、その士気を沮喪させること。

（6）敵に過失を起こさせること。

人民という条件は紅軍にとっては最も重要な条件であり、これこそソビエト区「存立」の条件である。しかも、この条件があることによって第四、第五、第六などの諸条件も容易につくりだされ、あるいは生まれてくるのである」（「中国革命戦争の諸問題」）

根拠地の創造が最も重要な背後の条件となっているが、重要なことは根拠地は単に静態的な空間ではないということである。根拠地が動かないのであれば、それは固定した軍事根拠地にすぎない。しかしながら、毛沢東の考える根拠地は空間的限界を突き破ってダイナミックに動く存在であって、それゆえに潜在的な増幅力をもつと同時に、白軍にとっては場の転換が激しく、とらえどころのない存在となるのである。敵を根拠地の前部、中部あるいは後部に誘い込むことが遊撃戦の基本であるが、この場合根拠地は一時的に占領されることになる。しかし、「もしわれわれが失うものが土地であり、そして獲得するものが敵に対する勝利であり、そのうえ土地を奪回し、さらに土地を拡大するなら、これは儲かる商売」なのである。第五次反「包囲討伐」戦では、「鍋や釜を叩き壊される」ことを怖れ土地空間に執着したことが、敗戦の一因でもあったと毛は批判した。

組織の機動化

正規軍同士の戦いでは、量的に劣る紅軍が数において白軍を凌駕するためには、白軍主力との対戦は避けるべきで、最も弱い、最も致命的な部分に集中攻撃をかけなければならない。分散して白軍の戦線に浸透し、ここぞと思う好機にのみ迅速かつ決定的な集中攻撃（奇襲）を行うのである。スピードが基本であり、そのための組織の機動性と戦術展開能力を育成しなければならない。負け戦さをしないためには、遊撃戦は静止してはならないのである。

第二次反「包囲討伐」戦では、訓練は射撃と山登りに集中されたという記述があるが、走り幅飛び、高跳び、競走、壁登り、綱登り、縄飛び、手榴弾投げ、射的なども行われ、中国の新聞は敏捷な紅軍兵士を「人間猿」と呼んだ。さらに、実戦では攻撃のみならず計画が誤ったときには即撤退できる弾力性をもたなければならない。各部隊は指揮官が倒れたときは、すぐこれに代わる幹部を育成しておかなければならず、そのため下士官の能力向上を重視した。とくに、遊撃隊が小隊単位の規模で展開される場合には、下士官の最大のイニシアティブが必要とされるが、下士官の強さは紅軍の強さであり、白軍はこの点で劣っていた。

さらに組織の機動性を確保すべく、紅軍組織は補助部隊も後方もなく兵站（へいたん）線をもたないようにしたので、敵線を横切っても切られるおそれがなかった。

一次から五次までの反「包囲討伐」戦で、毛沢東が最も重視したのは、緒戦に勝つことであった。最初の戦闘の勝敗は全局に、そして最後の戦闘にまで影響をおよぼすのである。したがって重要な第一の原則は、第一戦に必ず勝たなければならないことである。おそらく指揮官や兵士は本来的に「攻める」ことを好み「逃げる」ことを嫌う性向があるだろう。積極的防御はおそらく頭で分かっていても、体で分からない戦い方で、消極主義に陥る危険性がつきまとう。遊撃戦という新たな概念が真に理解され受容されるためにも、第一戦は必ず勝たなければならなかったのではなかろうか。

緒戦勝利の重要性は、第一次から第五次の一連の反「包囲討伐」戦の関係のみならず、各反「包囲討伐」戦の一連の戦闘にもいえることである。そのためには、敵情、地形、人民などの諸条件が我に有利で敵に不利で、たしかな確信があったときのみに戦うのである。第一次から第四次の反「包囲討伐」戦までは、この原則で緒戦をものにした。例えば第一次反「包囲討伐」戦では、紅軍は最初、譚導源の部隊を攻撃しようとしたが、源頭高地の有利な陣地から出てこなかったので、計画を変更し、東固の張輝瓚の部隊を誘い出して撃った。しかし第五次では緒戦の全局におよぼす関係を見失ってしまった。

第二に、緒戦の計画は全戦役計画の有機的な序幕であり、したがって第一戦はすぐれた全戦役の計画の一環としてとらえられなければならないことである。第一戦を戦う前に、第二戦、第三戦の戦い方とそれが全局にいかなる影響をおよぼすかを考えておかなければならない。「全局が頭になければ、本当によい碁の一石は打てないのである」。

第三に、反攻の後の戦略展開を考えておくことである。全戦略段階を貫く大体の長期方針を考えておき、第一戦ごとに変化を考察し、自己の戦略・戦役計画を修正または発展させていくのである。

以上の毛沢東の緒戦勝利の原則は、戦闘の全過程に勢いをつけることであり、同時に戦闘と戦闘の間の相乗効果（シナジー）を高める方法と考えることができる。

情報活動

かくして、敵が強く我が弱い、しかし我は不敗であるという矛盾は、兵士を拡充・教育し（質量転換）、敵を根拠地に誘い込み（空間転換）、迅速な分散と集中を可能にする機動戦（時間転換）によって克服されるのであるが、そのような条件転化に不可欠なのが情報である。

紅軍の無電隊が活躍したのは第二次反「包囲討伐」戦以降であるが、その他の情報活動もきわめてすぐれたものであった。毛沢東も朱徳もよく国民党の新聞を研究した。なによりも人民大衆が常に紅軍に正確な情報を与えたので、紅軍は地方の地形や敵の動静に通じていた。同様に根拠地の情報封鎖は、国民政府軍の指導者のいう「ふとったものはやせるまで引き回され、やせたものは死ぬまで引き回される」「国軍はどこにいっても真っ暗であり、紅軍はどこにいっても明るい」という状況を創出した。

紅軍の情報網は根拠地を超えて白軍の地域にも延びていた。情報工作学校では、情報工作者として女性、少年が多く、また行商人や旅まわり職人などを訓練した。情報機関のなかには、白軍の暗号、書類、刊行物、捕虜の話などを研究する局、新しく占領した地域の情報収集を行う局、国民政府の各軍についての指揮官と兵士の研究、軍の出身省、その組織と戦闘能力の歴史的研究を行う局などがあった。

さらに、ほとんどすべての国民政府軍の連隊や師団のなかに、農民を伝令としたり、あるいはメモを後に残すなどによって白軍の計画、位置、武器の数などを知らせてくる者がおり、それらの情報は紅軍の情報機関のもっている情報と照合され、関係づけられてインテリジェンスを豊かにした。

また、遊撃部隊は地方に着くと最初に調査活動を行った。調査の内容については、「政治部が極めて詳細にわたる一つの調査表を制定する。そのなかには、大衆闘争の状況、反動派の状況、その土地の経済生活、賃金、物価、当地の土地の分配状況、たとえば地主・富農・中農・貧農などの比較、および彼らの土地所有の割合、ならびにその土地の地形に対する考察、交通・河流についての測量など含まれている。これは軍事上極めて必要なものである」（東立「「朱・毛紅軍の歴史ならびにその状況に関する報告」）と記述されている。

毛沢東のレトリック

毛沢東の概念創造力はいうまでもないが、もう一つの資質は概念を伝達するレトリックにたけていたことである。詩人でもあり、多くのメタファー（隠喩）やアナロジー（比喩）を駆使して人を説得する。朱徳は演説するときは、演出効果をねらうとか美辞麗句をつらねることはなかったといわれているが、毛の「一六字句」は詩的でさえある。当初識字率が低かった紅軍兵士に対しては、まず「一六字句」を暗唱させ、それからその意味が説明された。毛沢東は、よく通俗的でわかりやすいたとえを用いて演説した。次のような記述がある。

「紅軍の指揮員、地方幹部、民衆にたいしてこの意味を理解させるため、毛沢東同志は困難な説得・教育工作を十分に行い、大小の会合で話し、詳細に説明し、よく利害を説き、『弱軍が強軍に打ち勝つには、陣地というこの条件を吟味しなければならない』ことを説明した。毛沢東同志は多くの通俗的でわかりやすいたとえを用い、『とろうとすればまずあたえよ』という道理を生き生きと説明した。かれは「失ってこそ、失わなくてすむようになる』『一部の人民の家でいくらかの家財道具を一時的にぶちこわされないと、全人民が長期にわたって家財道具をぶちこわされることになる』と指摘している。最終的に、この正確な作戦方針はついにみなに認識され、受け入れられた。このことは、われわれが反『包囲討伐』戦争の勝算をにぎる保証となったのである」（劉亜楼

「偉大な第一歩─第一次反『包囲討伐戦』」）

「彼はよく、人間は歩いてばかり、立ってばかりしてはおれず、坐る時もなくてはならない。坐る時にはお尻のお世話になるが、根拠地こそ人民のお尻なのだ、と言った。毛沢東同志の深い直理をわかり易く説明したこの比喩はとても説得力があった」（「粟裕戦争回顧録」）

毛沢東のメタファーは、歴史的なものが多い。農民にとっては、『三国志』や『水滸伝』は読むのではなく、芝居、語り物、歌などで聞くものであり、見るものであった。「敵を誘い込んで伏兵攻撃をする」「敵をぐるぐる引きまわし疲れさせる」「小部隊で敵を攪乱する（スズメ戦法）」などは、『三国志演義』の諸葛孔明、『水滸伝』の智多星呉用、「一歩譲って勝を制する」「敵が疲れればこちらが攻撃をかける」は『水滸伝』の林冲、『春秋左氏伝』の曹丕、「己を知り、彼を知れば、百戦百勝す」は孫子、「戦略的防御」については楚と漢の成皐の戦い、新と漢の昆陽の戦い、袁紹と曹操との官渡の戦い、呉と魏の赤壁の戦い、呉と蜀の彝陵の戦い、秦と晋の泓水の戦い、ナポレオンのモスクワ進攻、第一次大戦のフランス軍等などのエピソードがふんだんに引用される。

メタファーは直観的・象徴的言語であるから、人々に生き生きとしたイメージを喚起し、理解を促進させ、そして動機づけると同時に、現実との対比からの類似性のみならず、ずれやギャップを克服するための思考も活性化させる。メタファーの活用は、組織における価値の共有と創造性開発のリーダーシップの要件とも考えられる。

「知」の方法論の共有

最後に、反「包囲討伐」戦の過程での毛沢東のすごさは、成功をもたらす認識の方法論を紅軍兵士に共有させようとしたことではなかろうか。毛沢東は、青年のころからものごとの枝葉末節ではなく、その根源ないし本質を実践のなかで追求することを心がけてきた。同時に哲学を研究する人であった。その方法論は一九三七年になって発表された『実践論』『矛盾論』に集約されている。「一切の事物に矛盾がつらぬき、すべての矛盾は転化する」という命題の戦争への適用については、すでに述べた。『実践論』を貫く一つの主張は、自分で考え、自分でやるという思索と行動の主体性（主観能動性）を通じて、感性的認識を理性的認識へと転化させることができるということである。

おそらく戦闘という最も地形や時間に左右されるような現象では、指導者も兵士も現場を体感する、現物で実践するということが学習の基本であろう。一例をあげよう。第二次反「包囲討伐」戦のとき、彭徳懐と毛沢東は東固と富田の山上で地形を観察し、「野いばらの実をつんで食べながら相談し、この戦役の戦術を決めた。もともと竜崗で討論したときには、この戦役では富田から東固に向かって前進してくる敵軍をえらび、これを殲滅する、と決定していたのだが、どの地点で攻撃をかけるのがわが軍にとってもっとも有利か、という戦術問題は確定していなかったのである……東固に到着してからも、この問題を何度も討論したが、結論にはいたらなかった。山上で実地に偵察し、この戦術問題がようやく解決した」(『彭徳懐自述』)のであった。

さらに毛沢東はこうも指摘している。「読書は学習であるが、実地に使うことも学習であり、しかももっとも重要な学習である。戦争から戦争を学ぶこと――これがわれわれのおもなやり方である。学校にいく機会のなかったものも、やはり戦争を学ぶことができる。つまり戦争のなかから学ぶのである」(「中国革命戦争の戦略問題」)。

きびしい成果がすぐでる戦闘で生存していくためには、日々の実践がただちに評価され、そのなかから真理を発見していくという学習の加速化が必須である。理論的認識はもちろん重要であるが、有用な知識は実践から離れて存在しえず、「知行統一」されてはじめて獲得される。科学的方法においては、実践はともすれば理論の検証手段としてその意味が矮小化されがちであるが、毛沢東にとっては直接的な実践は創造の源泉であって、実践―認識―再実践の無限の環境のなかで知識が獲得されていくのである。

「実践を通じて真理を発見し、さらに実践を通じて真理を実証し、真理を発展させる。感性的認識から能動的に発展して、理性的認識に到達し、さらに理性的認識から、能動的に革命実践を指導し、主観世界と客観世界を改造する。実践、認識、再実践、再認識、このような形態は、循環往復してきわまるところがなく、しかも実践と認識の一循環ごとの内容はすべてより高い程度に進む。これがすなわち、弁証法的唯物論の認識論のすべてであり、これがつまり弁証法的唯物論の知行統一観である」(『実践論』)

毛沢東は「人民大衆は無限の創造力をもつ」と信じており、それを開発するための組織的方法論を紅軍のなかに組み込んだ。三大民主がそれである。朱徳は次のように語っている。

「戦闘の後には、時間があればだったが、——作戦ののちには必ず、二度の会議を開いた。一度は指揮者だけのもの、もう一度は指揮者と兵士とともどものもので、そこではその戦闘または作戦の分析をおこなった。それは、わが軍にとっては、戦術的にも教育的にも、大きな価値のあるものだったから、私はそういう会議にはつとめて出席した。そうした合同の会議では、どの兵士もどの指揮者も、完全な言論の自由をもっていた。たがいに批判してもよろしく、根本計画の各部分や、その実施された方法については批判してもよろしい。こういうふうにして、われわれは過失をただし、弱体の指揮者を排し、能力あるものを昇進させることができた。そして、われわれは、すべての封建的な悪習を根絶やしにし、軍隊を民主化し、兵士のあいだに自発的な軍規が生まれることを、ねらった。臆病だったり判断をあやまったりした兵士、戦闘の最中に命令にそむいた兵士は、その行動を公に語って、その過誤をただすことを学ばなければならなかった。兵士をののしったり殴ったり、その他軍規をおかした指揮者は、大衆裁判の前に立って答えなければならず、もし有罪ときまれば、司令部によって処置されるであろう。こうした会議の結果は、パンフレットに発表されて全軍の研究の資料として用いられた」(スメドレー『偉大なる道』)

紅軍ではこのような集会を「諸葛亮会」と呼び、「三人寄れば孔明の知恵がでる」といった。このような仕組みを通じて、紅軍は戦闘のたびに知識を組織的に増殖させていくことができたのである。

反「包囲討伐」戦における毛沢東の戦いは、国民政府軍のみならず、共産党内部における党中央の机上の理論化(教条主義)に対する戦いでもあった。しかしながら、毛沢東の方法論は、同時に極端に走った場合には「反知識主義」に陥る危険性をもつものであろう。壮大な愚行ともいわれた後の文化大革命や人民解放軍の近代化の遅れといった現象も、この方法論が極端に自走していった例なのかもしれない。

第3章　バトル・オブ・ブリテン
――守りの戦いを勝ち抜いたリーダーシップ

プロローグ

第二次大戦は、一九三九年九月、ドイツ軍のポーランド攻撃によって始まった。ポーランドが独ソ間で分割された後、戦争はしばらく小康状態に入ったが、翌四〇年四月、ドイツはノルウェーを急襲した後、デンマークを占領、さらに五月に入ると西部戦線で奇襲攻撃を加え、オランダ、ベルギーを相次いで降服させ、六月中旬フランスをも敗北に追い込んだ。

ドイツは力の絶頂にあり、北はノルウェーから南はピレネー山脈までの広大な地域を支配するに至った。これに対してイギリスは、フランスでの戦いに敗れ、大陸に派遣していた自国軍を這々の体でダンケルクから撤退させなければならなかった。強力なドイツ軍はイギリス侵攻の構えを示し、イギリスの運命は風前の灯のように見えた。

バトル・オブ・ブリテン年表

1939. 9. 1	第2次大戦始まる
1940. 4. 9	ドイツ軍、ノルウェー急襲（6.10 ノルウェー降伏）、デンマーク占領
5.10	ドイツ軍、西部戦線で奇襲攻撃開始 イギリス、チェンバレン内閣総辞職、チャーチル内閣成立
5.15	オランダ、降伏
5.19	チャーチル、フランスへの戦闘機増援中止を決定
5.27	イギリス軍、ダンケルクからの撤退開始（6.4 撤退完了）
5.28	ベルギー、降伏
6.10	イタリア、参戦
6.14	ドイツ軍、パリ入城
6.22	フランス、降伏
7.10	ドイツ空軍、イギリス海峡攻撃開始（バトル・オブ・ブリテン始まる）
7.16	ヒトラー、イギリス本土上陸作戦準備を命令
8. 2	ヒトラー、イギリス空軍力の殲滅を命令
8.13	「鷲の日」（ドイツ空軍によるイギリス空軍力殲滅作戦開始）
8.15	ドイツ３航空艦隊による戦爆連合攻撃
8.24	ドイツ空軍、戦術転換（護衛戦闘機を増強）、夜間爆撃開始
8.25	イギリス空軍、ベルリン空襲
8.30	ヒトラー、ロンドンを爆撃禁止リストから解除
8.31	バトル・オブ・ブリテンのクライマックス（～9.6）
9. 3	米英防衛協定調印
9. 7	ドイツ空軍、方針転換、ロンドン爆撃に集中
9.15	「バトル・オブ・ブリテン記念日」
10.12	ヒトラー、イギリス上陸作戦延期を決定

ただし、ドイツ軍がイギリス本土に侵攻するためには、イギリス海峡を渡って陸軍を輸送する前に、イギリス海軍と空軍、とくに空軍の妨害を阻止しておかねばならなかった。したがって、イギリスの航空戦力の殲滅（せんめつ）はドイツにとってイギリス侵攻の絶対的な前提条件であった。その任務を担ったのはドイツ空軍である。イギリス側からすれば、ドイツによる侵攻を阻止するためには、まず敵空軍による攻撃に対抗し、本土あるいは海峡の上空で防空戦を戦う必要があった。こうして戦われたのがイギリスの戦い、バトル・オブ・ブリテンである。

そして、バトル・オブ・ブリテンを経た数カ月後、絶頂にあるかに見えたドイツはイギリス侵攻を断念せざるを得なくなっていた。ヒトラーはソ連侵攻に訴え、結果的に戦略上のタブーとされる二正面戦争を戦う羽目に陥った。

一方イギリスは、ドイツの侵攻を阻止して自らの存続を勝ち取った。それだけでなく、ドイツに対する抗戦の意志と能力を示すことによって、アメリカの全面的な支援を得ることもできた。アメリカの支援は、おそらく単独ではドイツに勝てなかったイギリスにとって、対独戦に最終的な勝利を得るための鍵であった。この意味で、バトル・オブ・ブリテンは、イギリスにとって重大な転機だったのである。

では、連戦連勝、破竹の勢いにあったドイツ軍に対して、どのようにしてイギリスは勝利を収めることができたのだろうか。

1 ドイツ空軍——電撃戦の花形

ヒトラーの指令

ヒトラーがイギリス本土上陸作戦準備の指令を発したのは、一九四〇年七月一六日である。八月二日には、上陸作戦の前提条件として敵本土上空の制空権を獲得するために、速やかにイギリス航空戦力を殲滅せよ、との命令がドイツ空軍に発せられた。イギリス海峡の濃霧やその他の気象条件のために一〇月以降の上陸作戦は困難とされていたので、作戦は九月か翌年五月以降に開始しなければならなかったが、そのどちらにするかは、空軍の戦果を見てから判断することになった。

ヒトラーはイギリス侵攻を本当に実行しようとしていたのだろうか。かれは、イギリスとの妥協による講和を、より正確に言うならば、イギリスが戦わずに屈服することを望んでいた。イギリス軍のダンケルク撤退（六月七日完了）あるいはフランスの降伏（六月二二日）以後、しばらくの間イギリスへの攻撃に着手しなかったのは、イギリスとの和平に期待をかけていたことにも理由があった。イギリス航空戦力殲滅のための爆撃を命じた後も、ヒトラーがイギリス上陸作戦を決意していたかどうかには疑問がある。ただし、上陸作戦の決意はともかくとして、空軍によるイギリス攻撃は、単なる見せかけではなかっイギリスの戦意を喪失させ、屈服に追い込む効果を期待されたからである。

七月末、ヒトラーは対ソ侵攻を決意する。イギリスが和平に応じないのは、ソ連に期待しているからだと考えたヒトラーは、ソ連を始末することによって、イギリスを屈服させようとしたのである。ただし、ほぼ一年後に行われるべき対ソ戦を決意したからといって、空軍によるイギリス攻撃の方針が影響を受けることはなかった。どちらも、イギリスの戦意喪失を狙うものであり、相互に矛盾しなかったからである。

航空艦隊の編成

イギリス攻撃の先陣を任されたのは、空相ゲーリング元帥率いるドイツ空軍である。第一次大戦の敗戦によって保有を禁止されたドイツ空軍は、様々な偽装の下で技術開発や準備が進められ、ヒトラーの政権掌握後に公然と姿を現した。やがてスペイン内戦での実戦経験を経て、ポーランドやフランスでの戦いで赫々（かっかく）たる戦果を挙げたことはよく知られているとおりである。

ドイツ空軍は、同時期の列国空軍と同様に、爆撃機によって敵の工業地帯、運輸通信の中枢、兵站（へいたん）基地等を攻撃するという「戦略爆撃」を運用思想の基礎に据えていた。ただし、中部ヨーロッパに位置するという地理的条件のために、ドイツ空軍は陸軍作戦との緊

表3-1　イギリスおよびドイツ両空軍の機種の要目

イギリス空軍

・戦闘機

	最高時速（マイル）	上昇限度（フィート）	兵　装
ハリケーン1型	316（高度17,500フィート）	32,000	303機関銃8挺
スピットファイア1型	355（高度19,000　〃　）	34,000	〃　8挺
デファイアント	304（高度17,000　〃　）	30,000	〃　4挺
ブレニム4型	266（高度11,000　〃　）	26,000	〃　7挺

ドイツ空軍

・戦闘機

	最高時速（マイル）	上昇限度（フィート）	兵　装
メッサーシュミット109E型	355（高度18,000フィート）	35,000	7.9㎜機関銃2挺 20㎜機関砲2門 （機種により相違）
メッサーシュミット110型	345（高度23,000　〃　）	33,000	7.9㎜機関銃6挺 20㎜機関砲2門

・爆撃機

	最高時速（マイル）	上昇限度（フィート）	兵　装
ユンカース87B型	245（高度15,000フィート）	23,000	7.9㎜機関銃3挺
ユンカース88型	287（高度14,000　〃　）	23,000	〃　3挺
ドルニエ17型	255（高度21,000　〃　）	21,000	〃　7挺
（ドルニエ215型は、性能が若干向上）			
ハインケル111型	240（高度14,000　〃　）	26,000	〃　7挺

（出典）R. ハウ、D. リチャーズ『バトル・オブ・ブリテン』河合裕訳、新潮文庫

密な協力・統合を強く志向した。この点が、ドイツ空軍の用兵思想の特徴であった。物資集結地、鉄道拠点や幹線道路を爆撃するだけでなく、航空優勢を確保して地上の陸軍作戦を助け、敵前線後方の重要拠点を叩くことを使命とした。そして、この後者の役割が、ドイツ陸軍の成し遂げた軍事革新とも言うべき「電撃戦」に適合していっ

たのである。

電撃戦というのは、機動的な機甲戦力つまり戦車を用いて、敵の指揮命令中枢を麻痺させる軍事戦略である。そこでは、機動力とスピードが重視された。空軍は戦車の進撃を先導する役割を担い、ときには敵の命令中枢を攻撃する打撃力として機能した。それは、ドイツ空軍が戦略爆撃だけではなく、航空優勢の確保、邀撃(ようげき)、地上部隊への近接航空支援などの役割をも遂行し得ることを証明した。

バトル・オブ・ブリテンが始まるころ、ドイツ空軍はいくつかの航空艦隊から構成されていた。イギリス攻撃に参加したのは、ブリュッセルに司令部を置く第二航空艦隊、パリに司令部を置く第三航空艦隊、そしてノルウェー、デンマークに展開していた第五航空艦隊である。航空艦隊は、いくつかの航空団から成り、各航空団は戦闘機、爆撃機、偵察機の混成で、「小さな完全独立空軍」を構成していた。それゆえ、各航空団はそれぞれの担当地域内で地上軍の要請に応じて柔軟に対応することができたのである。

しかしながら、イギリス空軍のように戦闘機全体を統制するシステムを、ドイツ空軍は持っていなかった。これが、イギリスを攻撃するとき、爆撃機を護衛する戦闘機の運用について、対応が不十分となる一因となったのである。

戦力の中心とされたのは、ユンカース88、ハインケル111、ドルニエ17といった双発中型爆撃機である（独英両空軍の航空機の性能については表3-1を参照）。当時の列国空軍の中で、最も優れた中型爆撃機であった。だが、戦略爆撃には爆撃威力の面で、爆弾搭載量の大きな大型爆撃機（重爆）が中型爆撃機よりも有利だったはずである。それなのに、なぜドイツ空軍は大型爆撃機を開発しなかったのか。その主たる理由は、第一次大戦後に空軍保有を禁止された後遺症にあった。重爆を製造する技術的基盤がなかったのである。特に、エンジンの面での立ち遅れが尾を引いていた。エンジンを四基搭載する重爆の開発が試みられたこともあったが、大戦前には成功を収めなかった。

ドイツ空軍機の中で中型爆撃機以上に有名になったのは、電撃戦で活躍した急降下爆撃機ユンカース87ストゥーカである。急降下爆撃機は点照準爆撃方式を採用し、命中精度が高かった。その反面、水平爆撃によって得られる戦略爆撃の「量の効果」を犠牲にしていたが、これはドイツの航空機用爆弾の生産能力に制約があったため、命中精度を重視したからであった。急降下爆撃機はまた、防御力に欠陥があり、速度も遅かったため、実は地上からの対空砲火に弱かった。

戦闘機の主力機は単発単座のメッサーシュミット109であった。これは、局地防空と前線の地上軍護衛のための航空優勢保持を目的として開発された。しかし、遠距離爆撃を護衛するために必要な航続距離が十分ではなかった。掩護（えんご）戦闘機としては双発複座のメッサーシュミット110が開発されたが、速度が遅く、軽快性（旋回能力）にも欠けていた。

全体的に見て、ドイツ空軍は戦略爆撃を運用思想の基礎としながら、地上軍の作戦にも効果的に協力できる融通性を有し、航空機も当時の最先端技術を導入した優秀機が大半を占めた。ただし、問題は、運用思想も編成も航空機も、どれも中部ヨーロッパで作戦行動することを前提としていたことである。バトル・オブ・ブリテンでは、それがイギリスの航空戦力殲滅という新たに付与された任務にも適合するかどうかを、実戦によってためされることになった。また、ドイツの航空機生産能力には限界があったが、これもイギリス空軍との戦いが消耗戦となったときに、ためされることとなったのである。

2　イギリス防空戦力

チャーチルの備え

前述したように、バトル・オブ・ブリテン直前にドイツの力は絶頂にあった。これに反して、ダンケルクから撤退し、ともにドイツと戦うべきフランスを失ったイギリスは、失意のどん底に沈んでいるはずであった。しかし、イギリスはドイツの和平の誘いに乗らず、敢然と戦い続ける姿勢を示した。この点では、五月に首相に就任したばかりのチャーチルが、議会演説や政府職員への指示、あるいはラジオ放送で、国民の士気を鼓舞したことが大きかった。チャーチルは、強力なドイツ軍が組織力や技術や士気など多くの点でイギリス軍を凌(しの)いでいることを認めていた。それゆえ楽観を排し、イギリスに迫った危機の大きさを率直に語り、そのうえで国民に国家への貢献と犠牲を求めたのである。

チャーチルは、来るべきドイツとの戦いが大戦の帰趨を決するものであることを見通していた。それは、単にドイツの攻撃に耐えて侵攻を阻止するということだけではない。イギリスがドイツと戦う意志と能力を有することを内外に印象づけ、それによってアメリカの協力・参戦を促すためのきわめて重要な戦いと位置づけられたのである。ヨーロッパをドイツに席捲(せっけん)された当時、イギリス単独でドイツに勝つことはもはや無理であった。大戦に勝利するためには、アメリカの支持、究極的には参戦がどうしても必要とされたのである。チャーチル首相は、こうした判断に立って、ドイツとの戦いに備えようとした。

イギリスは、すでにダンケルク撤退が始まるころから、次のドイツ軍のねらいが自国であることを覚悟し、問題の鍵が制空権の保持にあることをよく知っていた。陸海空三軍の首脳は、チャーチル首相の諮問に答えて、その状況判断を次のように述べている。

「われわれが制空権を保持する限り、ドイツの本土侵攻は、我が海軍と空軍とによって阻止できる。しかし、ドイツが制空権を握れば、我が海軍が敵の侵攻を一時的には阻むことができるとしても、いつまでもそうし続けることはできない。そして侵攻が始まった場合、我が沿岸防御では敵の戦車や歩兵の上陸を阻止することはできない。その後に続く陸上戦闘でも、我が陸軍は敵の本格的侵攻に対処するには不十分であろう。したがって問題の核心は制空権にあることになる」

まさしく、問題の鍵はイギリス海岸と本土上空の制空権（航空優勢）にあった。ドイツによる制空権獲得を阻止するためには、戦闘機を主体としたイギリスの防空戦力こそが鍵であった。イギリスが航空優勢を保持する限り、ドイツ軍はあえて本土侵攻を試みようとはしないだろうと考えられた。また、ドイツ空軍の爆撃によって国民の戦意が喪失したり継戦能力が損なわれたりするのを防止するためにも、制空権の保持が必要であった。バトル・オブ・ブリテンが始まる時点で、イギリスはそうした制空権保持を可能にする防空戦力を有していたのである。

英空軍戦略のジレンマ

では、どのようにしてイギリスはそのような防空戦力をつくることができたのか。そもそもイギリスは、一九一八年に空軍省を設置し、世界で最初に陸海軍から分離した独立空軍を創設した。だが、その防空体制の整備はスムースには進まなかった。一説によれば、防空システムのコンセプトはすでに第一次大戦の末期に生まれていたと言われているが、戦後そのコンセプトに基づいて具体的な措置がとられるまでにはしばらく時間がかかった。

そのひとつの理由は、よく知られているように、再軍備に対する国内の抵抗が強かったためであるが、もうひとつ空軍自体にも防空戦力の充実にうちこめない理由があった。そ

図3-1 イギリス空軍の上級指揮系統（1940年夏）

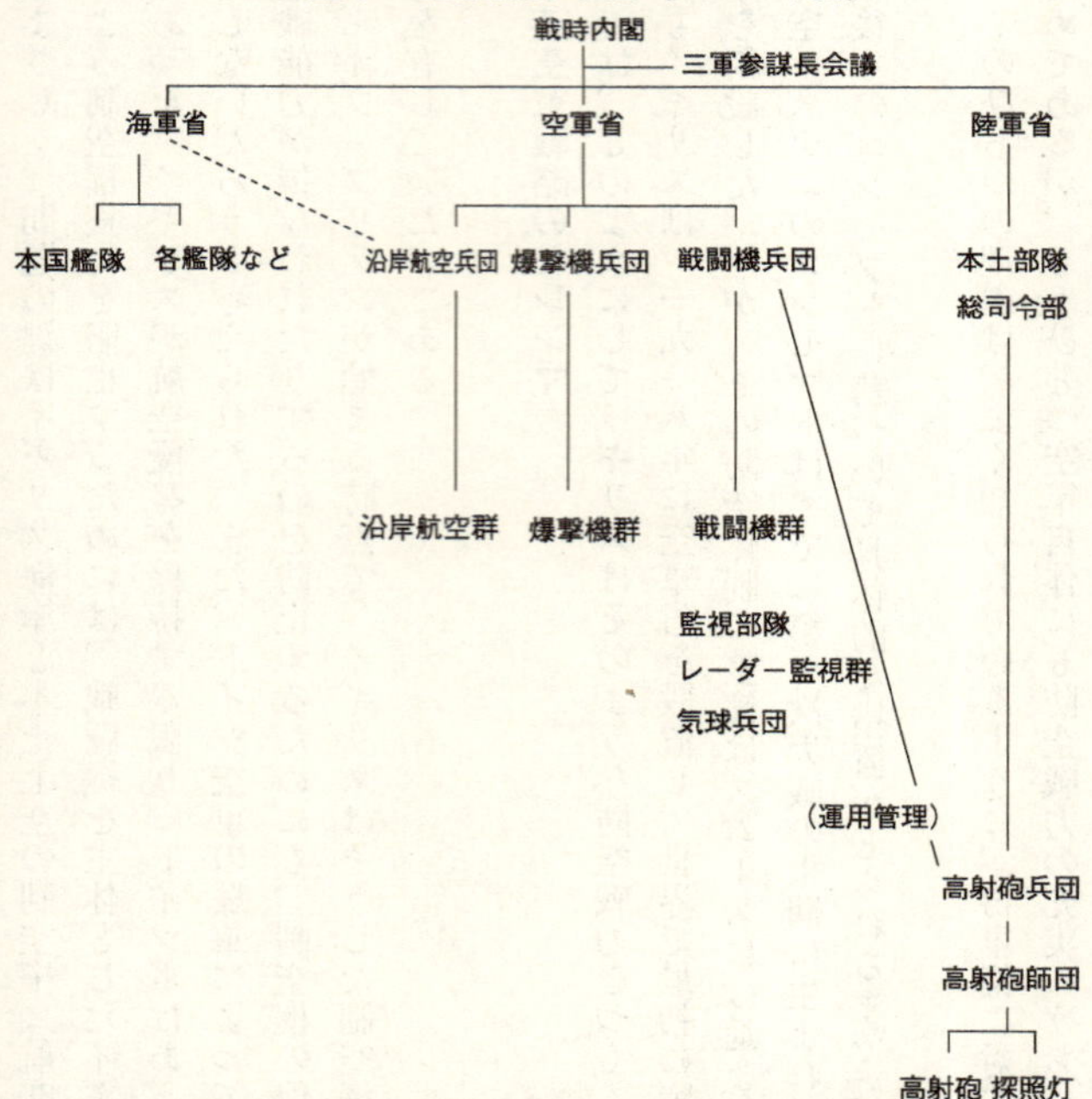

（出典）R.ハウ、D.リチャーズ『バトル・オブ・ブリテン』河合裕訳、新潮文庫、一部修正

れは戦略爆撃という用兵思想、コンセプトの影響である。

戦略爆撃は、第一次大戦後、イタリアの空軍戦略家ドゥーエが唱えたもので、航空機によって敵国の中枢を大量爆撃することが戦争の帰趨を決する、という理論である。これは、空軍がその独自の存在をアピールし、陸海軍から独立するのにうってつけの理論であった。それはまた、空軍の予算獲得にも役に立つ根拠となった。しかも大戦後は、爆撃機の技術革新が、それに対抗すべき防空の技術進歩を上回っていた。爆撃機のスピードは二倍に伸び、これに対抗する技術はなかなか開発されなかった。

当時最も恐れられたのは、開戦冒頭に、敵が突如、ボクシングのノックアウト・パンチのように強力な戦略爆撃を加えてくることであった。イギリス空軍は、これに対抗するため、報復力として自らも効果的な戦略爆撃の能力を持つべきだと主張した。十分な報復能力を持てば、敵の戦略爆撃を抑止することもできるはずであった。また、戦略爆撃は、敵の飛行場や航空機生産工場を破壊することにより、敵の航空戦力を無力化できるので、この攻撃力こそ航空優勢を獲得する唯一の方法だとも考えられた。こうして、空軍の計画ではつねに、攻撃力としての爆撃機の開発・生産が優先されたのである。

一九三六年、イギリス空軍はその組織を改編し、任務に応じた機能別の編成をとった（図3-1参照）。すなわち、爆撃機兵団（Bomber Command）、戦闘機兵団（Fighter Command）、沿岸航空兵団（Coastal Command）、訓練兵団（Training Command）である。機能別編成の表向きの理由は、戦力の充実に伴い、一人の司令官では多数の部隊を指揮統制するのが困難だから、と説明された。しかし、実際には、最も重要な爆撃機兵団の司令官を防空任務の負担から解放し、攻撃任務に専念させることが、本来の理由であったといわれる。主役はあくまで爆撃機であり、戦闘機は脇役にすぎなかった。

だが、こうした戦略態勢には、やがて当然の反論が加えられることになる。もし開戦冒頭に敵の戦略爆撃機によるノックアウト・ブローを許すならば、つまり航空機生産工場を破壊され飛行場も使用不可能となったなら、どうして敵に報復を加えることが可能なのか。敵の戦略爆撃を阻止するためには、防空戦力を充実しなければならないのではないか。このような主張が、初代戦闘機兵団司令官に就任したヒュー・ダウディング大将を中心として唱えられるようになったのである。

爆撃機か、それとも戦闘機か、という論争は、有名なミュンヘン危機を経た一九三八年秋以降に一応の決着を見た。再軍備に対する財政上の制約が取り払われ、戦闘機の増産が優先されるようになったのである。ダウディングが爆撃機を優先する空軍の大勢に抗して防空の重要性を強調したとき、防空の脆弱性に危機感を募らせていた政治指導者がかれを支持し、空軍の首脳たちの反対を押し切ったのだという。政治家が防空戦力優先を支持したのは、戦闘機のほうが爆撃機よりも経費が安かったからだ、というううがった見方もある。また、空軍の首脳たちも、財政的制約があるうちは爆撃機増産優先を唱えていたが、けっして防空の重要性を軽視していたわけではなかったのだろう。

増産された戦闘機の主力は、単発単座のハリケーンとスピットファイアである。両機種とも、戦闘機兵団司令官の前に空軍の研究開発部門の責任者であったダウディングの支持のもとで、一九三〇年代半ばに開発され、三六年から本格的な生産に入っていた。どちらも機動性と集中火力（機関銃）に優れ、ドイツの主力戦闘機メッサーシュミット109の性能に比べると、ハリケーンはやや劣ったが、スピットファイアはほぼ互角であった。ハリケーンは頑丈であったが、速度の点でスピットファイアより遅かった。このほか、イギリス空軍には、爆撃機から双発複座長距離戦闘機に転用されたブレニム、単発複座戦闘機デファイアントなどがあったが、これらはいずれもドイツ軍戦闘機の敵ではなかった。

明暗分けたレーダー開発――実用化・システム化

優秀な戦闘機は防空システムの重要な一要素ではあったが、あくまでそれは一要素にすぎなかった。イギリス防空戦力の強さは、その様々の戦力の要素を有機的にシステム化していたところにある。

そうした要素の端的な例がレーダーである。そもそも航空作戦では、一般に、攻撃側が本来的に有利であると言われる。作戦の進行がきわめて速いので、攻撃側の有する主導（イニシアティブ）の利が大きいからである。つまり、攻撃側は攻撃の時機、目標、方法を自由に選択できるのに対し、防御側は、たとえそれを探知することができても、攻撃側の進行速度が速いので、それに対処する時間が非常に限られる。したがって、ドイツがベルギー、オランダ、フランスを制圧した後は、大西洋岸に前進したドイツ空軍基地とイギリスとの距離が大幅に短縮され、それだけ攻撃側の有利さが増大したわけである（ちなみに、ロンドンとカレーの間の距離は約一二〇キロ)。

このような攻撃側の優位を相殺するためには、できるだけ早期に敵を探知し、警報を発して敵を待ち受け、防空戦闘機で邀撃(ようげき)しなければならない。しかし、敵の来襲を探知するためには、監視員による目視だけでは不十分であった。

こうしてイギリス空軍は、敵の来襲をできるだけ速やかにキャッチするため、科学者の協力を得て、様々の実験を試みる。例えば、巨大な音響板によって敵機の音をキャッチしようとした実験も行われたが、これは不成功に終わった。敵機のエンジンが発する熱や電波を捉えようとした研究も思わしい成果を生まなかった。「殺人光線」(現在のレーザー光線のようなものだろうか)によって、敵の爆撃機が搭載している爆弾の起爆装置を破壊するか、あるいは機内で爆弾を爆発させるか、またはパイロットを殺傷する、といったアイデアも真剣に考慮されたが、これも成功しなかった。

こうしたなかで、電波の反射(正確には電離層からの反射)を利用して敵機の位置を探知する方法が浮上してくる。そのための装置が後にレーダーと呼ばれることになるのだが、その実験結果も当初はあまり芳しくなかった。にもかかわらず、レーダーの可能性を高く評価してその開発を推進したのは、ダウディングであった。

空軍の研究開発部門の責任者であったかれは、レーダーによる早期警戒のネットワークと邀撃戦闘機の地上管制とを連携させ、効果的な防空システムをつくりあげようとした。

自ら実験用の航空機に乗って、レーダー技術の開発状況を確認しようとしたという。こうして、多くの技術的な問題が未解決の段階で、レーダー監視網の建設が決定され、その実験、開発、配備が重点的に推進されていった。首相になる前のチャーチルは、レーダーの開発をバックアップした政治家のひとりであったと言われる。かれは、兵器に並々ならぬ関心を持っていた。

レーダーの技術開発に従事した科学者の間では、完璧さを追求しないことがモットーとされた。すなわち、最良の完璧なものは、けっして実現できない。次善のものは、実現できるが、使うべきときまでには実現が間に合わない。したがって、三番目に良いものを採用して、できるだけ早くその実現を図るべきである。完璧さを求めないというのは、このような態度を意味した。レーダーの開発、実用化は、こうしたプラグマティズムの産物でもあったのである。

もちろん当初からレーダーが十分に機能したわけではない。レーダーの到達距離には限界があり、また低空で侵攻してくる敵機を捕捉することもできなかった。レーダーは主に敵機の位置と侵攻コースに関する情報を提供したが、機数に関する情報は誤りが多かった。しかし、それでも、ドイツ軍の攻撃を阻むうえでは大きな役割を果たすことになる。

レーダー研究に関しては、実は当初、ドイツのほうが進んでいたと言われる。イギリスは、その研究を応用して実用化し、しかもシステム化したことで、ドイツを凌駕したのであった。

防空システムのもうひとつの重要な要素は高射砲である。高射砲は敵機の撃墜に必ずしもめざましい貢献をしたわけではない。高射砲の役割は、むしろ阻塞気球とともに、敵機が低空から爆撃するのを阻止し、その分、爆撃の正確さを損なわせることにあった。

高射砲に関して注目されるのは、これが空軍の統制下に置かれたことである。もともと高射砲部隊と対空探照灯すなわちサーチライト部隊は陸軍に所属していたが、一九二〇年代に防空の責任が陸軍から空軍に移管されたとき、その作戦統制は空軍に委ねられた。つまり、高射砲部隊の兵器と人員は陸軍に属するが、作戦上の指揮権は防空に責任を有する空軍の指揮官（一九三六年以降は戦闘機兵団司令官）に属することになった。しかも、高射砲兵団の司令部は、戦闘機兵団の司令部に隣あって設置された。こうして、各兵団が連携し、防空はひとつのシステムとして、ダウディングの一元的指揮の下に統合運用される基礎がつくられたのである。

防空システムの構図

防空システムの各構成要素が大戦勃発時に計画どおりの水準に達していたわけではないが、バトル・オブ・ブリテンの時点では、ほぼ次のような仕組みになっていたと見ることができる。

図 3-2　イギリス空軍邀撃戦闘要領

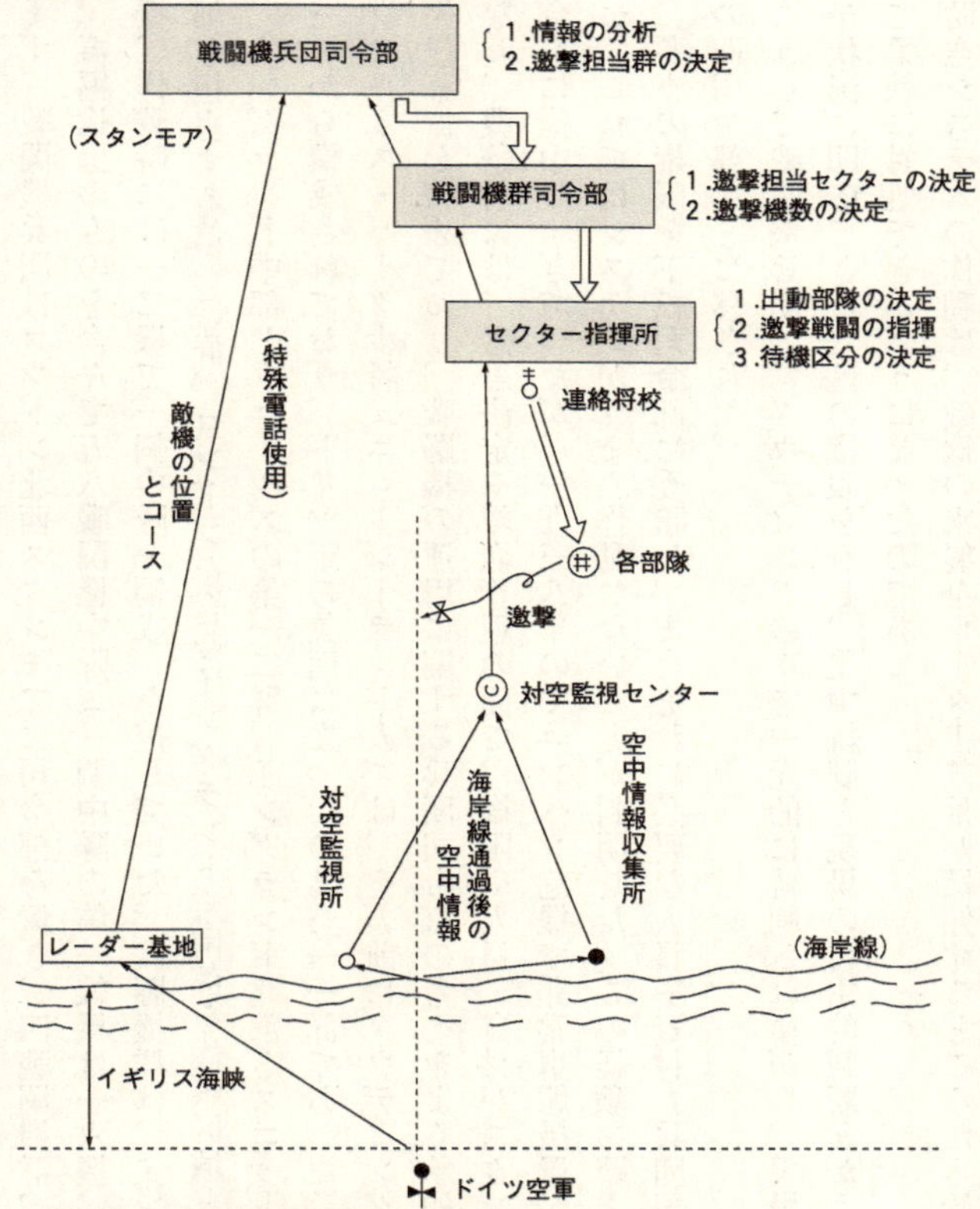

(出典) 航空自衛隊幹部学校教育部『英本土航空会戦史』一部修正

まず、戦闘機兵団はロンドン北西スタンモアに司令部を置き、四戦闘機群、すなわち編成、再編途上のものを含んで五八戦闘機中隊（一個中隊の第一線機は一六機、予備機三～五機、作戦時には一二機で一個中隊を編成）を擁していた。戦闘機群は、イングランド南西部を担当する第一〇群、ロンドンを含むイングランド東南部を作戦区域とする第一一群、イングランド中部とウェールズの第一二群、イングランド北部とスコットランドの第一三群から構成されており、ドイツ軍の矢面に立ったのは第一一群であった。第一一群司令官のキース・パーク少将（ニュージーランド人）は、その前にダウディング兵団司令官の先任幕僚を務めており、戦闘機の運用に関する兵団司令官の考えをよく承知していた。

なお、戦争前には、意思決定や組織管理の面で、権限や人員・資材がスタンモアの兵団司令部に集中しすぎていたが、一九三八年のミュンヘン危機で非常事態措置がとられたときに、これではシステムがうまく作動しないことが判明した。この経験を踏まえて、その後、多くの権限を下級司令部に委譲し、またそれに必要な人員や資材も兵団司令部から各地の群司令部などに移された。

こうして戦闘機兵団は、ダウディングの下で一元的に統制されながら、現場の下級司令部が状況に即応できるだけの権限を有し、集中統制と現場の自主的判断とがうまくかみ合って柔軟に対処できるようになったのである。

防空システムの作動は、敵機の来襲をレーダー基地が探知するところから始まる（図3

-2参照)。レーダーがキャッチした情報は、特殊電話回線でスタンモアの兵団司令部に送られる。兵団司令部はどの戦闘機群に邀撃させるかを決め、その決定と関連データを当該群司令部に伝える。戦闘機群はその担当区域をいくつかの地区(セクター)に区分しており、今度は群司令部が邀撃を担当させるセクターと出撃機数を決め、これを当該セクター指揮所(セクター基地)に伝える。次いでセクター基地は、出撃する戦闘機中隊を決定し、具体的指示を各部隊に通達する。

注目されるのは、地上のセクター基地が戦闘機を無線電話によって統制したことである。一般に戦闘機のパイロットは地上から作戦上の統制を受けることを嫌うと言われるが、イギリスの防空戦では、この地上管制が初めて可能になった。これを可能にしたのがレーダーであり、また各地のレーダーや監視員が捉えた情報を総合し速やかに現地の群司令部やセクター基地にこれを伝達した通信ネットワークであり、さらにこうした情報を受けたセクター基地がパイロットに指示を確実に伝えるときに使われた高性能の無線電話であった。これが、イギリスの防空戦闘を支えた早期警戒と邀撃のシステムであった(なお、味方の飛行機には特別の信号電波を発する識別装置が付けられた)。

もちろん、この防空システムが完全であったわけではない。レーダーの警報が邀撃戦闘機中隊に届くまで、少なくとも四分はかかった。ところが、ドイツ軍機がイギリス海峡を越えるのには六分しかかからなかった。邀撃態勢をとり敵機を補足するまでには、ほんのわずかな時間しかなかった。しかも、レーダーの情報は、敵機の高度について誤りが多かった。イギリスはドイツ空軍が使用する暗号の解読に成功していたが、そこから得られる情報にも限界があった。爆撃の時機や対象や規模を予告するような情報を入手できたわけではなかった。結局のところ、イギリスの防空システムは、いかにすぐれたものであったにせよ、当然ながら限界があり、またこの後の実戦経験によって修正、改良すべき部分も少なくなかったのである。

3　戦闘――守りの戦い

フランスでの戦い――戦闘機不足、パイロット不足

来るべきドイツ空軍との決戦で鍵となるのは、戦闘機であった。その際、とくに重視しなければならなかったのは、ハリケーンとスピットファイアの機数と、パイロットの数である。

しかし、一九四〇年五月、ドイツが西部戦線で攻勢に出てきた後、事態は防空戦の準備とは逆行する方向に進んでいた。まず、イギリス空軍はヨーロッパへの派遣軍を掩護しなければならなかった。派遣軍が大陸から撤退するときには、ダンケルク周辺やイギリス本国までの海路を、敵の攻撃から掩護する必要があった。こうしてイギリス空軍は、ダンケ

ルク撤退完了までの三週間で約四三〇機の戦闘機を失った。地上軍との協力に習熟していなかったこと、大陸ではレーダーによる早期警戒のシステムが利用できなかったことなどに、損害の原因があった。

一方、イギリスの派遣軍からだけでなく、同盟国フランスからも援助要請が相次いだ。敗色が濃厚になるにつれ、フランスは戦闘機の増援を激しく要請し、イギリスはきびしい選択に迫られた。チャーチルの言葉を借りれば、それは「我々がフランスを苦悶のうちに見殺しにするか、それとも我々の将来の生存に必要な最後の手段までもここで使い切ってしまうか」という苦しい選択であった。チャーチルはフランスを見殺しにするに忍びなかった（彼は首相となってからフランスが降伏するまで三回もフランスに飛び、フランス首脳に直にドイツへの抗戦継続を訴えている）。このとき、ダウディングが戦時内閣の会議への出席を許され、これ以上のフランスへの戦闘機派遣はイギリス自体の防空を危うくするとの判断を述べた。五月一九日、ようやくチャーチルは、今後どんなことが起ころうとも、フランスには戦闘機を派遣しない、との方針を決定したのである。

もちろんフランスの要請に全然こたえなくなったのではな

表 3-2　月別戦闘機生産数（1940年）

	見積機数	生産機数
5月	261	325
6月	292	446
7月	329	496
8月	282	476
9月	392	467
10月	427	469

（出典）　Basil Collier, The Defence of the United Kingdom, HMSO, 1979.

表 3-3　イギリス戦闘機兵団の戦力（7月9日／9月7日）

戦闘機群	機種別中隊数					
	スピットファイア	ハリケーン	ブレニム	デファイアント	グラディエーター	計
第10群	2(4)	2(4)	(1)		(1)	4(10)
第11群	6(7)	13(14)	3(2)			22(23)
第12群	5(6)	6(6)	2(2)	1(1)		14(15)
第13群	6(3)	6(8)	1(1)	1(1)		14(13)
計	19(20)	27(32)	6(6)	2(2)	(1)	54(61)

（注）　カッコ内の数字は９月７日の中隊数
（出典）　Basil Collier, The Defence of the United Kingdom, HMSO, 1979.

い。戦闘機部隊をイギリスの基地から発進させ、フランスで任務を果たした後、イギリスの基地に帰投させる、というかたちでの援助はしばらく実施された。しかし、戦闘機部隊をフランスの基地に派遣し、そこを本拠にして作戦行動を行うことは、本国での防空戦に備えて戦闘機とパイロットを温存するために中止されたのである。

これはおそらく、バトル・オブ・ブリテンの勝敗を決する最初の重大な決断であった。フランスでの戦いで、ドイツ空軍の損失約一三〇〇機に対し、イギリス空軍は、戦闘機二一九機を含む約九五〇機を失った。一九四〇年七月半ばの時点で、ドイツ空軍の戦力は爆撃機および急降下爆撃機約一六〇〇機、戦闘機約一一〇〇機である。これに対して同じ時期のイギリス空軍の戦闘機の戦力は約八〇〇機、そのうちドイツ軍機に対抗できるスピットファイアとハリケーンは七〇〇機強であった。戦力の面では、ドイツ側が優位にあった。

こうして問題は、どのようにして戦闘機の消耗を補塡し、いかにしてドイツ空軍の戦力との差を埋めるかということに収斂してくる。つまり、戦闘機をどれだけ増産できるか、である（表3-2、3参照）。戦闘機生産機数は一九三九年には月平均一一〇機であったが、四〇年三月に一七七機、四月に二五六機と上昇した。さらにチャーチル首相は航空機生産省を新設し、その担当大臣に新聞社主のビーヴァブルックを起用した。かれのリーダーシップの下で増産に拍車がかけられ、同年五月には初めて見積数を上回り、七月中旬にはフランスでの損失を補うことができた。後には、激しい空襲にもかかわらず、月に四五〇～五〇〇機の戦闘機を生産するようになる。ビーヴァブルックは、それまで航空機生産を管轄してきた空軍省の専門家の細かな注文を無視し、航空機には素人ながら、経営者としての手腕を振るって大胆に増産だけに専念した。ビーヴァブルックのやり方が独裁的で強引だと非難する声も聞かれたが、チャーチルはそのやり方が時宜にかなっているとして支持し続けた。

航空機生産省は、当面、ハリケーンとスピットファイアを優先して生産した。生産量の六五％がハリケーン、三五％がスピットファイアであった。ちなみに、全戦闘機のうちハリケーンは五五％を占め、スピットファイアは三一％であった（ただし、一九四〇年五月初めから一〇月末までの撃墜された戦闘機のほぼ四〇％をスピットファイアが占め、ハリケーンが三三％ほどであったから、スピットファイアのほうが撃墜されやすかったということになろう）。

このように戦闘機の増産は軌道に乗りつつあったが、パイロットの補充はそれほど容易ではなかった。たしかに、大陸での戦闘でパイロットは実戦経験を積み、またハリケーンやスピットファイアがドイツ軍機と互角に戦えることを証明したが、これにはそれなりの犠牲が伴った。この大陸での消耗と、そして皮肉なことに戦闘機の増産とによって、パイロット不足が問題となり始めたのである。やがてパイロット不足は、イギリスを悩ます深刻な問題のひとつとなっていく。

序盤戦――何を学んだか

イギリスの公刊戦史によれば、バトル・オブ・ブリテンは七月一〇日に始まったとされる。ただし、八月上旬までドイツ空軍の攻撃はイギリス沿岸を航行する船舶に集中され、まだ本格的な戦闘とは言えなかった。ドイツ軍の目的は、港や船舶に損害を与えることよりも、本格的攻撃の準備として防御側の戦闘機を疲れさせ衰弱させることにあった。沿岸航路を航行する船舶を敵機の攻撃から守ることは、本来、沿岸航空兵団の任務であったが、戦闘機兵団としても掩護要請にはこたえなければならなかった。

結局、ドイツ側のねらいは十分に達成されなかった。というのは、ダウディングが敵の意図を見抜き、その挑発、誘いに乗らず、戦力を温存したからにほかならない。そのうえ、ダウディングは戦力を節約し、兵力の消耗を防いだ。それを可能にしたのは、言うまでもなく、レーダーを核にした早期警戒システムである。ドイツ軍は、先に述べた攻撃側の有利さを生かして、波状攻撃や陽動（フェイント）によって邀撃戦闘機を疲弊、衰弱させることができると計算していたが、イギリス軍には、攻撃側の優位を相殺する有力な武器としてのレーダーがあったのである。

ドイツ側が目的達成に成功しなかったことは、数字に端的に表れている。七月一〇日未明から八月一二日夜まで、ドイツ空軍はほぼ連日イギリス海峡を航行する船舶に攻撃を加えたが、週平均一〇〇万トン近くの航行量に対し、五週間で三万トンほどを沈めたにすぎない。イギリス戦闘機兵団は一日平均のべ五三〇機を出撃させ、三四日間でわずか一五〇機を失っただけである。これに対してドイツ空軍の損失は戦闘機一〇五機を含む二八六機であった。戦闘機同士の戦闘ではドイツ側がやや優勢であったが、目的達成には程遠かった。

イギリス空軍はドイツ空軍との交戦から多くを学んで改善策を講じた。フランスでの戦いからは、次のような学習効果が生まれた。まず、主翼の裏側をドイツ軍機と同じように薄い空色に塗るようにした。これは、下からの視認を困難にするためである。また、戦闘機の機銃の弾道集中点を短縮した。これは、敵機にもっと近づいて攻撃し機銃の破壊力を増大させるためであった。さらに、ハリケーンのプロペラに改良が加えられたことも、技術的には重要であった。より注目されるのは、戦闘機の操縦席の後ろに装甲板が付けられたことである。これによって、空中戦のときにパイロットが後ろから銃撃された場合の被害を食い止めることができるようになった。

バトル・オブ・ブリテンの序盤戦での学習効果としては、実戦の経験によってレーダーの操作技術が向上し、その情報の正確さも向上したことが挙げられる。技術的な面では、戦闘機の燃料タンクの防護に改良が加えられ、銃撃されると簡単に火災を起こしてパイロットの命を奪ってしまうことへの対策が試みられた。また、攻撃を受けた搭乗機から離脱して海上に逃れたパイロットを救うため、航空機と救難艇から成る海上救難隊が組織された。実は燃料タンクの防護も救難隊もドイツ軍のほうが先んじていたのだが、イギリス軍も実戦の体験からその必要性を理解するに至ったのである。こうした措置は、操縦席後部の装甲板と並んで、とくに熟練パイロットの消耗を防ぐうえで重要であった。

最後に、七月からイギリス空軍が一〇〇オクタンの燃料を使うようになったことも指摘しておく必要があろう。これは秘密協定に基づきアメリカから供給されたもので、これによってとくに戦闘機の上昇能力が大幅にアップした。ちなみにドイツ空軍の航空燃料のオクタン価は八七であった。

「鷲の日」——ドイツの失われた機会

八月二日、ヒトラーは「アシカ作戦」(イギリス本土上陸作戦)の前提条件としてイギリス空軍力の殲滅を命じた。その総攻撃の開始時機は空軍当局の判断に委ねられたが、天候不良のために延期され、ようやく一三日になって開始された。八月一三日の攻撃開始日は「鷲の日」と呼ばれる。

この総攻撃には前兆のようなものがあった。ドイツ軍はそれまでの攻撃と異なり、船舶や港湾だけでなく、戦闘機兵団の地上施設も爆撃するようになったのである。総攻撃に備えてレーダーの機能を麻痺させ、イギリス空軍の眼をつぶすことがドイツ側のねらいであった。実際、この攻撃により、いくつかの飛行場は一時使用不能になり、レーダー基地では機能麻痺に陥ったところもあった。しかし、ドイツ軍は同じ所を繰り返し攻撃する集中爆撃の蓄積的効果を十分理解しなかったため、あるいは戦果を過大に評価したため、次の攻撃では爆撃目標を切り換えてしまった。その間イギリス側は応急措置を施し、徹夜の作業で施設を復旧させることができた。

戦闘機群の各セクターにはセクター基地（飛行場）以外に多数の補助飛行場があり、セクター基地が攻撃を受けたときには補助飛行場が使われた。つまり多数の飛行場に戦闘機を分散配置することによって、敵の集中攻撃に対する効果的な対処策を講じたのである。しかも地上には巧みなカモフラージュを施し、上空からの飛行場の識別を困難にしていた。

八月一三日に始まる総攻撃のクライマックスとなったのは、八月一五日の戦闘である。

地図 3-1 ① 北方からの攻勢（8月15日）

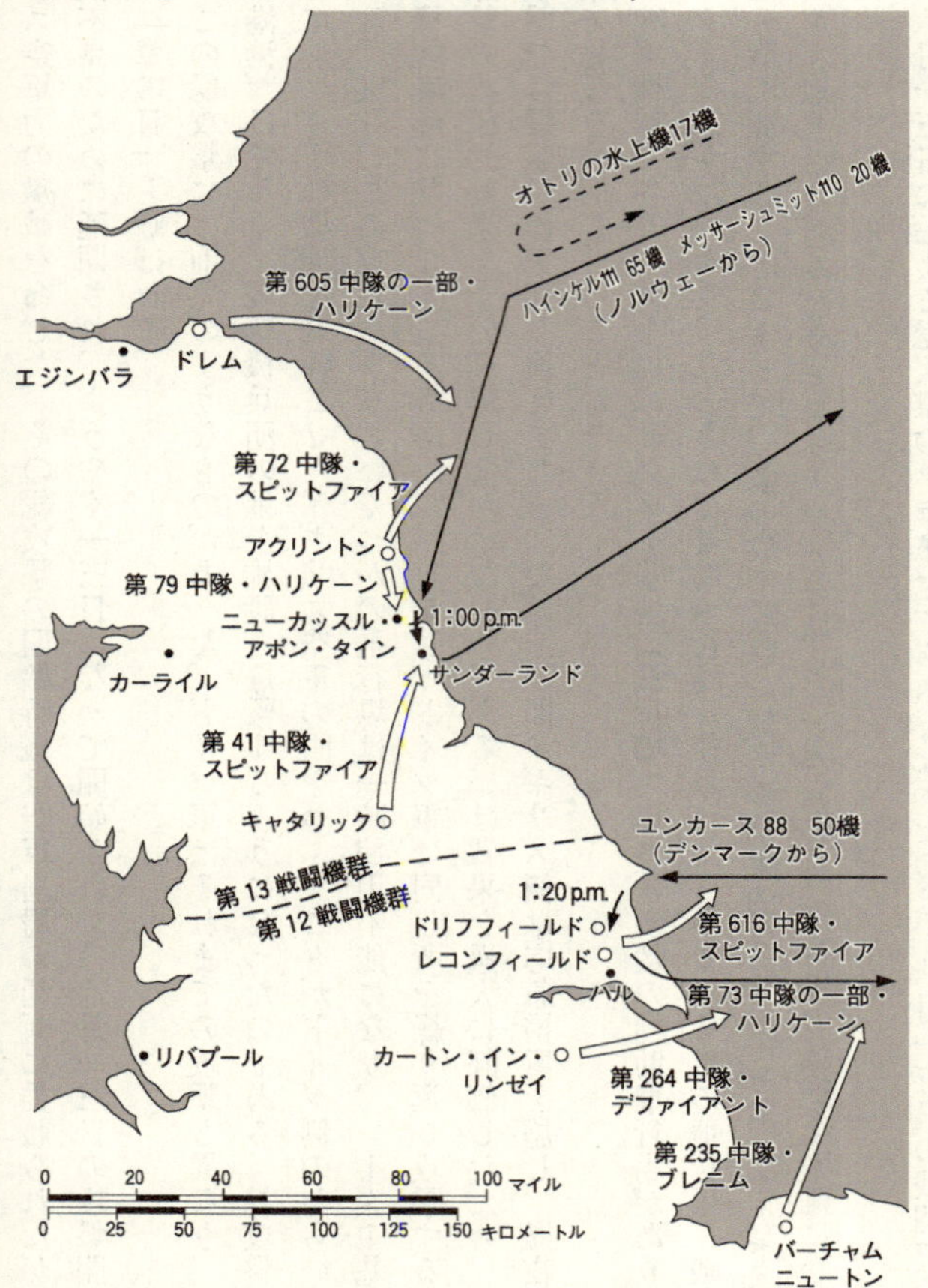

（出典）R.ハウ、D.リチャーズ『バトル・オブ・ブリテン』河合裕訳、新潮文庫、一部修正

地図 3-1 ② 飛行場への試練（8月15日）

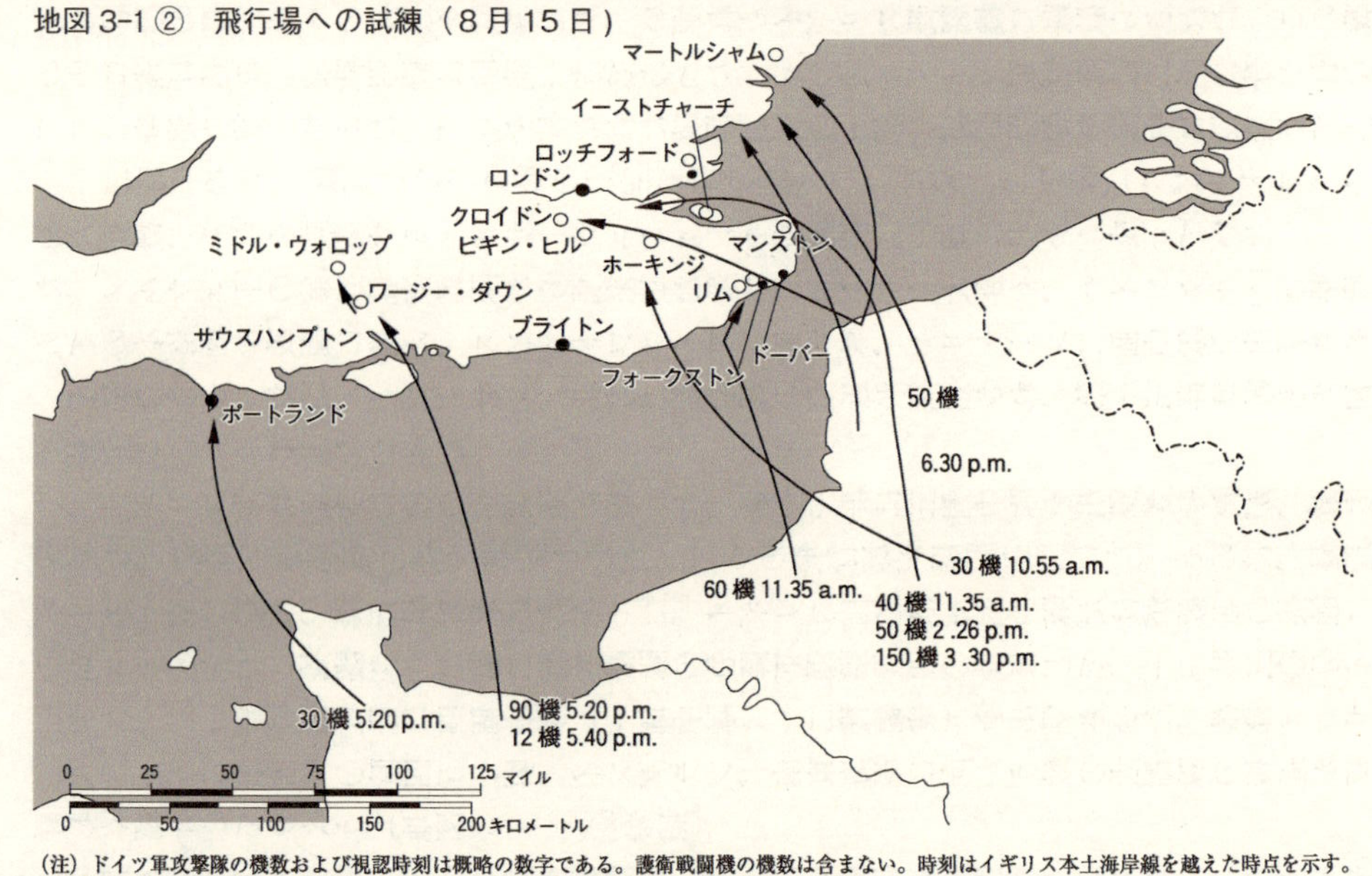

（注）ドイツ軍攻撃隊の機数および視認時刻は概略の数字である。護衛戦闘機の機数は含まない。時刻はイギリス本土海岸線を越えた時点を示す。
（出典）R.ハウ、D.リチャーズ『バトル・オブ・ブリテン』河合裕訳、新潮文庫、一部修正

この日初めてドイツ軍は三つの航空艦隊による合同の戦爆連合爆撃を試みた。これをやや詳しく紹介してみよう（地図3-1①②参照）。

八月一五日午前一〇時四五分頃、イングランド南東海岸に向かう敵の大編隊の接近が探知され、第一一戦闘機群は四個中隊（一個中隊は一二機編成）を出撃させた。敵はメッサーシュミット109に掩護された第二航空艦隊の急降下爆撃機四〇機ほどで、一一時三〇分イギリス上空に達し、飛行場攻撃に向かった。イギリス側では一個中隊だけが敵との接触に成功し、急降下爆撃機二機を撃墜したが、二つの飛行場が爆撃を受けた。その後、昼近く、イギリス海峡上空に敵の小編隊が現われ、第一一群は三個中隊を出撃させたが、敵と接触することはできなかった。

正午をまわった頃、イングランド北方でも敵機の接近が探知され、第一三群は敵との初めての本格的な戦闘に備え、スピットファイア三個中隊、ハリケーン二個中隊を出撃させた。ノルウェーの第五航空艦隊から飛来した敵は予想よりも大きく、ハインケル111爆撃機約六五機、それを護衛するメッサーシュミット110戦闘機二〇機ほどから成っていた。

一二時半過ぎ、接近してくる敵の上空で待ち構えていた第七二中隊（スピットファイア）は奇襲攻撃を加えた。不意を打たれた敵爆撃機の一部は搭載爆弾を海中に投棄して雲の中に逃げ込み、敵戦闘機は防戦一方であった。その後もドイツ軍編隊は二手に分かれながら目標の飛行場への接近を試みたが、いずれもイギリス戦闘機に蹴散らされた。この戦闘でドイツ軍は爆撃機八機、戦闘機七機を失ったのに対し、イギリス側に戦闘機の損失はなかった。

そこから一六〇キロほど南では、第五航空艦隊の残りの部隊がデンマークから接近しつつあった。これはユンカース88爆撃機約五〇機の編隊で、護衛の戦闘機がついていなかった。午後一時、これに対して第一二群の三個中隊が邀撃態勢に入り、第一三群からブレニム一個中隊が応援に駆けつけた。護衛戦闘機を持たないドイツ軍は苦戦を強いられたが、イギリス軍用飛行場に達し、地上の爆撃機と施設に損害を与えた。この戦闘でドイツ側は八機失い、イギリス戦闘機の損失はゼロであった。以上二つの戦闘を合わせて、ドイツ第五航空艦隊はめぼしい戦果を挙げられなかった。

それから一時間ほど経った頃、四〇機近くのドイツ軍急降下爆撃機が護衛戦闘機を伴い、防空網をかいくぐって、イギリス軍用飛行場と施設に損害を与え、無傷で基地に戻っていった。イギリス側は七個中隊に相当する部隊に敵の捕捉を命じたが、うまくかわされてしまった。

一方、午後三時過ぎ、イングランド東南に一〇〇機近くのドイツ爆撃機が掩護の戦闘機とともに接近してきた。これに対して四個中隊が邀撃態勢に入ったが、高度上空を飛来する敵戦闘機に阻止され、爆撃機の侵入を許した。ドイツ側は四~五機を失ったが、ロチェスターの航空機製造工場とイーストチャーチの飛行場に損害を与えた。イギリス側は九機の戦闘機を失った。

午後五時過ぎ、ドイツ第三航空艦隊は七〇〜八〇機の爆撃機・急降下爆撃機と多数の戦闘機をもってイングランド南部を襲ってきた。これに対して第一〇群は四個中隊強の戦力で邀撃し、後にはさらに二個中隊を出撃させた。これはそれまでで最大規模の邀撃態勢であった。戦闘は五時二〇分、ポートランド沖で始まった。第一〇群の一個中隊は太陽を背にして五〇機近くの急降下爆撃機を襲い、反転急上昇して、単発戦闘機メッサーシュミット109に掩護された双発戦闘機メッサーシュミット110を攻撃した。ドイツ軍はポートランドに少しばかりの爆弾を投下した後、メッサーシュミット110に大きな被害を出して逃げ去った。その東では、掩護戦闘機を伴う三〇機ほどのドイツ爆撃機が五個中隊のイギリス戦闘機から攻撃を受けながら、ミドル・ウォロップ飛行場に損害を与えた。この一連の戦闘でドイツ側は爆撃機八機、急降下爆撃機四機、双発戦闘機一三機を失い、イギリス側は戦闘機一六機を失った。

この戦闘が終わったばかりの六時過ぎ、ドイツ空軍は第一一群の手薄となっていた左側面をねらってきた。第一一群司令官パーク少将は、多くの部隊が二〜三回の出撃を終え基地に戻ったばかりだったので、対応に苦慮したが、警戒飛行中の一個中隊に加えて四個中隊を出撃させ、さらに四個中隊半の戦力を追加した。これにはイングランド南岸の作戦行動を終えたばかりの三個中隊も含まれていた。ドイツ軍は少なくとも二個中隊のイギリス軍との交戦に巻き込まれて方向感覚を失い、当初の目標とは異なる地点に爆弾を投下した。皮肉にも、これがこの日、ドイツ軍による最も効果的な爆撃となった。

八月一五日の戦闘でドイツ軍は七五機、イギリス軍は三四機を失った。戦闘機兵団の出撃数はのべ一〇〇〇近くに達した。ドイツ軍は広い範囲にわたって飛行場攻撃を目指し、イギリス戦闘機を誘い出してその戦力を弱体化しようとした。結果的に見てその目標は達成されなかった。しかし、ドイツ軍は戦果を過大評価してしまう。もともとドイツ軍はイギリスの防空戦力を低く見ていた。ロンドン以南の防空戦力を屈服させるのに四日間、全航空戦力を殲滅するのに四週間もあれば十分だ、とゲーリングは豪語していた。だが、八月一六日朝現在、イギリス戦闘機兵団の戦力はドイツ側見積りの二倍もあった。七月一〇日から八月一五日までにドイツ空軍はイギリス空軍機を五〇〇機以上撃墜したと計算していたが、実際のイギリスの損害は二〇〇機あまりでしかなかった。

イギリス側も楽観を許される状況ではなかった。スピットファイアとハリケーンはその損害が、一時的にではあったが、補充を上回りつつあった。より深刻であると考えられたのはパイロットの消耗である。たしかに、搭乗機が撃墜されても脱出できたパイロットは少なくなく、この点では敵地の作戦にはない有利さがあった。しかし、各中隊のパイロットの予備は六～七人となり（通常、一個中隊のパイロットは二六人）、定員充足率が九〇%を下回ることは滅多になかったとしても、これでは過労を避けるための交替や戦闘による損耗補充にとって不十分であった。ダウディングは、パイロットにかかるストレスを緩和するため、毎週二四時間の休暇を与えるよう命じていた。

ハリケーンやスピットファイアの定員を充足するには、向こう三カ月以内に訓練課程を終える新人パイロットを注ぎ込んでも足りなかった。しかも、新人パイロットの多くには空中戦の経験などなかった。また、爆撃機兵団や沿岸航空兵団、海軍航空隊から戦闘機兵団にパイロットを転属させる措置（「共食い」と呼ばれた）をとっても、必要数には達しなかった。大陸から逃れてきた連合国（ポーランド、チェコ、フランス、ベルギー）のパイロットの採用も始まったが、言語の問題もあって、外国人パイロットは国別の中隊に編成しなければならず、かれらが実戦に参加できるようになるにはまだしばらく時間が必要であった。

危機――ドイツ空軍の戦術転換

八月一九日からしばらく小康状態が続き、本格的な戦闘が再開されたのは二四日である。このときドイツ軍はそれまでの戦訓を取り入れ、編隊の構成を大きく変えていた。まず、ユンカース87急降下爆撃機は結局使いものにならないと判定され、第一線から引き揚げられた。次に、これまでよりも戦闘機の数を大幅に増やし、比較的少数の爆撃機を護衛するようになった。さらに、護衛戦闘機の一部は爆撃機とほぼ同じ高度をとり、そのやや前方、後方、側方などを飛んで直接掩護にあたるようになった。それと同時に、他の戦闘機は従来と同じく爆撃機より上空で間接掩護を行った。

以前のドイツ空軍は、スピードの差のために爆撃機と護衛戦闘機とがややもすると離れがちとなり、イギリス側にそこを衝かれて爆撃機だけを攻撃され、護衛の戦闘機は手を出せない、というケースがよく見られた。そこで今度は、戦闘機が爆撃機にもっと接近して護衛するようになったのである。

ドイツの主力戦闘機メッサーシュミット109は、すぐれた性能を有し、特に高高度での戦闘能力は抜群であった。しかし、航続距離に限界があった。目標をロンドン地区とした場合、目標上空に滞空できる時間は最大でも一五分程度にすぎなかった。空中戦に巻き込まれれば通常の三～四倍の燃料を消費し、滞空時間はさらに短くなった。補助燃料タンクをつければ滞空時間を延長することができたが、それでは軽快性に支障が出て空中戦に不利となった。したがって、味方の爆撃機が任務を達成する以前でも、燃料の限界のために基地に引き返さなければならない場合も少なくなかった。また、高高度では無敵といってもよいほどの戦闘能力を発揮したが、爆撃機を直接護衛するために高度を下げた場合、その戦闘能力は相対的にそれほどでもなくなった。

一方、メッサーシュミット110は、航続距離は長かったが、軽快性に欠陥があり、イギリスのハリケーンやスピットファイアにはかなわなかった。このため、ドイツ空軍は戦闘機メッサーシュミット110の護衛にメッサーシュミット109を付けるという、あまり格好のよくない措置さえ講じた。ときにはメッサーシュミット110を囮にし、そこにイギリスの戦闘機を引き付けておいて、その隙に爆撃機が目標に向かうということもあった。また、一般にドイツ爆撃機の防御力は強靱ではなく、大陸であれほど猛威を振るった急降下爆撃機も、速度が遅いため、イギリス戦闘機の餌食となった。

これに対して、従来イギリス側では、敵の攻撃の矢面に立っていた第一一戦闘機群のパーク司令官が、敵の爆撃機とメッサーシュミット110に対する攻撃にはハリケーンを差し向け、メッサーシュミット109にはスピットファイアを対抗させていた（前述したように、撃墜されたスピットファイアの数が多いのはこのためである）。

しかし八月一九日、パーク少将はそれまでの経験を考慮して新しい方針を打ち出した。それは戦闘機の損害を抑え、爆撃による地上施設の被害を防ぐために、今後は爆撃機の激撃に努力を集中し、敵の掩護戦闘機に対しては必要最小限の戦力しか振り向けない、という方針であった。端的に言えば、ハリケーンもスピットファイアも爆撃機への攻撃に集中することになった。

ところが、八月二四日のドイツ側の戦術転換により、パークは新しい方針を撤回せざるを得なくなってしまう。数を増した敵戦闘機、しかも近接掩護のために爆撃機の近くを飛行する敵戦闘機を無視して、爆撃機だけを攻撃することはできなくなったのである。多くの戦闘で、戦闘機の数はドイツ側がイギリス側を上回った。多数の敵戦闘機と正面から戦えば、かなりの戦力消耗を強いられることは避けられなかった。これがやがてイギリス側に危機的状況を生じさせることになる。

八月二四日以降には、本格的な夜間爆撃が始まったことが注目されるが、イギリス側にとって深刻だったのは、やはり昼間の戦闘での戦闘機とパイロットの消耗であった。ドイツ側は、八月一五日のような三航空艦隊合同の総攻撃は効果がないとして、もはやこれを繰り返さなかった。工場などに対する攻撃も、昼間はイギリス側の邀撃態勢が強力であるので、当面は主として夜間に実施することになった。昼間攻撃の主な目的は、あくまでイギリス戦闘機兵団の弱体化であった。このためドイツ空軍はイングランド南東部の飛行場攻撃に努力を集中する。飛行場を攻撃すれば、イギリス戦闘機を誘い出してその戦力を消耗させることができるし、飛行場の破壊それ自体も敵の戦力に大きなダメージを与えるはずであった。

八月二四日から九月六日までの期間、ドイツの出撃数はのべ約一万三七〇〇、イギリスは約一万七〇〇〇であった。イギリス側は敵に三八〇機の損害を出させたが、自らも三〇〇機近くの戦闘機を失った。以前に比べてイギリスの損失はだいぶ大きくなった。あまり役に立たな

表3-4 戦闘機兵団パイロットの損耗概要

	戦死	重傷
8月8日～8月23日	94	60
8月24日～9月6日	103	128
9月7日～9月30日	119	101

(出典) Basil Collier, The Defence of the United Kingdom, HMSO, 1979.

いデファイアントは第一線から引き揚げねばならなかった。この期間のパイロットの戦死は一〇三名、重傷は一二八名となった（表3‐4参照）。もしこの状態が続けば、パイロットの補充は追いつかず、危機に瀕することは火を見るよりも明らかであった。

パーク少将は、パイロットの損耗が激しい第一一戦闘機群所属の中隊に、他の戦闘機群からベテランのパイロットを補充するようダウディングに要請した。ダウディングはこれを斥け、中隊そのものを交替させた。つまり、第一一群のうち損耗の甚だしい中隊を他の戦闘機群に転属させ、他の戦闘機群からそれほど実戦経験のない中隊を第一一群に配属したのである。それは、それぞれの中隊の一体性を保持させるとともに、来るべき決戦に備えて、疲弊した中隊に戦力を回復させる機会を与えるためであった。

正念場は八月三一日から九月六日までの一週間であった。この期間、ドイツ空軍の損害一八九機に対して、イギリス側は一六一機を失った。ダウディングは、第一一群を他の戦闘機群が応援する態勢を強化した。しかし、かれは、他の戦闘機群から優秀なパイロットを取り上げ、それを第一一群に集中させようとはしなかった。敵の三航空艦隊による合同攻撃が再開される可能性を否定できない以上、各戦闘機群の担当地域の戦力が手薄となることは避けねばならなかった。危機的状況がさらに続くとすれば、ドイツ軍の攻撃が集中していない地域に、十分な予備戦力を保持しておく必要もあった。

こうして、パーク少将は手持ちの戦力を最大限に生かして危機に対処しなければならなかった。戦闘を回避すれば、飛行場など地上施設を攻撃され敵に死命を制せられることは必至であったから、交戦を避けるわけにはゆかなかった。数のうえで優越している敵に対抗するためには、大きな編隊を組んで邀撃すべきだとの主張もあったが、大編隊を組むには時間のロスが伴い、敵を捉える機会を逸するおそれがあった。パークは言わばその中間策をとり、できるだけ二個中隊の編隊を組んで戦うよう指示した。

この戦法は九月二日に実施に移されたが、大勢に影響を与えなかった。ほとんどの場合、敵の護衛戦闘機の数が上回り、邀撃戦闘機はしばしば敵の爆撃機に接近することすらできなかった。敵は波状攻撃を試み、第一波に対する邀撃機が燃料切れで基地に帰ったところを、第二波が攻撃した。また、巧みな陽動を用い、大規模な編隊が海岸線近くまで接近した後に引き返し、警戒のために出撃した邀撃機が帰投した頃を見計らって、本格的な第二波の攻撃を仕掛けてきた。イギリス側のパイロットの損耗状況は改善の兆しを示さなかった。パークの担当地域では、七つのセクターのうち六つの飛行場が手ひどい打撃を受け、使用不能に陥るところもあった。他の戦闘機群から第一一群に転属してきた中隊でも、すぐパイロットの損耗と疲労に見舞われる始末であった。

こうした状況がもう一週間続けば、第一一群は絶体絶命のピンチに陥ったかもしれない。ところが、ドイツ軍は突如、また方針を変えたのである。九月七日以降、ドイツ軍はロンドン攻撃に集中するようになった。これによって、パーク少将は戦力を回復させる時間的余裕を持つことができたのである。

終盤戦――転機は九月一五日におとずれた

ドイツはなぜロンドン攻撃に努力を集中するようになったのだろうか。八月二四日夜、ドイツの爆撃機が目標を誤ってロンドンに爆弾を投下したため、イギリス空軍はその仕返しとして翌日夜ベルリンを爆撃した。九月七日以降のロンドン攻撃は、このベルリン爆撃に対するヒトラーの報復だという解釈がある（実は、それまでヒトラーは住民を攻撃対象とした爆撃を禁止していた）。あるいは、ロンドンを爆撃することによって、首都を守ろうとするイギリス戦闘機を誘い出し、その戦力を一挙に殲滅させようとの計算があったとする説もある。さらに、人口集中地域を爆撃することによって、イギリス国民の戦意を弱め、屈服に追い込もうとの考慮が働いたのだという見方もある。また、ドイツ側はイギリスの防空戦力が既に限界に達したと判断し、上陸作戦実施の準備として、攻撃目標を航空戦力から都市の軍事・兵站拠点に切り替えたのだという解釈もある。

いずれにしても九月七日のロンドン爆撃を皮切りとして、ドイツ空軍作戦の重点は、昼間および夜間の大都市攻撃に移行したのである。

一方、多くのセクター基地に損傷を受けた第一一群では、復旧におおわらわであった。飛行場や作戦指揮室、通信施設の復旧工事には、陸軍の工兵隊や郵政省の戦時協力職員が活躍した。しかし、これ以上セクター基地への攻撃が続けば、応急処置で間に合うかどうか疑問であった。ドイツ軍の攻撃の重点が大都市に移行しても、しばらくの間はセクター基地への脅威を軽視するわけにはいかなかった。パーク少将は、海岸線を越えて侵入してくるドイツ軍編隊がセクター基地に達する前に、最大規模の攻撃を加えようとした。つまり、敵を探知したらすぐに出撃可能な中隊をすべて出撃させ、しかもできるだけ二個中隊で編隊を組むよう命じたのである。

九月七日の戦闘は一応ドイツ側の勝利に帰した。戦闘機兵団は二三個中隊を出撃させ、そのうち二一個中隊が敵と接触できたが、ドイツ軍編隊は目標に到達しロンドン爆撃に成功した。ドイツ側の損失四一機に対し、イギリス側は二八機を撃墜され、一六機が大破、一七人のパイロットが戦死または重傷を負った。

翌日、ついにダウディング司令官は、これまで拒否してきた非常措置を実行に移した。各戦闘機群から熟練パイロットを引き抜き、第一一群所属の中隊に投入したのである。充実した予備戦力の保持を重視してきたダウディングがこうした措置に踏み切ったことは、それだけ状況の切迫を物語っていた。

転機となったのは九月一五日である。この日はイギリスで「バトル・オブ・ブリテン記念日」とされている。八月一五日が、イギリス本土上空の制空権を短期間で獲得するのは不可能であることをドイツ空軍に示したとすれば、九月一五日は、それが永遠に不可能であることを思い知らせた、とも言われている。

この日、ドイツ軍は波状攻撃をかけてきたが、いつものように陽動を使わなかった。このためイギリス側は第一波攻撃の後、十分に燃料を補給し体勢を立て直して第二波に立ち向かうことができた。さらに、ドイツ戦闘機の直接掩護も不十分であった。この日の戦闘でイギリス側は二六機を失ったが、敵に一八五機の損害を与えたと公表した。実際にはドイツの損害はその三分の一にすぎなかったが、それでもこの日の戦闘の効果はきわめて大きかった。

九月一五日の戦闘の結果、ドイツ空軍は、二カ月以上にもわたって爆撃作戦を展開してきたにもかかわらず、イギリスの防空戦力が壊滅していない現実に直面せざるを得なかった。またドイツ側には、自らの戦術や兵器に対する深刻な疑問が生じた。爆撃機のパイロットは戦闘機の直接掩護が十分でないと批判し、戦闘機側はメッサーシュミット109がそもそも掩護戦闘機でないことを弁じ立てた。ある飛行大隊長は、事態を改善するには何が必要かとゲーリングに問われて、「我が大隊にスピットファイアを配備していただきたい」と答え、ゲーリングを唖然とさせたという。

九月七日以来、ドイツ空軍は都市爆撃に重点を移行させたが、これに適合する兵器を有してはいなかった。爆撃機はいわゆる重爆ではなく、爆弾搭載量が少ないため、たとえ攻撃に成功しても、その効果には限界があった。戦闘機は航続距離に限界があり、内陸部まで爆撃機を直接掩護する余裕がなかった。イギリス空爆作戦に対するドイツ空軍の自信は低下し意欲も減退した。

一方、九月初旬以来ドイツ空軍がセクター基地への攻撃を止め、ロンドンなど内陸部の大都市攻撃に重点を移してから、イギリス戦闘機兵団は徐々に戦力を回復していった。九月半ばまでには、スピットファイアとハリケーンの生産がその損失を上回り始めた。パイロットの補充も少しずつ危機的状況を脱してきた。

九月下旬、ドイツ空軍は航空機生産工場への爆撃に成功したが、これも一時的なものにとどまり、一〇月に入ると、攻撃規模は縮小した。ドイツ軍は爆撃機を昼間攻撃から引き揚げ、戦闘機の編隊だけで、あるいは戦闘機がメッサーシュミット110を転用した戦闘爆撃機だけを伴って、都市攻撃を試みた。

この攻撃は高空からなされたため、レーダーでなかなか捕捉できず、また邀撃も困難であった。しかし、これに対してパークは、敵機探知のために、当初は一個中隊、後には二個中隊を高空で常時警戒飛行させ、邀撃の効果を挙げることができるようになった。それは余裕の表れでもあった。一〇月の戦闘機パイロットの戦死者は一〇〇人、負傷者は六五人で、九月の半分であった。一〇月のドイツ空軍の損失は三二八機に上った。

ドイツ側にとって、秋に上陸作戦を行う前提条件としてイギリス航空戦力を殲滅することは、もはや時間的に見て無理であった。九月一一日以来、ヒトラーは「アシカ作戦」を実行するかどうかの決断を再三延期し、九月一七日、ついに作戦実施を翌年春まで延ばすと命じるに至った。その後、ドイツ軍は、昼間爆撃でイギリスを屈服させることを断念し、夜間爆撃と海上封鎖で敵の力を弱めることに方針を転換したのである。一〇月三一日、イギリス政府は、ドイツによる本土上陸侵攻の危機は遠のいたとの判断を下すことができた。

「ブリッツ」と呼ばれた夜間爆撃は一一月中旬までロンドンに集中され、その後は工業地帯や港湾地域が攻撃の対象となった。九月七日から一一月一三日までロンドンはほぼ連夜、平均一六〇機による爆撃を受けた。こうした夜間爆撃をめぐる戦闘にイギリス戦闘機兵団が完璧な勝利を収めたとは言い難い。ひいき目に見ても、それは引き分けであった。しかし、夜間爆撃の軍事的効果はそれほど大きくなく、これによってイギリスの戦意喪失をねらったドイツ側の目的は達成されなかった。

夜間爆撃は、人々を恐怖に陥れたり、眠らせなかったり、またときには多くの死傷者を出した。たしかにその人的、物的被害を軽視することはできなかったが、軍事的に見る限り、その効果は重大ではなかった。人々は「ブリッツ」に少しずつ慣れ始め、やがてそれは日常生活の一部のようにさえなっていった。夜間爆撃によってもイギリス国民の士気は衰えなかったのである。

もちろん、その後もドイツ空軍の攻撃がなくなったわけではない。しかし、ドイツは、イギリス上陸作戦の前提としてその航空戦力を殲滅するという目的を達成できなかった。すでに上陸作戦には不都合な季節に入っていた。夜間の都市爆撃も軍事的効果を挙げなかった。こうしてイギリスはバトル・オブ・ブリテンを乗り切った。七月以降一〇月末までのパイロットの戦死者が四五〇人近くに上るなど、損害は小さくはなかった。危機的状況に陥ったこともあった。けれどもイギリスは、戦力の絶頂にあったドイツ空軍と互角以上に戦い、敵の目的達成を阻み、自国の生存の危機を切り抜けたのである。

アナリシス

リーダーシップ

バトル・オブ・ブリテンでイギリスに勝利をもたらした要因のうち、最初に指摘されるべきは、政軍指導者のリーダーシップである。すなわち、政治ではウィンストン・チャーチル、軍事ではヒュー・ダウディングの指導性が特筆に価しよう。

まず、チャーチルは、敗北感に打ちひしがれかねない陰鬱な状況の中で、イギリス国民の士気を鼓舞した。閣内にすらあったドイツのとの和平論に少しも動じず、毅然(きぜん)とした態度をとり続けた。チャーチルの最大の功績は、イギリス国民に自信を持たせたことにあるという。かれは、議会等での演説やラジオ放送で、率直に厳しい現実を語り、その現実を克服して勝利するビジョンを描いてみせた。

チャーチルは自らの姿を努めて国民に見せることによって、士気を鼓舞しようとした。バトル・オブ・ブリテンでドイツ空軍が都市爆撃に重点を移したとき、被災地区を見て回り被害者たちに声をかけるかれの姿は、人々を力づけた。飛行場を訪れてパイロットたちに話しかけ、ドイツ軍の上陸地になりそうな沿岸部を自ら視察した。こうした行動が国民を勇気づけたことは疑いない。

チャーチルは戦争の目的が何であるかを明確に示し、この戦争が悪と戦う正義の戦いであることを繰り返し説いた。しかもチャーチルは、来るべきドイツとの空の戦いが、大戦全体の中でどのような意味を持つのかを、きわめて的確に把握していた。また、アメリカの歴史家、ジョン・ルカーチの言葉を借りれば、チャーチルほど、ヒトラーの考えを深く洞察し知り抜いていた指導者はいなかった。

イギリスの歴史家A・J・P・テイラーによれば、ドイツの侵攻が差し迫ったように思われたある夜、チャーチルは側近たちにイギリス本土侵攻について延々と語り続けたという。そのうちに、側近の一人がチャーチルは未来形ではなく過去形で話していることに気づいた。何とかれは、目前に迫っているドイツの侵攻ではなく、九世紀前、一〇六六年のノルマン人のイングランド侵攻について語っていたのである。おそらく、こうした歴史についての理解と洞察が、戦局の見通し、敵の意図や行動、そして戦時指導者としてのあるべき言動などについて、チャーチルのセンスあるいは直観を磨いたのだろう。かれは既に二六歳のときに三つの戦争に従軍し、五冊の本を上梓していた。若年の頃から、体験と思索によって戦いの本質を見極めようとしていたのである。

チャーチルは陸軍士官学校の出身であったこともあり、軍事について一家言を持っていた。ときとして軍事作戦に口を出し、軍人たちの怒りを買った。かれの軍事的判断が常に正しかったわけでもない。第一次大戦のとき、かれの推進したガリポリ上陸作戦が惨憺(さんたん)たる結果に終わったことはよく知られている。首相となる直前の海相時代に、ヒトラーの機先を制しようとして始めたノルウェー作戦も失敗した。

だが、バトル・オブ・ブリテンでのチャーチルのリーダーシップは、水際立っていた。首相に就任するや新設の国防相を兼任したかれは、自ら直接、戦争指導にあたると同時に、陸海空三軍首脳とも緊密な関係を築いた。防空戦に関してはダウディングを全面的に支持し、作戦にはほとんど口を出さなかった。フランスの敗色が濃厚となったとき、チャーチルはダウディングの進言に基づきフランスへの戦闘機派遣を打ち切った。また、イギリス上空での戦闘が始まると、これに最大限の関心を払い、その帰趨を注視しながら、ダウディングを信頼し続けたのである。かれは部下に権限を委譲し部下を信頼しながら、自分の意図に従って部下が任務を実践しているかどうかを、厳密にチェックしていた。ダウディングに任せ切りにしたわけではなかったのである。チャーチルは細かなことにまで目配りし、爆撃を受けた飛行場の修理方法を提案し、ガスマスクの配布や爆撃シェルターの建造を示唆したりした。

次に、ダウディングである。かれは頑固者というあだ名を持つ異色の空軍軍人であった。かれはまず、空軍の技術開発部門の責任者として、早い段階から、ハリケーンとスピットファイアの開発・生産計画を支持した。さらに、いちはやくレーダーの可能性を見抜き、その技術開発が完成する以前の段階で、その能力を最大限に生かした防空のための早期警戒、地上管制システムの構築に着手した。イギリスの防空システムは、核兵器以前の時代で最も成功を収めた軍事的イノベーションのひとつであるとさえ評される。前述したように、レーダーの研究は当初、むしろドイツのほうが進んでいたと言われるが、その技術革新を防空という戦略的システムに結びつけた点で、ダウディングの功績は際立っている。

次いでダウディングは、戦闘機兵団司令官として、戦闘機、レーダー基地をその指揮下に置いただけでなく、高射砲や対空探照灯の作戦統制も行い、防空システムを一元的に運用した。かれの一元的統合の下で、早期警戒網による敵機探知から邀撃機出撃に至るプロセスが、有機的に連携しシステムとして作動したのである。

バトル・オブ・ブリテンが始まったとき、ダウディングは五九歳、退役が間近で、既に戦闘機兵団司令官の任期をオーバーしていた。後任予定者が事故にあったため、チャーチルの支持もあって留任したが、一〇月末には退任することが予定されていた。つまり退任予定者がバトル・オブ・ブリテンの指揮を執ったのである。

ただし、実際の戦闘の指揮を執ったわけではない。戦闘機兵団司令官としてのダウディングの任務は、敵の上陸企図を断念させるために、いかなる犠牲を払っても制空権を確保し続けることであった。制空権の確保つまり空の戦いに勝つことは、必ずしもあらゆるものを敵の爆撃から守ることを意味しなかった。敵の誘いに乗らず、戦力（戦闘機とパイロット）を節約することが必要であり、ロンドンなどの都市よりも、レーダー基地、セクター基地、飛行場などの地上施設を敵の爆撃から守ることが優先されねばならなかった。この点で、ダウディングは敵と果敢に戦いながら、つねに戦力の節約、予備戦力の保持を重視したのである。

かれは、第一一戦闘機群が危機的状況に陥るまで、熟練パイロットをそこに投入しようとはしなかった。他の戦闘機群の戦力を弱めることは、長期的に見て、全体的な制空権確保のためにマイナスだと判断されたからである。かれはまた、ドイツの夜間爆撃が激しくなっても、昼間の戦闘で疲れた部隊を、あまり効果の挙がらない夜間戦闘に使おうとはしなかった。こうしてかれはバトル・オブ・ブリテンを消耗戦に持ち込み、地の利を生かして、辛くもドイツ空軍との厳しい戦いを勝利に導いた。

だが、皮肉にも、夜間爆撃に十分に対処しなかったことでダウディングは空軍首脳部の批判を受け、もはや任期延長はなく、一一月には戦闘機兵団を去ったのである。

守りの戦い

バトル・オブ・ブリテンは、防空戦という言葉に象徴されているように、本質的に守りの戦い、防御の戦いであった。ただし、イギリスは単に守るだけで戦いに勝ったのではない。むしろ相手の攻撃を待ち受け、敵の勢いと動きを逆用して、勝利につなげたと見ることができる。

バトル・オブ・ブリテンの直前、チャーチルは、「いま私に考えられる唯一の活路は、ヒトラーにイギリスを襲撃させ、そうすることによってかれの空の武器をへし折ってしまうことである」と秘書官のジョン・コルヴィルに語ったという。これはあながち強がりとばかりは言えない。かれは、絶頂期にあるドイツの勢いを逆用して、あえて防空戦という防御戦を挑み、究極の勝利を目指そうとした。

たしかに、ドイツ空軍の本土爆撃はイギリスにとって危機的な状況であった。しかし、逆に、本土上空で戦うことは、有利な空間に敵を引きつけ、防空システムの効用を最大限に利用して敵と戦うことを可能にした。イギリスは、攻撃側が有する主導の利、つまり作戦のスピードに由来する敵の時間的な有利さを、レーダーによって相殺した。一方、航続距離の限界から発生する敵の時間的な不利、つまり滞空時間が短いという不利を、徹底的に衝き、利用した。

守りを重視するという発想は、技術の面にも表れている。その代表がレーダーである。敵の空襲から国土を守るためにはどうしたらよいか、という問いかけがなければ、レーダーは開発されなかっただろう。戦闘機の操縦席後部の装甲板、燃料タンクの防護装置など、いずれも防御重視の発想から装備されたものである。

そもそもバトル・オブ・ブリテンの戦略目的は、戦略的持久にあった。つまり、自国の存続をはかると同時に、ドイツに対する抗戦の意志と能力を示すことによって、アメリカの全面的支援ないし参戦を勝ち取ることであった。そのためには、当面、敵の上陸作戦が困難になる時期まで、ドイツの攻撃を乗り切ることができればよかった。そしてイギリスは、バトル・オブ・ブリテンを持久消耗戦に持ち込んで、勝利を収めたのである。

ただし、持久消耗戦ではあっても、消極的に敵の攻撃を耐え忍んでばかりいたのではない。戦闘機の活躍に象徴されるように、敵の誘いに乗らず戦力を節約し、敵の自滅を待ちながら、敵を引きつけ、引きつけた敵を容赦なく叩く、というのがイギリスの戦い方であった。この点では、守りと攻めが、融通無碍(むげ)に織りなされていた。

イギリスは、バトル・オブ・ブリテンと、バトル・オブ・アトランティック（連合軍の護送船団とドイツのUボートとの大西洋の戦い）を通して、戦略持久に成功を収めた。バトル・オブ・ブリテンに勝つことによってアメリカを大戦に引き込み、ヒトラーの戦略に狂いを生じさせた。バトル・オブ・ブリテンで反面教師としてのドイツから学んだ教訓は、皮肉にも、やがてドイツに対する連合軍の戦略爆撃に生かされることになる。

ドイツの過誤

チャーチルは「ドイツのイギリス空襲は、意見の相違と、目的の乖離と、一度も完遂されたことのない計画との物語である」と評している。ただし、この評価はやや過酷であるかもしれない。バトル・オブ・ブリテンの時点で、ドイツ空軍は戦い方の面でも兵器の面でも、世界第一級の空軍であった。ヒトラー政権の登場までドイツが空軍の保有を禁じられていたことを考えると、その発展は驚異的ですらある。

しかしながら、ドイツ空軍には固有の限界があった。それは第一に、中部ヨーロッパでの作戦を前提としてつくられていたことである。本来的に、イギリス攻略を想定してはいなかった。対英作戦は、応急的に実施されることになった。したがって、例えば、戦闘機は優秀な性能を有していたが、航続距離が短く掩護戦闘機としての機能が不十分であった。第二に、技術や生産能力の面での限界があった。大型爆撃機は開発が遅れ、中型爆撃機が主体とならざるを得なかった。爆弾の生産能力の限界のために、命中精度を重視して、急降下爆撃機に重点を置いた。

また、作戦実施の過程で方針が一貫しなかった。ドイツ軍のために弁護すれば、当時は制空権獲得のための方法論が確立しておらず、空中戦によって敵の戦闘機とパイロットを消耗させるのがよいのか、それとも爆撃によって敵の飛行場を破壊するのがよいのか、まだ確定していなかったという事情を付け加えておくべきだろう。だが、それでもなお、ドイツ空軍の戦い方に一貫性がなかったことは明らかである。

ドイツ空軍は、序盤戦では船舶や港湾攻撃によってイギリス戦闘機を誘い出そうとし、さらにイングランド南東部の飛行場やレーダー基地に攻撃を集中してイギリス側を慌てさせた。しかし、これを継続しようとはせず、三航空艦隊合同の広範囲にわたる爆撃という、結果的には無意味な戦法を試みた。その後、第一一戦闘機群のセクター基地やその他の飛行場、地上施設に攻撃を集中し、イギリスの戦闘機とパイロットの損耗を増大させ、危機的状況に追い込んだ。ところが、その途端、ドイツ空軍はロンドン爆撃に方針を転換し、イギリス側に一息つかせてしまったのである。

ドイツには、ゲーリングの言葉に象徴されているように、過信があったのかもしれない。イギリスが受けているダメージについてあまりにも過大な報告が、目的が達成されたという誤判断を生み、それが方針転換を促したのかもしれない。いずれにせよ、このようなドイツの方針転換のおかげで、イギリス側は消耗戦に辛うじて成功を収めることができたのである。

バトル・オブ・ブリテンが終わったからといって、第二次大戦の帰趨が決したわけではない。ヒトラーにとっては、この戦いでの挫折はまだ一頓挫にすぎず、敗北とも意識されない程度のものであったろう。だが、冒頭に記したように、イギリスにとっては自らの生存を勝ち取っただけでなく、アメリカの協力と参戦を得て究極的な勝利を呼び込むための決定的な転機となったのである。

第4章　スターリングラードの戦い
――敵の長所をいかに殺すか

プロローグ

かつてのソ連の「偉大なる指導者」の名を冠したスターリングラード（帝政ロシア時代のツァーリツィリン、現在のボルゴグラード）の市街は、第二次大戦を通じて最大規模の地上戦闘（一九四二年六月〜四三年二月）が展開された都市であった。結果的に、このスターリングラード攻防戦の帰趨が、独ソ戦だけでなく第二次大戦のヨーロッパ方面における戦局の転換点になった。

ドイツ側からすれば、スターリングラードでソ連軍を制圧することは、カフカス（コーカサス）の豊富な油田を確保することにつながるだけでなく、そこを抜けてトルコにまで勢力を拡大することが可能であると判断されていた。これにより東部戦線での勝利を確実なものとし、後顧の憂いなく西部戦線に戦力を集中することが可能なはずであった。

スターリングラード攻防戦年表

1941. 6.22	バルバロッサ作戦開始
9.17～19	ドイツ軍キエフ包囲作戦成功、ソ連軍の捕虜約60万
12.初め	モスクワ前面でジューコフの反撃
1942. 1. 5	パウルス上級大将、第6軍司令官に
1.12	ドイツ南方軍集団司令官にフォン・ボック元帥
4. 5	「総統指令第41号」(ブラウ作戦) 南部攻勢に重点を指向
5.	ドイツ軍、ハリコフ攻勢、ソ連軍6個軍を撃破、捕虜約41万
6.28	ドイツ軍、夏季攻勢をボロネシ攻撃で開始
7. 7	ドイツ軍、ボロネシ占領 ソ連軍ティモシェンコ元帥、第40軍を残置し、戦略的撤退を敢行
7.13	クレムリン作戦会議
7.23	「総統指令第45号」南方軍集団をA軍集団とB軍集団とに分割し、カフカスとスターリングラードとの同時攻略を下令
7.30	セバストポリ要塞陥落
8.16	ドイツ軍、カラチ大鉄橋占領
8.下旬	ソ連軍第62軍司令官にチュイコフ中将任命
8.23	ドイツ第6軍、スターリングラード市街を攻撃開始
8.24	スターリン、「スターリングラード死守」を厳命
8.25	スターリン、参謀総長ワシレフスキーをスターリングラード北方に派遣
8.26	スターリン、ジューコフを最高司令官代理に任命し、スターリングラードに急派
9.12	スターリン、ジューコフ、ワシレフスキー、「戦略的持久」と「逆包囲」の戦略方針を決定
9.24	ドイツ陸軍参謀総長ハルダー上級大将解任、後任はツァイツラー少将
11.19	ソ連軍スターリングラード正面で大反攻
11.23	ソ連軍、逆包囲環完成 ドイツ第6軍司令官パウルス、逆包囲環の突破撤退を要請するが、ヒトラーは徹底抗戦を厳命
1943. 1. 8	ソ連軍ロコソフスキー、パウルスに降伏勧告
1.30	ヒトラー、パウルスを元帥に昇進させる
1.31	ドイツ第6軍、降伏
2. 2	スターリングラードでの戦闘完全停止

他方、ソ連側はモスクワ、レニングラードの二正面において、優勢なドイツ軍の攻勢圧力に堪え、これを阻止することに成功したが、スターリングラードで敗北することは九仞(きゅうじん)の功を一簣(き)に欠くことになりかねなかった。またソ連の最高指導者であるスターリンにとって、自身の名に由来するスターリングラードをヒトラーに奪われることは、戦略・戦術の次元を超え精神的・心理的に堪え難いことであった。

ヒトラーは、スターリンと同様の精神的・心理的な欲求の裏返しで、必ずしも軍事合理的に、特に時機的に、優先度の高くないスターリングラードの攻略に執着することによって、貴重な戦力の分散と時間資源の浪費を招き、危機的状況にあったソ連軍に、息をつき戦力を回復する時間的な猶予を与え、自ら墓穴を掘ることになった。

この戦いには、独ソ両軍が大兵力を投入し、ドイツ軍が市街地にまで進攻したために、スターリングラードがドイツ軍の掌中に陥落することは、時間の問題であるかのように思われた。しかし、ソ連軍は驚異的な復元力・抵抗力を現わし、風前の灯火であった軍事的な劣勢を跳ね返し、攻防の形勢を逆転したのであった。

ドイツ軍は、第六軍司令官パウルス元帥を筆頭に将軍二四名を含む九万一〇〇〇名を数える将兵が捕虜になっただけではなく、このスターリングラードでの敗北を転機に、以後頽勢(たいせい)を挽回することはできず、敗北への坂道を転げ落ちることになった。

スターリングラード攻防戦は、第二次大戦の勝敗を画する典型的な頽勢挽回のケースになった。いったい何がソ連に軍事的勝利をもたらし、ドイツに軍事的敗北をもたらしたのか、作戦・戦闘の経緯を概観しつつ分析検討してみたい。

1 「バルバロッサ」から「ブラウ」へ

イギリスを屈服させるには

暗号名「バルバロッサ」は一九四〇年一二月にヒトラーによって名づけられた対ソ戦争案であり、半年後の四一年六月に実行に移された。作戦開始日の六月二二日は、奇しくも、一八一二年にナポレオンがロシア大遠征を開始した日の一日前のことであった。

バルバロッサ作戦（Unternehmen Barbarossa）の名称は、一二世紀のドイツ国王にして神聖ローマ皇帝でもあった、フリードリッヒ一世の通称「赤ひげ王」（バルバロッサ）に由来している。この作戦は、広大なロシアの領土を制圧するために、第一段作戦の段階から三つの作戦正面で展開されるものであった。すなわち、北海に面する要衝レニングラードを主目標にした北部正面、主に首都モスクワを志向した中部正面、重工業都市キエフ陥落を狙った南部正面の三つであった。ドイツ軍は、それぞれの作戦正面に対して、「北方軍集団」「中央軍集団」「南方軍集団」を編成し、作戦の実行に当たらせることとした（図4-1）。

なぜヒトラーは、このような大規模な作戦を計画したのであろうか。この疑問に答えるためには、ヨーロッパ戦線の全体像を明らかにしなければならない。

ここで少し時間を遡ってみよう。

一九三九年九月一日早暁、ドイツ軍は戦車部隊を中核とする機甲師団と空軍をもって東隣のポーランドに突入した。この戦闘は約二週間で終わり、九月中旬東側から侵攻したソ連軍との間で「二八日分割協定」が結ばれ、ポーランド政府は亡命し、国土は分割、占領された。これが第二次大戦の発端である。次いで、一九四〇年四月、ドイツ軍は北のデンマーク、ノルウェーに侵攻、五月一〇日には「黄色作戦」を開始し、西のオランダ、ベルギーに侵攻し、右翼からの攻勢を開始した。ドイツ軍は英仏軍の意表をつき、同月一五日、機甲師団が戦線中央のアルデンヌの丘からマジノ線を突破し、一気に海岸部まで進出して英仏軍の分断に成功した。その後ドイツ軍は残りのフランス軍を撃破し、六月一四日パリに入城、二二日休戦協定が締結された。

しかし、破竹の勢いで進撃したヨーロッパ西部戦線も、企図した対英本土上陸作戦がイギリスの頑強な抵抗（バトル・オブ・ブリテン）にあって挫折し、次第に膠着状態に陥りつつあるなかで、ヒトラーはかれ本来の計画である対ソ戦を考えはじめた。イギリスの持久力を挫くためにも、大陸に残されたこの大国を叩くことが必要であった。ソ連を屈伏させることができればイギリスも手を挙げざるを得ないであろう、というのがヒトラーの読

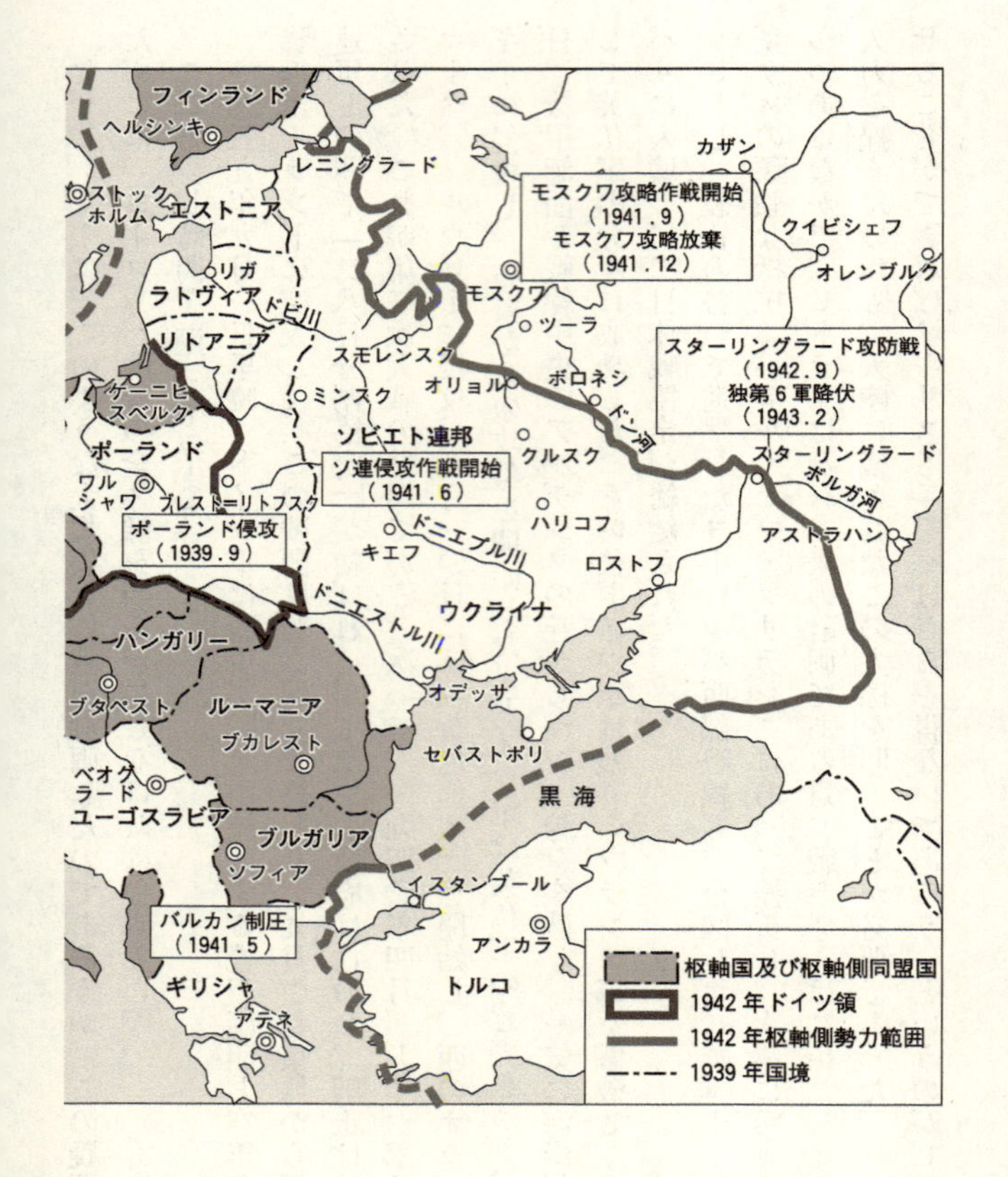
フィンランド
ヘルシンキ
レニングラード
ストックホルム
エストニア
リガ
ラトヴィア
ドビ川
リトアニア
ケーニヒスベルク
ポーランド
ワルシャワ
ブレスト=リトフスク
ポーランド侵攻
（1939.9）
カザン
モスクワ攻略作戦開始
（1941.9）
モスクワ攻略放棄
（1941.12）
クイビシェフ
オレンブルク
モスクワ
ツーラ
スモレンスク
ミンスク
オリョル
ボロネシ
ドン河
スターリングラード攻防戦
（1942.9）
独第6軍降伏
（1943.2）
ソビエト連邦
ソ連侵攻作戦開始
（1941.6）
クルスク
スターリングラード
ボルガ河
ハリコフ
キエフ
ドニエプル川
アストラハン
ロストフ
ドニエストル川
ウクライナ
ハンガリー
ブタペスト
ルーマニア
オデッサ
ブカレスト
セバストポリ
ベオグラード
ユーゴスラビア
黒海
ブルガリア
ソフィア
イスタンブール
バルカン制圧
（1941.5）
アンカラ
ギリシャ
トルコ
アテネ
枢軸国及び枢軸側同盟国
1942年ドイツ領
1942年枢軸側勢力範囲
1939年国境

図4-1　第2次大戦間のヨーロッパ戦線

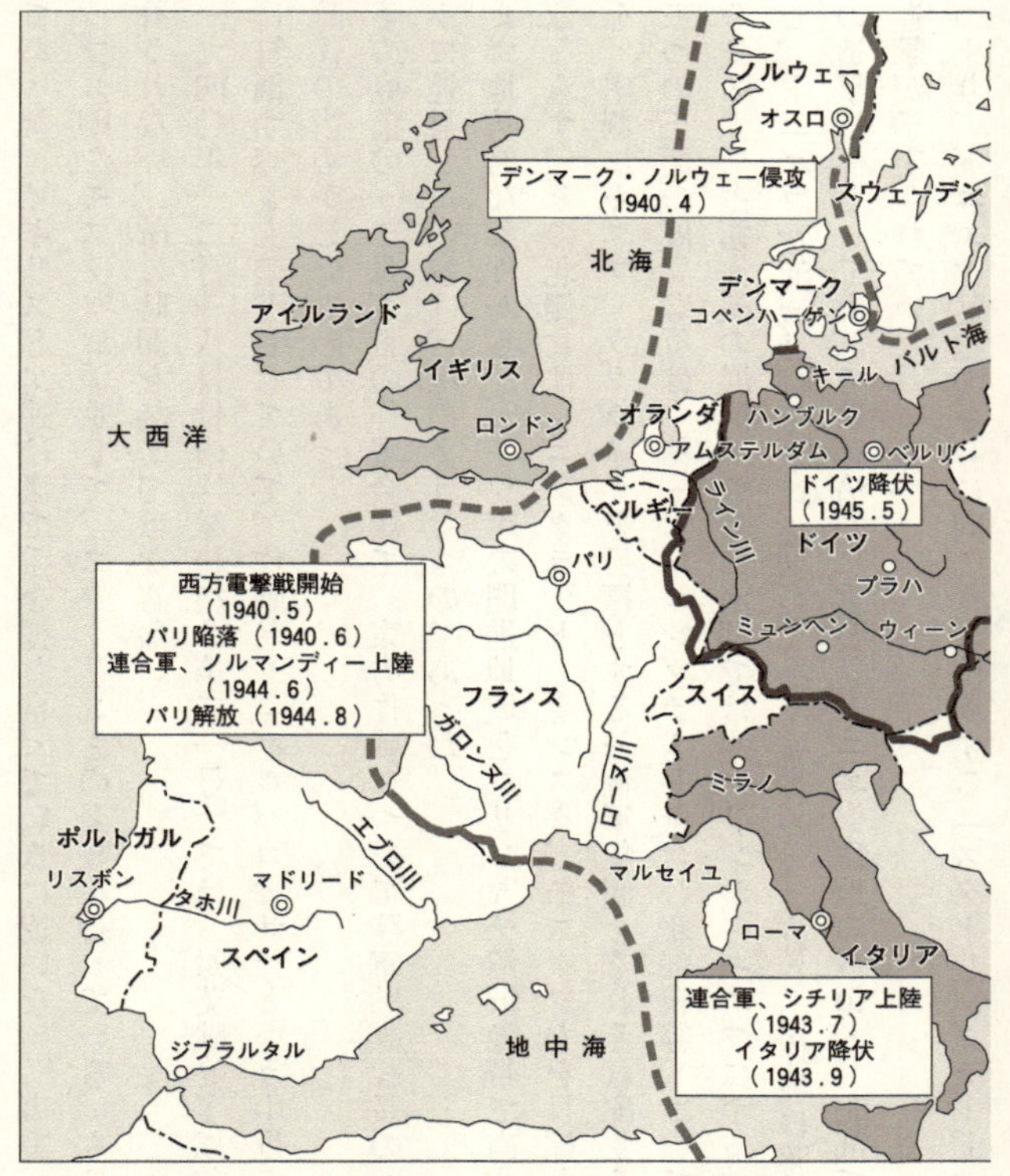

（出所）　ヴァルター・ゲルリッツ『ドイツ参謀本部興亡史』学習研究社、1998、一部修正

みであった。イギリスとソ連は裏で手を握り合っているに違いない。事実、イギリスはクリップス卿をモスクワに派遣して、スターリンとの会談を行っている。もはや一刻の猶予も許されない。敵に時間を与えてはならない。

一九四〇年一二月一八日付の「総統指令第二一号」では、対英戦終了以前にもソ連を迅速に打倒すべきものとされていて、作戦名も「バルバロッサ」という中世の神聖ローマ帝国時代の古めかしいものであった。

その直前の一二月五日の作戦会議で、東方作戦について陸軍参謀総長のハルダーがヒトラーに進言した内容は、次のようなものであった。

「まず地勢的な条件から、ドイツ軍の開進地域をプリピャチ沼沢地帯で南北に分割しなければならず、その北側にはレニングラードとミンスク、モスクワとを目標とする二個軍集団を、南側にキエフ、ウクライナを目標とする一個軍集団をそれぞれ配する」。

三つの正面の優先順位は、第一にレニングラードを含む北部戦線、次いで中部戦線におけるモスクワ占領作戦の展開、さらに南部ではルブリンからキエフに至る地域を同時に攻撃し、ドニエプル河流域にまで攻め込むものとされた。それらの作戦に勝利を収めた後、次の追撃目標として南部では経済的に重要なドニエツ盆地の占領と、北部ではモスクワへの進撃が予定されていた。

つまり、ドニエツ盆地のさらに向こうに位置する「スターリングラード」は、バルバロッサ作戦が策定された段階では、第二段作戦の範囲にも明確には組み込まれてはいなかったのである。

四一年六月に開始されたバルバロッサ作戦（図4-2）は、三〇〇万を超えるドイツ軍による電撃戦によって開始された。当時、既にドイツのソ連攻撃を示すいくつかの事実が明らかになっていたにもかかわらず，スターリンは、ソ連軍が攻撃に対する防備を施すことを許可しなかった。それどころか、「ドイツ側の挑発に乗ってはならぬ」とする指示を出していた。なぜスターリンがこのような対応を指示したかについては、かれがソ連軍によるドイツに対する先制攻撃を考えていたためとする見方もあるが、現在に至るまで謎とされている。

結果として、不意をつかれた形のソ連軍は敗北を重ねた。この緒戦の勢いが続けば、比較的短期間でのドイツの勝利が実現しそうな情勢であった。北部ではレニングラードこそ陥せなかったが、かなりの地域を占領したし、中部でもモスクワまであとわずかの距離にまで奥深く侵攻した。南部戦線でもキエフ包囲作戦に成功し六〇万以上のソ連軍将兵が捕虜になった。

しかし、やがてその年の一二月になるとソ連に強大な援軍が現れた。古くからの同盟軍、寒気冬将軍の到来である。泥寧と氷雪の酷寒の大地がドイツ兵と戦車の足を引っ張り、ほとんど身動きできなくした。ソ連軍の抵抗はそれにもまして頑強であった。かれら

図 4-2　バルバロッサ作戦

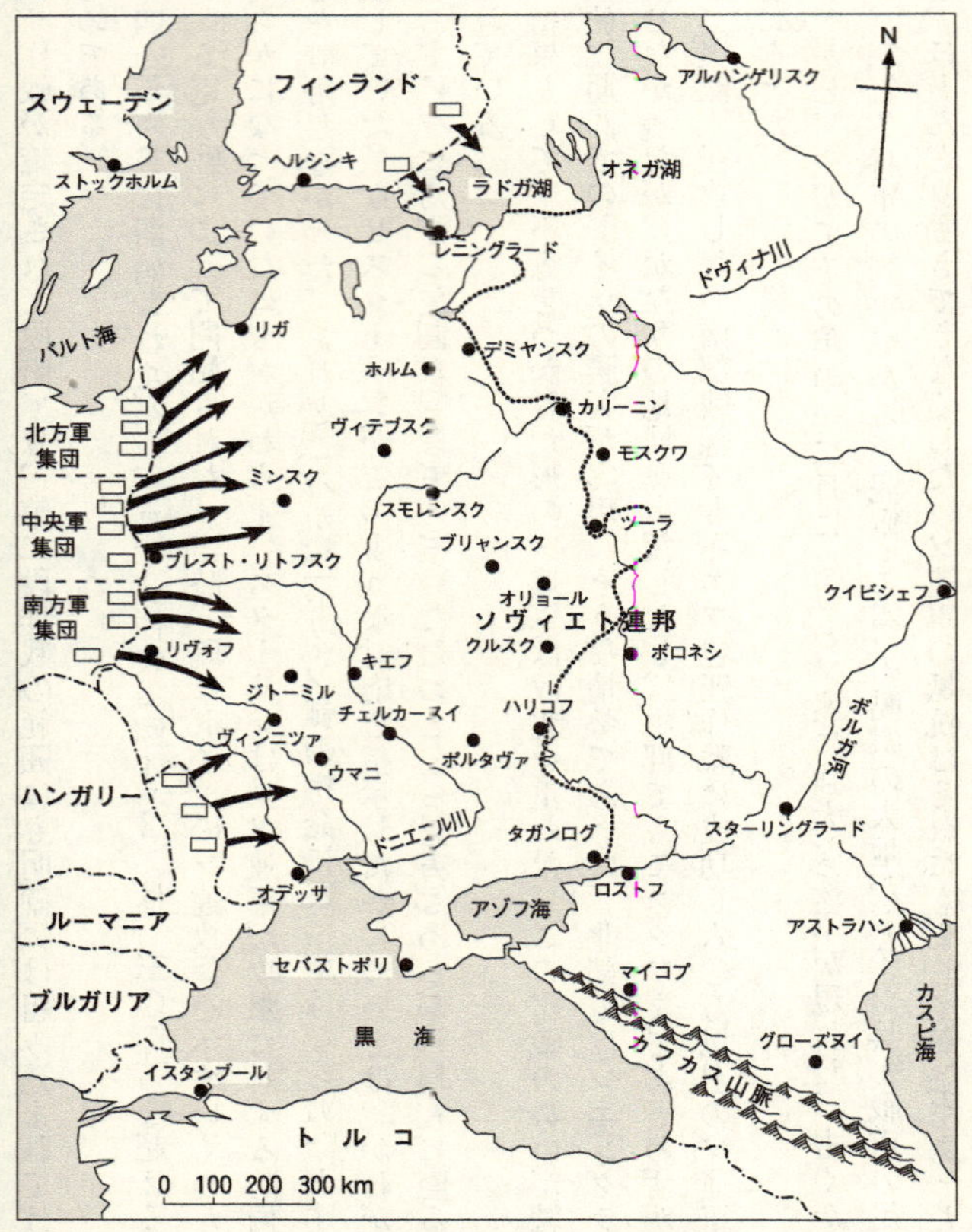

（出所）　アントニー・ビーヴァー『スターリングラード』朝日新聞社、2002、一部修正

は自らの国土が他国の軍隊によって踏みにじられることを拒否した。ナポレオンとの戦いは祖国の存亡を賭けた「祖国戦争」と呼ばれた。二〇世紀の戦争はそれにもまして祖国を危機に陥れつつあった。スターリンは「大祖国戦争」という名前を与えることによって対独戦の意味を伝えようとした。これによって、ソ連の国民はヒトラーの軍隊との戦いの意味を理解することができた。

矛先は南部へ——浮上するスターリングラード

一九四二年に入ってようやく長く厳しい冬が終わりを告げるころになると、ヒトラーは攻勢の矛先を一転して南部に集中することを決意した。それは北部および中部での戦線がソ連の反撃にさらされて膠着状態に陥り、それをようやく支えるだけの状況であったのに対し、比較的ソ連軍の手薄な南部に兵力を集中し、一気に形勢の転換を図ろうとしたものである。一九四二年四月五日付の「総統指令第四一号」(ブラウ〈青〉作戦)は、次のような状況判断とそれに基づく戦略を指示している。少し長いが、その後のスターリングラード戦の位置づけを明らかにするうえで不可欠と思われるので、主要部分を引用してみよう。

「ロシアにおける冬季戦も終結に近づいた。東部戦線将兵の卓越せる勇気と犠牲をいとわぬ努力により、ドイツ軍は大いなる防戦成果を獲得した。敵は人員資材に甚大な損失を受けた。緒戦の部分的成果を利用しようとした敵は、将来の作戦のため保有しておいた予備兵力の大半をこの冬に消費してしまった。

天候と土地の状況が好転し次第、ドイツ軍指導部と部隊は主導権を奪取しなければならない。目標はソ連軍にまだ残っている戦力を徹底的に破壊し、その最重要な戦争経済上の資源を可能な限り無力化すること。このためドイツ国防軍と同盟国軍の全力を傾けるが、その際、ヨーロッパ西部、北部の占領地域、ことに海岸線はいかなる理由ありとも確保すべきことが保証されねばならぬ。

〈一般的意図〉

東部作戦当初の原則を維持しつつ、中部では現状を守り、北部ではレニングラードを占領してフィンランドと陸路連絡をつけ、南部ではカフカス地区へ突入する。冬季終了後でもありこの目標を集めうる兵力、資材および輸送事情により、段階的に達成するものとす。レニングラードの最終的攻略とインゲルマンラントの占領は、包囲地区内の状況の変化もしくはその他の十分な兵力の流用がそれを可能にするまで待つ」

この総統指令にも明らかなように、この段階ではヒトラーは対ソ戦においては中部および北部の戦線では現状をできるだけ維持するように努めながら、ドイツ軍の攻撃主力を南部地区の作戦に投入し、マイコプ、グローズヌイ、バクーなどのカフカス地区の油田の奪取と、そこからロシア深部への交通路の遮断を狙っていた。事実、ここはソ連にとってアキレス腱といってよかった（図4-3）。

この時期、ヒトラーはソ連軍を支えている主な要因は、武器貸与法による米英からの援助物資供給にあると見ていた。だからカフカスへ進撃することによってヒトラーは、米英からの大量の支援物資輸送を断とうとした。しかし、ドイツ軍にとってはスターリングラードの街そのものは、この時点では主要な攻略目標ではなく、その占領までは考えていなかったのである。

実際、同じ総統指令は東部戦線の主要作戦の中でスターリングラードへの進撃を命じているが、「スターリングラードに到達するか、少なくともそれを制圧し、軍需産業、交通の中心としての役割を果たせぬようにせよ」と述べるにとどまっている。

このようにドイツ軍の一九四二年夏季攻勢の目標はカフカスとスターリングラードの二カ所であったが、後者はあくまでもカフカス進撃のための足掛りにすぎなかった。それは次のようなブラウ作戦実行の最高司令官の言葉によっても確認されている。

「スターリングラードの占領というのは、本来の主目的の補助であった。そこはドン河とボルガ河との間の狭隘地帯で、われわれの側面を東から突いてくるロシア軍を食い止めるのに適当な要地であるというためだけの重要性しか持たなかった。当初スターリングラードは、われわれにとって地図の上の名前以上のものではなかったのである」（クライストA軍集団司令官）

図 4-3　1941 年末の独ソ戦線

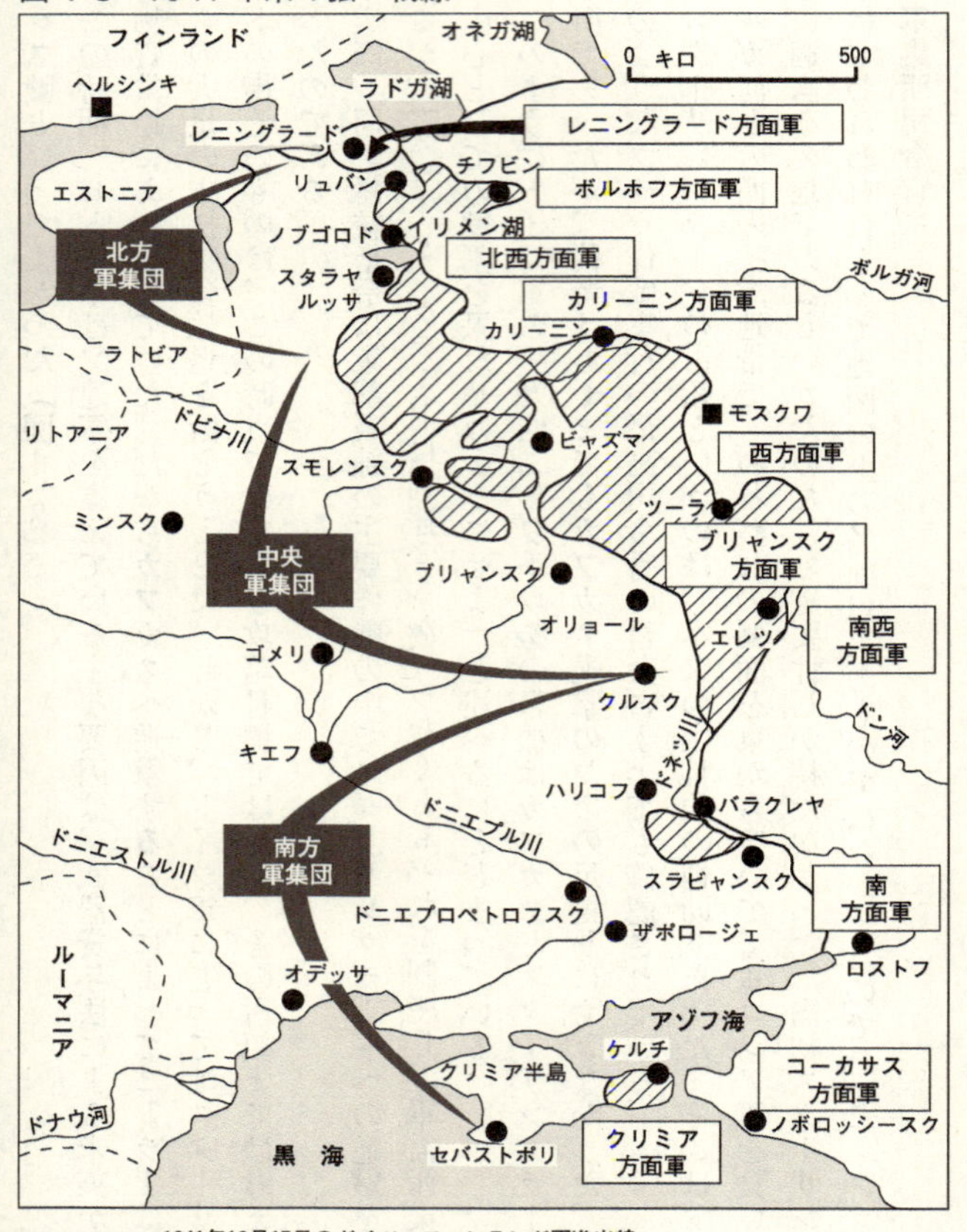

1941年12月15日のドイツ、フィンランド軍進出線

1941年12月 6 日から 1942年 4 月末までにソ連軍の奪還した地域

（出所）　ジェフレー・ジェークス『スターリングラード』サンケイ新聞社出版局、1971、一部修正

「スターリングラード占領とは有用ではあるが必要とも言えなかった」（パウル・カレル『バルバロッサ作戦』）

2　一九四二年夏――ドイツ軍の急襲・包囲戦

圧倒的な勢い

ヒトラーは「ブラウ作戦」を実行するために、南方軍集団司令官フェンダー・フォン・ボック元帥に巨大な戦力を与えた。すなわち、ドン河に沿う北方の攻勢に第四装甲軍（ホト上級大将）と第六軍（パウルス上級大将）が加わり、南方には第一装甲軍（フォン・クライスト上級大将）と第一七軍（ルオフ上級大将）が加わる。さらに第一一軍（フォン・マンシュタイン上級大将）も、クリミア半島を制圧し、セバストポリ要塞を占領すれば、そこから北上して作戦遂行への参加が可能であった。このほかに、南方軍集団の指揮下には衛星国のルーマニア第三、第四軍、イタリア第三軍、ハンガリー第二軍が編入され、全体の総兵力は八九個師団、うち九個師団が装甲師団という極めて強大な軍事力をもつに至った。

一方、ソ連軍は、一九四二年五月はじめに、この地域（南西戦区軍およびカフカス戦区軍）には合計で七八個師団と戦車一七個師団を保有していた。

一見すると、両軍の勢力はほぼ拮抗(きっこう)するように見えるが、ソ連軍の師団は、完全定数では枢軸軍の師団の三分の二から四分の三にすぎなかった。また、戦車や航空機の運用についても、ドイツの電撃戦の経験は豊富であった。つまり陸上兵力の総数だけでなく、機動力においてもドイツが上回っていたのである。

しかも、五月に入ってからのハリコフを中心とする地域でのわずか三週間の攻勢でドイツ軍は装甲軍を中心とする得意の電撃戦を展開し、ソ連の六個軍（三四個師団）を壊滅させ、四〇万九〇〇〇名を捕虜にし、砲三一五九門、戦車一五〇八台を破壊、あるいは捕獲した。この緒戦の結果によって、戦車兵力でみれば、ほぼ八対一でドイツ軍が優勢になった。

他方、クリミア半島でも世界最強とうたわれた要塞セバストポリが七月三〇日に陥落し、半島全域がドイツ軍の手に落ちた。ここでもソ連軍は一五個師団のうち五個師団を失っただけでなく、黒海における主要海軍基地をすべて喪失した。攻撃に当たっていたドイツ軍のマンシュタイン率いる第一一軍は、計画通り、既に始まっていたカフカス、スターリングラード戦線へと矛先を転じつつあった（図4-4）。

ブラウ作戦に基づく、ドイツ軍の南方軍集団による夏季攻勢の第一段階は六月二八日のボロネシ攻撃によって開始された。この時、ソ連軍は懸命に防戦に努めたが、怒濤(どとう)のように押し寄せるドイツ軍の攻撃によって七月七日にはボロネシ市西部を明け渡すことになっ

図4-4　1942年5・6月、ブラウ作戦

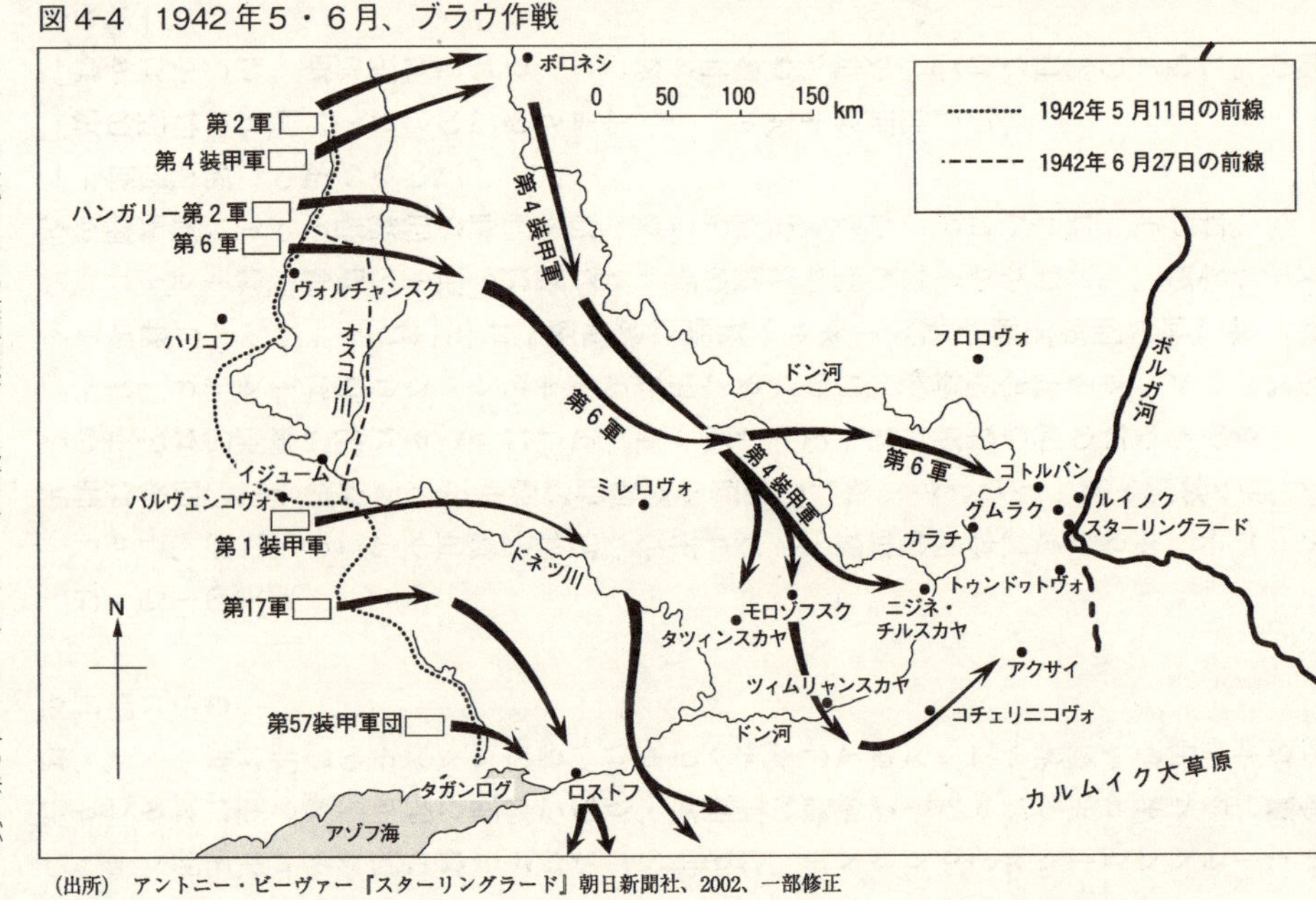

（出所）　アントニー・ビーヴァー『スターリングラード』朝日新聞社、2002、一部修正

た。ドン河とボロネシ河にはさまれたこの部分は、モスクワからスターリングラードおよびカフカスに至る鉄道が通る地域であり、交通上の要衝でもあった。ボロネシを占領すれば、ドイツ軍は北方のモスクワあるいは東方へ進撃してモスクワを背後から包囲することが可能になる。

ヒトラーの失策

しかし、突然、そこで不可解な状況が発生した。ソ連軍の司令官であるティモシェンコ元帥は第四〇軍を集結させて頑強な防御戦を展開したが、まもなく一部の部隊を残して、その主力は包囲網を抜けるようにして、東へ向かって一斉に後退を始めたのである。

一方、ヒトラーは自らワクライナへ進出するために、総統司令部をウクンニツァの近くまで移していた。七月二三日、陸軍参謀総長ハルダー大将が戦況説明に呼び寄せられた。ヒトラーは、事前の予想とは異なりソ連の抵抗が弱いにもかかわらず、優秀なドイツ軍が殲滅戦によって最終的な勝利を収めることができないことにいらだっていた。

「一体何が起こっているのだ」

「敵の退却は計画によるものであります」とハルダーは推理した。

「ばかばかしい。敵は逃げておる。ここ数カ月でわが軍から受けた打撃のために、崩壊中なのだ」

ヒトラーは断固として言い放った。

その日ヒトラーは新たに南部正面の攻撃に関する総統指令(第四五号)を出した。それは極めて楽観的な色彩に色どられていた。

「I 三週間と少々の作戦で余が東部戦線南翼に課した大目的は、大体において達成せられたり。包囲を逃れてドン南岸に達したのはティモシェンコ軍のごく一部のみ。

(以下略)

II その後の作戦目標

1 A軍集団の次の任務はドン河を渡って逃れる敵兵力をロストフ南方、南東方で包囲殲滅すること。

2 ドン河南部の敵兵力を粉砕せしのちA軍集団の最重要任務は、黒海東岸全域を占領し、黒海諸港と敵黒海艦隊の機能を奪うこと。

3 同時に主として快速部隊をもって編成されたる兵力が、東の側面援護を除きグローズヌイ地区を占領し、その一部をもってオセット、グルジア軍道を、できれば峠において封鎖せよ。次いでカスピ海沿いに進出し、バクー地区を占領せよ。

4 B軍集団の任務は、既に命令したごとく、ドン防衛線構築とならび、スターリングラードへ進出して同地に集結中の敵戦力を粉砕のうえ同市を占領し、ドン＝ボルガ間の地峡部を封鎖すること。それに呼応して快速部隊はボルガ河に沿ってアスト

図 4-5　1942 年 6・7 月、ドイツ南方軍集団の作戦

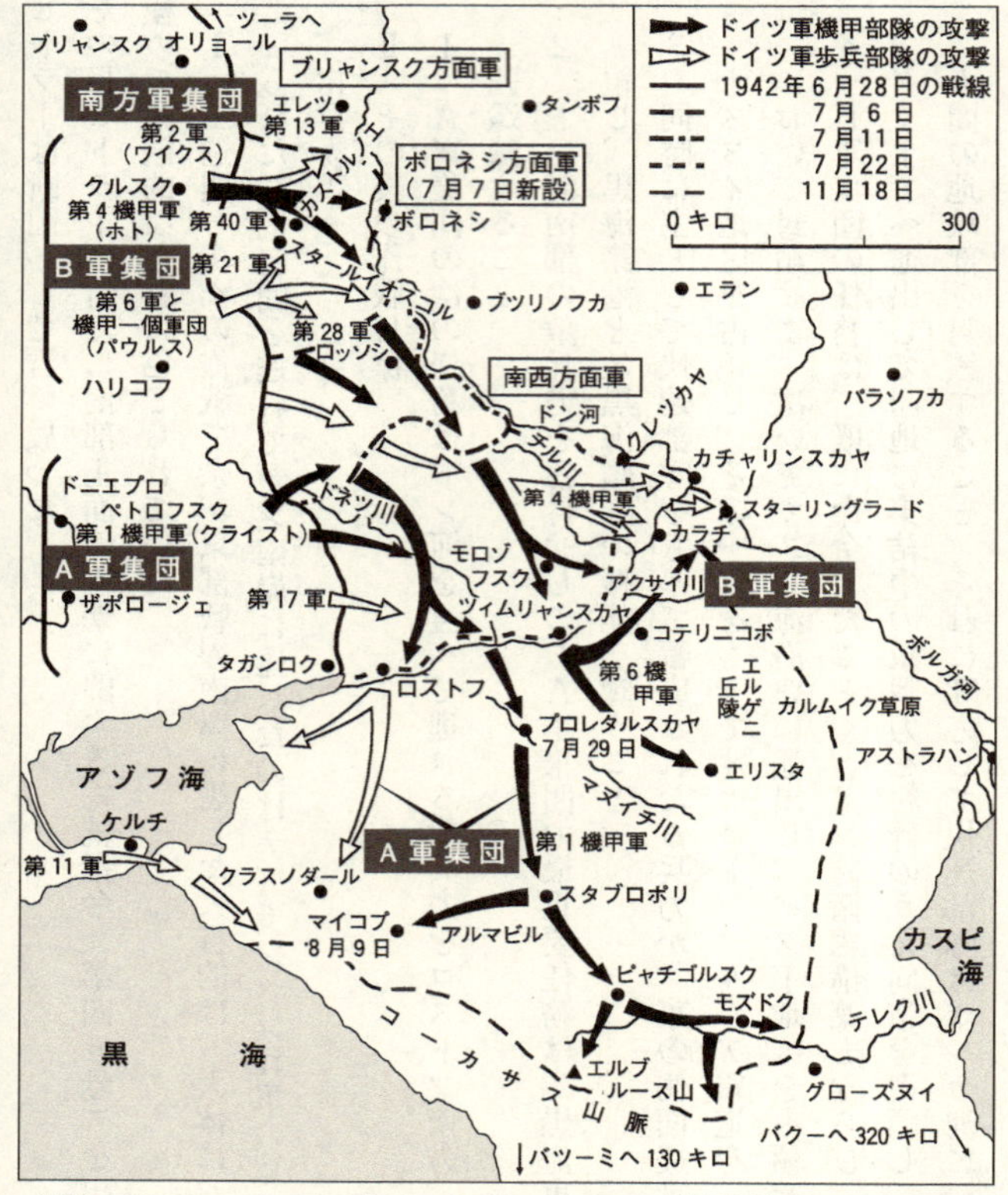

(出所)　ジェフレー・ジェークス『スターリングラード』サンケイ新聞社出版局、1971、一部修正

ラハンまで進出、そこでボルガ河主流を封鎖すべし」

この新しい総統指令の結果、ドイツ南方軍集団の主戦力はA、Bの軍集団に二分され、B軍集団の任務はスターリングラードそのものの占領に向けられることになった（図4-5参照）。しかし、これは言うまでもなく、まずスターリングラードを占領し、次いでカフカスに攻め入って石油を奪うことになっていた、ブラウ作戦（総統指令四一号）とは一致しないものであり、スターリングラードはカフカス戦線の側面的、副次的目標にすぎないというブラウ作戦全体に通ずる作戦思想の根本的転換でもあった。いずれにしろ、この新たな総統指令に基づいて装甲師団の進撃速度は一段と速められることになった。

しかし、ソ連軍の退却は、ボロネシにあくまで留まって包囲されるのを避けるために、守りやすい位置までドイツ軍を引き込むことを意図したものであった。そのため、ドイツ軍北翼主力をボロネシ前面に引き留めて時間を稼ぎ、その間にボロネシ方面軍の主力をオスコルから南下してドネツまで後退させ、さらにドン河を越えさせようとしていたのである。ソ連軍の最終目的地は「スターリングラード」であった。

基本方針崩壊の始まり

結局、ドイツ軍はこうしたソ連軍の戦略的な後退に注意を向けることなく、七月一三日まで第四機甲軍の大部分をボロネシに釘づけにされる結果となった。これによって生じた時間的な遅れは、ブラウ作戦の遂行（第三段階）の全体に大きな打撃を与えた。とりわけ、機甲師団によるスターリングラードへの急速進撃という基本方針が崩れ始めていた。

しかし、ヒトラーは、ソ連軍の後退をみて、いよいよソ連軍の命運が尽きつつあると信じた。ソ連軍の後退を逃走、瓦解、士気低下ととらえたのである。これはヒトラーの重大な事実誤認である。たしかに、ソ連軍側も雪崩を打つように退却を重ねるなかで、あちこちでパニック状態を生じていたが、ティモシェンコ将軍の意図は、最終的な抵抗のために内陸部深くに主力を配置し、力を蓄えることにあったからである（パウル・カレル『バルバロッサ作戦』）。

ヒトラーの軍隊は、ソ連軍の戦略的、組織的後退に誘い込まれる形で、ロシアの大地を奥へ奥へと進んでいった。ドイツ軍の南部正面での目標はカフカスとスターリングラードの二カ所にあったが、既にブラウ作戦の一般的意図でも明らかにしたとおり、当初は、スターリングラードはカフカス進撃のための防衛的な目標としてとらえられていた。ところがヒトラーは一方でスターリングラードへの急進撃を命じながら、他方でその南西約四〇〇キロにあるロストフを中心とするドン河下流地域に対する包囲戦を展開しようとしていた。そのため、スターリングラードへ向かっていた虎の子の第四装甲軍の進路を変更して南に向かわせたのである。

第一装甲軍の司令官であるクライストは、この間の事情を次のように説明している。

「第四装甲軍は、私の左をスターリングラードの方向に向かって進撃していた。おそらく七月の終わりまでには、一戦も交えることなしにスターリングラードを獲っていたろう。ところが、それがドン河を渡っていた私の軍を助けるために南へ回った。私の方は別に援助を必要とはしなかったのみならず、それによって、かえって私の使っていた道路を混雑させただけになった。二週間たって北へ反転した時には、もうロシア軍は、それを阻止するに十分なだけの力をスターリングラードへ集めていた」

その結果、パウルスの率いるドイツ第六軍は、単独でスターリングラードへ向かったが、本来それを支援し、先導すべき第四〇装甲師団もロストフへの転出を命じられていた。さらに、前述のように、ヒトラー総統司令部は、七月一三日に南方軍集団そのものを、カフカス戦線を志向するリスト元帥指揮下のA軍集団と、スターリングラードに向かうフォン・ヴァイクス上級大将指揮下のB軍集団とに二分してしまった。

結局、ヒトラーはスターリングラードを取ろうとしながらも、しかもその目をカフカスへ向けたために取りそこない、さらにいつまでもスターリングラードにこだわっていたために、今度はカフカスをも失う羽目になったのである。

ドイツ軍にとってのもう一つの問題は、それがイタリア、ルーマニアなどの複数の「同盟国」の軍隊から構成される混成部隊であるという点にあった。これはソ連軍との東部戦線が南部、中央部、北部という三つの正面で戦われており、そのうえ南部ではさらに二つの目標を狙うために十分な兵力の確保が困難であったためにとられた処置である。前年の一九四一年にも同盟国の軍隊はドイツ軍と共同して戦ったが、その時はドイツ軍の戦闘序列に組み入れられて戦ったため、大きな混乱は生じなかった。しかし、同盟国軍の側からは、他国の軍隊の指揮下におかれることについて不満が渦巻いていた。そのため、今回の場合には、これらの同盟国軍は国ごとに軍団や軍を編成して戦うことになった。それは、結果として、ドイツ軍の戦線に大きな弱体部分「柔らかい脇腹」ができることを意味していた。

一方、同じ七月一三日に、クレムリンではスターリンが作戦会議を主宰していた。出席者は、外相モロトフ、ウォロシーロフ元帥、参謀総長シャポシニコフ、および連合国軍の米、英、中国の連絡武官各一名。

この会議で参謀本部は「犠牲を無視した死守」が軍事的に見て無理であるとして一時的な後退の提案を行った。すなわち、ボルガとカフカスまで後退し、そこに防衛線を張り、ドイツ軍を次の冬に苦しませる。それにともない重要な軍事工場はウラルとシベリアへ疎開させるというものであった。

しかしスターリンは、あくまでもボロネシ防衛を主張した。既に命令二二七号によって「一歩たりとも後退するな」と主張し、脱走、臆病な行為、パニックに対しては違反者は即座に銃殺することを厳命していた。しかし、かれは過去の苦い経験に照らして、最終的に参謀本部の提案を受け入れた。この会議の結果についての情報はすぐにヒトラーの耳にも達したが、かれの方はそれをデマだと決めつけてしまっていた。

3　スターリングラード攻防戦——市街戦の展開

衰えるスピード、詰まる補給

スターリングラードに向かうドイツB軍集団の先鋒は、フリードリッヒ・フォン・パウルス将軍率いる第六軍であった。最初に同軍は、ドン河とドネツ河中間地帯北側を南下し、南側を進む第四装甲軍に助けられる形で着実に前進を続けることができた。第六軍はドン河の大湾曲部に進軍し、七月末の数週間にドン南方のソ連軍橋頭堡に近づいていた。そこからスターリングラードへ続く平坦な道はあと一息の距離に見えた。

しかし、歩兵を中心とした徒歩の軍隊は、急速の進撃と夏の暑さの中で次第に消耗し、そのうえ、ドン河中流に沿って次第に伸びてきた自分の側面を援護するために、少しづつ師団を後ろへ残さなければならなくなっていた。兵力の分散は当然攻撃力の低下につながり、ソ連軍の激しい抵抗に遭遇するなかで、進撃のスピードは急速に衰えていった。

そのうえ、ヒトラーがカフカスとスターリングラードという二つの目標の同時攻略を強要したため、補給も二分せざるを得なくなっており、弾薬と燃料が不足する事態になり、

図 4-6　1942 年 8 月、カラチ周辺の攻防

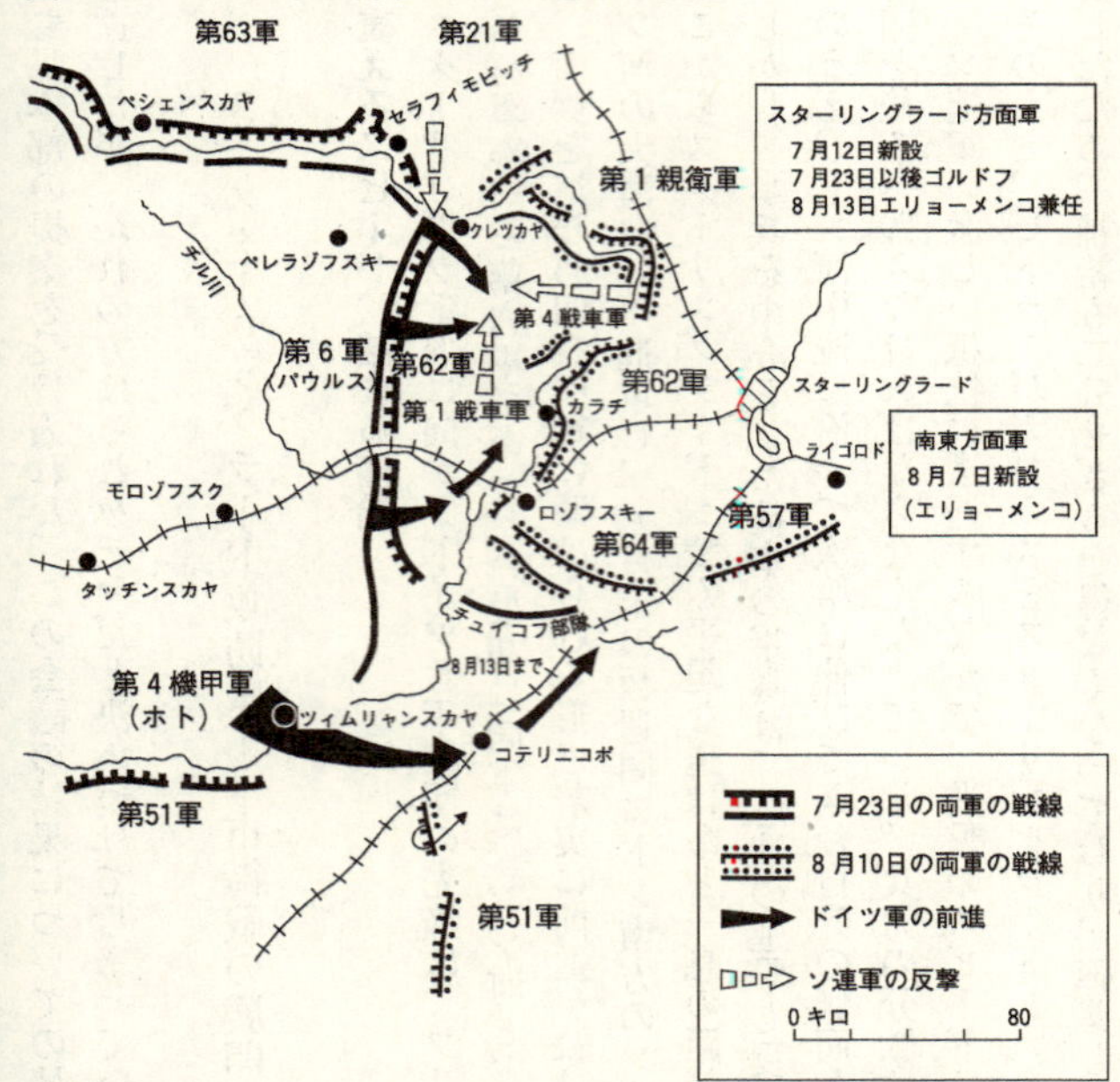

(出所)　ジェフレー・ジェークス『スターリングラード』サンケイ新聞社出版局、1971

第六軍の戦闘力そのものが落ちていた。この二つの目標の間は五五〇キロにも及んでおり、二つの作戦は扇形に広がる戦線を間に、まったく別々のものとして展開しなければならなかった。当然、南方のカフカスのほうが補給距離も長かったため、ドイツ軍参謀本部は、燃料輸送の重点をカフカスへ移した。その分スターリングラード戦線への補給は手薄になった。

事実、第六軍は燃料の大半をカフカス戦線に回されてしまったために、指揮下の第一四装甲軍団は、実に一八日間にわたって身動きが取れずにいた。それがスターリングラード防衛のソ連軍に貴重な時間資源を与える結果になった。他方、ソ連軍はスターリングラードの西方七〇キロのドン河大湾曲部に位置するカラチに防衛線を張ることに成功した。しかし、それもドイツ軍が優勢な装甲軍団を集結して攻撃に移ると、長くは持ちこたえられなかった(図4-6参照)。

八月八日に至って、ソ連軍のカラチ防衛隊は完全に包囲され、戦車、装甲車一〇〇〇台と砲七五〇門が捕獲あるいは破壊された。勢いに乗るドイツ軍は八月一六日に、カラチ大鉄橋を占領した。いよいよドイツ軍の次の目標はスターリングラードである。

本来は脇役のはずが……

スターリングラードはその名が示すように、スターリンが一九二〇年に当時ツァーリツィン(ツァーリ〔皇帝〕の街)と呼ばれたこの街で白軍を撃破した記念すべき場所である。市はその時のスターリンの功績を称える意味でスターリングラード(スターリンの街)と改名された、ボルガ河(河幅約一五〇〇メートル)の西岸に位置する縦に長い都市で、河に沿って南北に四〇キロに及んでいる。周辺の接近路は坦々とした平原であるが、街そのものには低い丘が無数にあり、高い河岸段丘に街がつくられている。人口は約五〇万、ロシア南部の工業の中心地の一つであった。主な工場には、製鉄、兵器、トラクター製造工場があり、また鉄道と道路輸送のための渡船設備があり、交通上の要衝でもあった。

もしドイツ軍がスターリングラードを占領すれば、ボルガ河の南北の大水系を分断し、カフカス攻略の拠点を確保し、その豊かな石油資源を押さえ、さらにトルコにまで勢力を伸ばし、カスピ海、イラン経由の連合国のソ連への物資輸送を阻むこともできる。ヒトラーにしてみれば、何としてでも奪取したいと思われる街であり、反対にスターリンには絶対に取られてはならない街であった。

しかし、「スターリンの街」という名前がヒトラーを挑発し、催眠術をかけて戦略的判断を誤らせ、本来の主攻目標であるカフカスをはじめとして、あらゆるところから軍隊を引き抜いてきて攻撃に当たらせ、結局、軍を消耗戦に巻き込んでしまった。やがてはそれは東部戦線におけるヒトラーの勝利の終わりを告げることになる。

スターリンはドイツ軍の攻撃に備え七月一二日にスターリングラード方面軍を特別に編成し、それをティモシェンコとフルシチョフ（党政治委員）に指揮させた（ティモシェンコは七月二二日に解任され、ゴルドフ中将が後任に任命された）。スターリンは参謀本部の主張によって渋々後退策をのんだが、ここからはもう一歩も引くつもりはなかった。

「よろしい、スターリングラード方面軍の編成を命ずる。市そのものは第六二軍が最後の一兵に至るまで守り抜くのだ」

攻防戦の開始

七月末のスターリングラード攻防に向けた両軍の兵力は次の通りである。

〈ソ連軍〉

三八個師団、兵員約一八万七〇〇〇人、戦車三六〇台、軍用機三三七機、砲七九〇〇門

〈ドイツ軍〉

兵員二五万人、戦車七四〇台、軍用機一二〇〇機、砲七五〇〇門

数の上では明らかに、依然ドイツ軍が優勢である。

パウルスのスターリングラード攻略計画は、ドンからボルガへ回廊をつくり、スターリングラードを北側で封鎖しておいて、南から占領するというものであった。圧倒的に優勢な航空兵力によって、制空権は完全にドイツ軍が掌握していた。また、第四装甲軍も南への進撃から反転してスターリングラードへ向けて北上しており、八月二日にはスターリングラードまで一三〇キロに迫るコテリニコボに達した。さらに八月七日には第六二軍の左翼を撃破して、わずか三〇キロの地点まで攻め上ってきた。

こうした事態に対処するために、八月五日、ソ連軍は、それまで二分されていたスターリングラード方面軍と南東方面軍を再びエレメンコの統一指揮の下におくこととした。

一方、パウルスは八月二五日までにスターリングラードを占領するようヒトラーから厳命されていたため、総攻撃の日（X日）を八月二三日に決定した。ドイツ軍は北と南と西の三方から攻撃を仕掛けてきた。空からはドイツ空軍が、この日に延べ二〇〇〇機以上の航空機を出撃させて、徹底的な「恐慌爆撃」を敢行した。戦車の大軍はキャタピラを激しくきしませてスターリングラードへ殺到した。その日の夕暮れ時には最初のドイツ戦車がボルガ河に足を掛ける地点まで進出してきた。スターリングラードはまさに風前の灯、いやもう既に光を失いかけていた。

翌日もドイツ軍の猛攻撃は続いた。「悲しみと死が、スターリングラードの何万もの家庭に入り込んだ」（チュイコフ『ナチス第三帝国の崩壊』）。ナチスはこの総攻撃の勝利に酔って「ボリシェビィキの要塞はいま総統の膝元に屈している」と大声をあげていた。

スターリンは、二三日の夜に急拠、党書記マレンコフ、空軍司令官ノビコフ、戦車生産担当次官のマルイシェフの三人からなる特別調査委員会をモスクワから派遣してきた。二四日早朝スターリンはやっと通じた電話でメッセージを伝えてきた。「スターリングラードはドイツ軍を撃退するのに十分な力を持っている。直ちに撃退せよ。臆病風に吹かれるな」

さらにその翌日の二五日の夜、スターリンは、参謀総長のワシレフスキーに対しスターリングラード北方に急行することを命じ、二七日には、西部戦線にいたジューコフを最高司令官代理という自分に次ぐナンバー2の地位に任命し、二九日早朝にはスターリングラードに急派した。そうしておいて、スターリンは将来の作戦用の戦略予備軍以外の、およそ手に入るすべての予備軍をスターリングラードに動員した。

風前の灯火

ドイツ軍の空と陸からの猛烈な爆撃は、一夜のうちにスターリングラードの主要部分を廃墟に変えてしまった。しかし、それがドイツ軍にとって皮肉な結果をもたらすことになる。破壊された大きな建物はソ連軍の格好の遮蔽物(しゃへいぶつ)になり、道路は大量の瓦礫(がれき)で埋まり、戦車の走行をいちじるしく困難なものにした。

ドイツ軍は、再び北と南の両方向からスターリングラードへの正面攻撃をかけてきた。パウルスの歩兵部隊、装甲部隊とホトの第四装甲軍とが共同して包囲作戦を展開したのである。九月三日には市を取り巻くきれいな包囲陣が完成したが、中のソ連軍はもぬけの殻であった。それより先に、ソ連軍の最高統帥部(スタフカ)は「大部隊が包囲されるのを絶対に避けること」という新しい戦術を決定していた。危機を察知したエリョーメンコ将軍が果敢な撤退戦略を実行したからである。再びソ連軍の肩透かしにあった形のドイツ軍はさらに進撃を続け、七日にはスターリングラード外縁まであとわずか四キロの地点に達した。

もっとも、この段階でのソ連軍の撤退は困難をきわめた。「スターリングラード前面の

この最後の数キロを撤退し、敵兵力と軍事能力とその主導権を見せつけられるのは、いかにもつらかった」（チュイコフ）

またスターリングラード市民もその例外ではありえなかった。

「スターリングラードからボルガへの道路は大混乱であった。コルホーズ農民、ソホーズ労働者の家族が、ボルガの渡しめざして家畜を追い、家財道具を背負って避難していた。スターリングラードは燃えていた。ドイツ軍がすでに市に入ったという噂がパニックをまきおこした」（同右）

しかし、スターリンは自分の名前を冠した都市をやすやすと放棄することなど考えることができなかった。こうした事態に対応するため、スターリンが共産党政治部員で腕利きのフルシチョフを政治的軍事顧問として戦線に派遣したのも、その強い不退転の決意の表れであった。彼の役割はこの方面軍の政治局を監督し、軍隊の教化宣伝、士気高揚と厚生の責任を負うことである。

しかし、現実の戦いは士気を阻喪させるようなものばかりであった。あいつぐ激しい攻撃によって師団の多くは定数を大きく下回り、辛うじて中隊程度の兵しか残っていなかった。こうした中で第六二軍司令官パロチン中将は、次第に戦況について悲観的な見方を取るようになり、戦意を喪失した。しまいには命令を待たずに部隊を撤退させるような状態になってしまった。

「モスクワ方式」で戦う——戦略的持久プラス逆包囲

スターリンはモスクワで気をもんでいた。九月一二日に前線から呼び戻したジューコフと参謀総長のワシレフスキーの三人で、戦略の再検討を行うことにした。情勢を詳細に検討したが、ジューコフとワシレフスキーは劣勢を挽回するためには「モスクワ方式」が最も望ましいという結論に達した。前年の四一年にヒトラーのモスクワ進撃を阻止した戦略を再現しようというのである。すなわち、最小限の兵力でスターリングラードをできる限り維持し、ドイツ軍を消耗させながら、シベリアからの増援部隊も含めて一〇月までに戦略予備軍を新編成し、そのうえでソビエト予備軍の全兵力を投入して一大反撃に出るという戦略である。

具体的には、スターリングラード防衛軍が市を維持している間に、ドイツ軍の弱い翼、すなわち「柔らかな脇腹」、特にルーマニア人部隊の守っている南と北との翼部に主力攻撃をかけ、スターリングラードを包囲しているドイツ主力部隊を、その外側から逆に包囲しようという作戦であった。つまり「戦略的持久戦」と「逆包囲戦」を組み合わせて一つの統合的な戦略として展開しようという、スケールの大きな構想であった。成功の確率は決して高くなかった。少なくとも一一月中旬までは、ソ連軍の反攻準備は整わないと思われたからだ。その間に、ドイツ軍がカフカスやスターリングラードで攻勢に出て、ソ連軍を打ち破るようなことがないであろうか。

この作戦が成功するためには、「完全な企図の秘匿」となによりも極めて劣勢の兵力で数カ月間もの間持ちこたえられる「戦略的持久能力」が要求される。

第一の条件である企図の秘匿は厳重を極めた。九月初めにジューコフとワシレフスキーらが前線司令部にやって来て、各地の実状を調べ上げ、ドン河の自軍の橋頭堡を見て回ったときも、その本当の目的は現地の最高司令官であるエリョーメンコにも明かさなかった。それはあくまでもスターリンを含めた三人だけの知るところであった。

チュイコフ登場

戦略的持久という点では、スターリングラード防衛のために、主力の第六二軍に有能で勇敢な指揮官が求められていた。エレメンコとフルシチョフが選んだのはワシーリー・イワノビッチ・チュイコフ中将であった。広い額に黒い髪、がっしりと引き締まった身体。この時四二歳である。

スターリングラードの確保の成否はひとえにチュイコフの指揮にかかっていた。フルシチョフは九月一二日一〇時に、エリョーメンコとともにチュイコフの司令官任命に当たって、かれが自分の任務をどう把握しているかを尋ねた。

「スターリングラードを放棄すればわが国民の士気を損なうでありましょう。退かないことを誓います。スターリングラードを守るか、死ぬかであります」。チュイコフの答えで

図4-7　1942年9～11月、スターリングラードの攻防

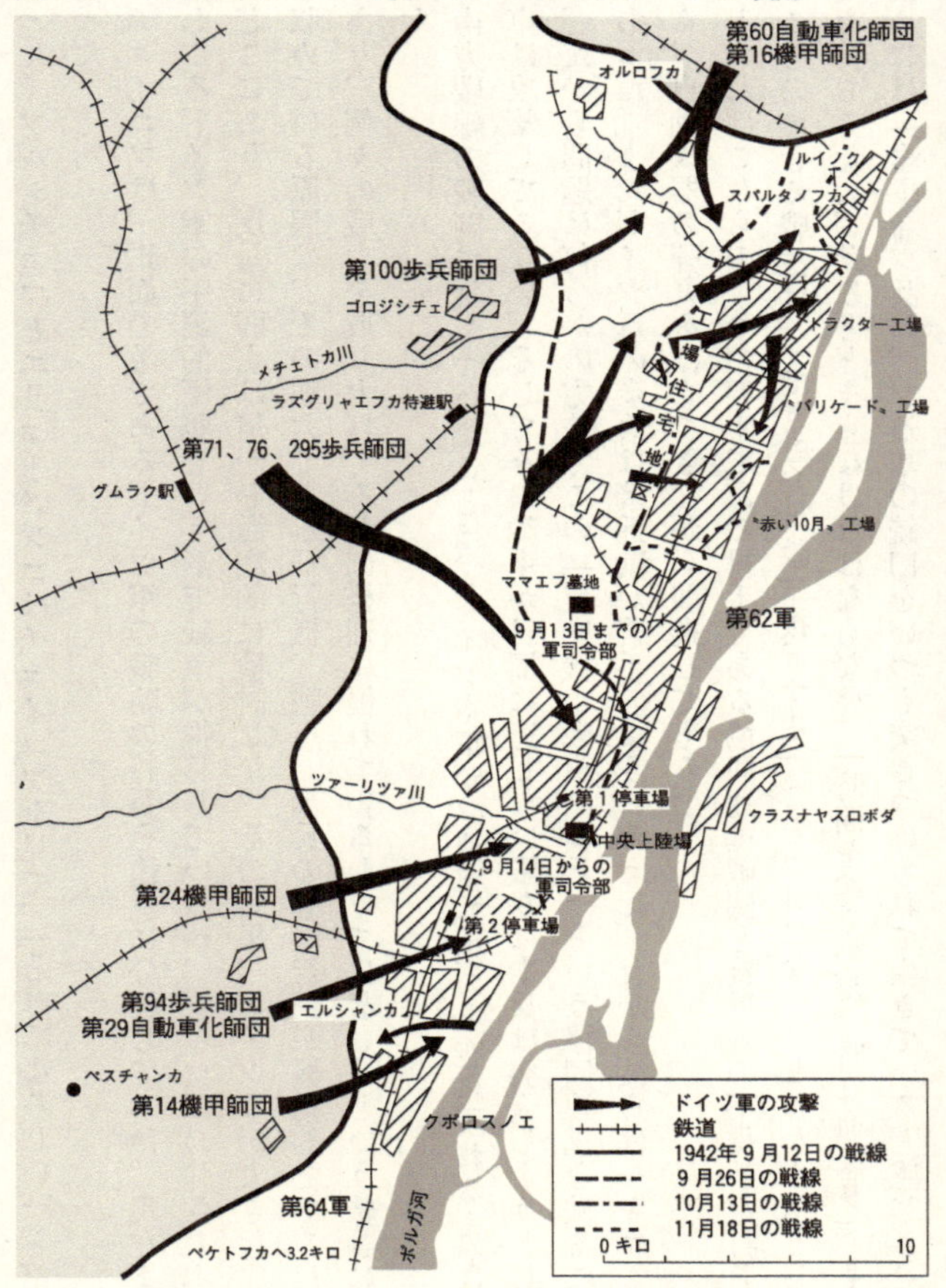

（出所）　ジェフレー・ジェークス『スターリングラード』サンケイ新聞社出版局，1971，一部修正

あった。フルシチョフとエリョーメンコはチュイコフを見て、「それでよろしい」とだけ言った。

チュイコフは、正面の敵であるドイツ軍の戦略の特質を慎重に分析してみた。現在までのところドイツ軍の圧倒的優勢という形で戦争が推移しているが、ドイツ軍の強さの本質はどこにあり、反対に弱点は何かを徹底的に検討した。その結果、ドイツ軍が大きな成功を収めている原因は、その戦力である飛行機、戦車、歩兵の協同行動が機動的であるためであり、個々の戦力を取り上げてみれば格別に優れているわけではない、という結論に達した。

南方戦線の戦闘で気がついたことは、ドイツ空軍がソ連軍陣地の上空に現れるまでは、戦車は攻撃してこない。そしてその戦車が目標に達しない限りは歩兵は突入しようとしない。だから問題は何らかの方法でこの「航空機—戦車—歩兵」という協同連携を破ることであった。またドイツ軍の歩兵は接近戦が苦手のようにみえた。だから彼らは一キロも先から、自動火器の弾丸をばらまきながら前進してくる。

とすればこれらの二つの要素である得手である協同連携戦闘と接近戦の不得手を打ち破ることのできる戦法は、「できるだけ敵に接近する」こと以外にない。とにかく何としてでも持ちこたえ、踏みとどまらなければならない。「時間を稼ぐのだ。時は血なり」。そのためには「全ドイツ兵に、ソ連軍の銃口をいつも突きつけられて生きていると感じさせねばならない」「手榴弾の届く範囲で戦う」。

できるだけ接近すれば、ドイツ空軍も、味方に損害を与えることを覚悟しなければ、爆撃することはできない。スターリングラードのような市街戦では、こうした近接戦法は比較的容易に取れる。そうすれば、ドイツ軍はその最大の強みの一つである空軍を使うことができない。また瓦礫の山の中では戦車も十分に本来の機動性を発揮することがむずかしい。手榴弾の届く距離の中にいつも間合いを詰めておくことが大事である。

ボルガ河を背にしたチュイコフの戦略は、まさに背水の陣のそれであった。特に、スターリングラード市街北部の戦闘は、第二次大戦中の最も激しいものであった。文字通りの白兵戦が展開されたが、ソ連軍は偽装と土地利用技術の点でかろうじて勝っていた。ボルガ河を渡って増援に来る兵士は三つのスローガンを叩き込まれていた。

兵士一人ひとりが要塞だ！

ボルガの背後に国土なし！

戦うか死ぬか！

しかし、ドイツ軍の執拗な攻撃は止むことがなかった。その度ごとにチュイコフは司令部を次々に移動させねばならなかった。特に、第一停車場や司令部が置かれていたママエフ基地のあたりは、幾度となく繰り返し争奪戦が戦われた。そのため、この基地には冬の間も雪が積もるということがなかった。爆発する爆弾と爆弾の熱で雪がすぐ溶けてしまったのである。もはや後方も前線もない。建物一つひとつが問題になってきた。ドイツ軍はじりじりとソ連軍を追い詰め、重要拠点であったトラクター工場を包囲、これを占領した。チュイコフの戦区は両断された。いよいよドイツ軍はチュイコフの司令部まで三〇〇メートルの至近距離に迫っていた（図4-7）。

チュイコフの戦略的持久は九月、一〇月そして一一月に入ってもなお連日連夜続けられねばならなかった。一一月の初めにはチュイコフは全部合わせてもスターリングラードの一割を守っていたのにすぎない。わずかの工場と川岸の短い間だけをかろうじて、皮一枚のところで支えていた。

一一月七日付のプラウダ紙は「スターリングラード防衛戦士の誓い」を掲載した。それはチュイコフをはじめとする全将兵が、親愛なるヨシフ・ビサリオーノビッチ・スターリンに宣誓したものである。

「われわれはロシア軍の栄光を汚すことなく、最後まで戦うことを誓います。あなたの指揮の下でわれらの父たちはツァーリツィンの戦いを勝ち取りました。あなたの指揮の下で、われわれは偉大なスターリングラード戦を戦い抜くでしょう」

こうした激しい戦闘が繰り返される間にも、ヒトラーは九月一〇日にリスト元帥を、また九月二四日、突如、参謀総長ハルダー上級大将を罷免し、後任にはツァイツラー少将が抜擢された。しかし、ツァイツラーはヒトラーに対してひたすら従順であるばかりであったため、結局、部隊の指揮をヒトラーが直接執ることが多くなった。そのため参謀と指揮官の関係があいまいになり、有効な作戦の立案とその実施が次第に困難になっていった。

異質な市街戦を勝つ

ここで戦われた戦闘は通常の概念の市街戦とはかなり異質なものであった。戦闘の大部分は壊れた建物の中で行われた。戦線は入り混じっており、どこでも戦場になりえた。ソ連軍側は戦うのはすべて少数の将兵のグループである。それらのグループは突撃隊、支援隊、予備隊の三つに区別されていた。攻撃の場合は六～八人の突撃隊が編成される。その任務は建物に突入することであり、武器としては自動小銃、手榴弾、銃剣とシャベルが使われた。シャベルは肉弾戦になった場合に斧（おの）の代わりになった。

この突撃隊を支援隊が支援することとなる。支援隊は重機関銃、追撃砲、対戦車銃・砲、カナテコ、ツルハシ、弾薬などを持っていた。突撃隊が建物に入ると続いて突入し、弾幕を張って援護する。このほかに予備隊が敵の突撃に対して、突撃隊の側面をカバーし、必要があれば突撃隊や支援隊の撤退を援護する。

このようなソ連軍の高度に専門化した小部隊の編成は、兵力の機動性と相乗効果の発揮という点で極めて優れたシステムであった。この基本部隊は、防御に回る場合には、建物の一階に対戦車砲を配置し、二階に機関銃を、地下室を含む各階には歩兵をそれぞれ配置した。

第六二軍はこうした専門化した戦闘組織と戦法を駆使することによって、優勢なドイツ軍に対しても優位を維持することに成功した。ドイツ軍が市部をめがけて集中すればするほど、本来の機動力を発揮する余地は少なくなり、反対に守る側にとっては、戦線正面の縮小は、短い弧状の戦線の、脅威を受けた地点へすぐ予備隊を移動できるというメリットがあった。

こうしてスターリングラードに対する攻撃側の兵力の集中が進めば進むほど、その効果は逆に減少した。集中攻撃が集中防御に相対することになってしまったのである。そのうえ、ソ連軍は市街戦を通じて兵士以外に市民・労働者を動員することができた。かれらは自分たちのそれぞれの家を死守するという心理状態にあった。かれらの戦いぶりは極めて勇敢であり、劣勢の第六二軍を側面から支えることになった。

こうして、ソ連軍は一一月一九日を迎えるまでドイツ軍をスターリングラードに引き付け、張り付けの状態にしておくことに成功した。

4　ソ連軍の逆包囲作戦

反撃の開始

〈私信〉
同志コンスタンチーノフ
君が適当と考える行動開始の日時をフョードロフとイワノフに与えてよろしい。いつモスクワに帰任するか知らせよ。もし行動開始を一両日前後させる必要があると考えるなら、君の裁量の判断に沿ってこの問題を決定する権限を、私は君に与える。
ワシリーエフ
一九四二年一一月一五日一三時一〇分

この電報はスターリン（ワシリーエフ）からジューコフ（コンスタンチーノフ）に宛てたものであり、スターリングラード反撃の開始時刻を決定する権限をジューコフに与えたものである。フョードロフはバトゥーチン将軍、イワノフはエレメンコ将軍の暗号名である。

ジューコフとワシレフスキーの作戦計画に基づいて巨大な規模の兵力が動員された。一一個軍、兵士一〇〇万人、総計一万三五〇〇トンに及ぶ独立した装甲、騎兵、機械化軍団、戦車九〇〇台、戦闘機一五〇〇機を投入した。

一〇月下旬から一一月初旬にかけて、ジューコフとワシレフスキーはモスクワとスターリングラードの間を頻繁に行き来していた。二人は攻撃予定地を一つひとつ自ら見てまわり、現地の司令官の一人ひとりと協議し、主な部隊については個別に点検した。二人は徹底して赤軍司令官の意見を聴取し、絶対確実と思われるところまで作戦を詰めていった。

また、作戦開始に備えて密かに大量の人員、資材を運び込んでおく必要があった。事前にドイツ軍に察知されてはならない。そのためにも、ドイツ軍の注意を最大限スターリングラードの戦線に引き付けておかなければならなかった。また、反撃の態勢を十分に備えるためには、できるだけスターリングラードに回す兵力を少なくしなければならなかった。こうした困難な役割をチュイコフをはじめとするスターリングラードのソ連軍将兵は、最後まで果たし通した。ドイツ軍は、最後の瞬間までソ連軍の背後で起こっていることを的確に認識することができなかった。

一一月一九日午前七時三〇分。ソビエト南西方面軍がスターリングラード北西、ドン河畔セラフィモビチ付近でルーマニア軍陣地に向けて砲火を開いた。

ドイツ軍のスターリングラード集中はドン河に沿って側面を長く伸ばすことになり、敵の攻撃にさらされやすい状態になっていた。そのうえにルーマニア、イタリア、ハンガリーといった同盟軍の軍隊の士気は、戦局の硬直化、長期化とともに徐々に低下しつつあった。彼らは故郷を遠く離れてロシアの奥地で戦うことの意味をつかみかねていたのである。

また一一月下旬という厳冬期の到来をとらえた攻撃は、地面の凍結によってソ連軍装甲部隊の活動を一層効果的なものにした。一九日正午には早くもドイツ軍に混乱が生じつつあった。ルーマニア第一三、一四、九師団から崩れはじめ、ばらばらに逃げ出した。

逆包囲作戦の狙い

この逆包囲作戦の狙いは、ドイツ第六軍と第四装甲軍をB軍集団から孤立させるために、左右両翼からハサミの刃を締めあげていこうとするものであった（図4-8）。

スターリングラード北西部では、ソ連軍の先鋒の戦車部隊がドン河沿いにカラチに進出し、包囲の一方の輪を閉じようとしていた。またスターリングラードの東南部においては、ハサミの左の刃に当たる部隊（カフカス戦線正面軍）が南のチホレックおよび黒海に通ずる鉄道の線に向かって西進しつつあった。そして鉄道を遮断したソ連軍部隊はカラチへ向かって進んでいった。

攻撃開始後四日目の一一月二三日午後四時、クラフチェンコ将軍の第四戦車軍団の斥候が、ステップ（大草原）を渡ってくる白衣を着た戦車兵を見つけた。この白衣は偽装用のものであり、戦車兵はヴォルスキー将軍の第四機械化軍団のパトロールだった。ソ連軍の逆包囲の輪が閉じたのである。包囲陣はその後の数日間に接合部を一段と強化し、第六軍の全部と第四装甲軍の一個軍団を閉じ込めた。

図 4-8　1942 年 11 月、ソ連軍のスターリングラード逆包囲

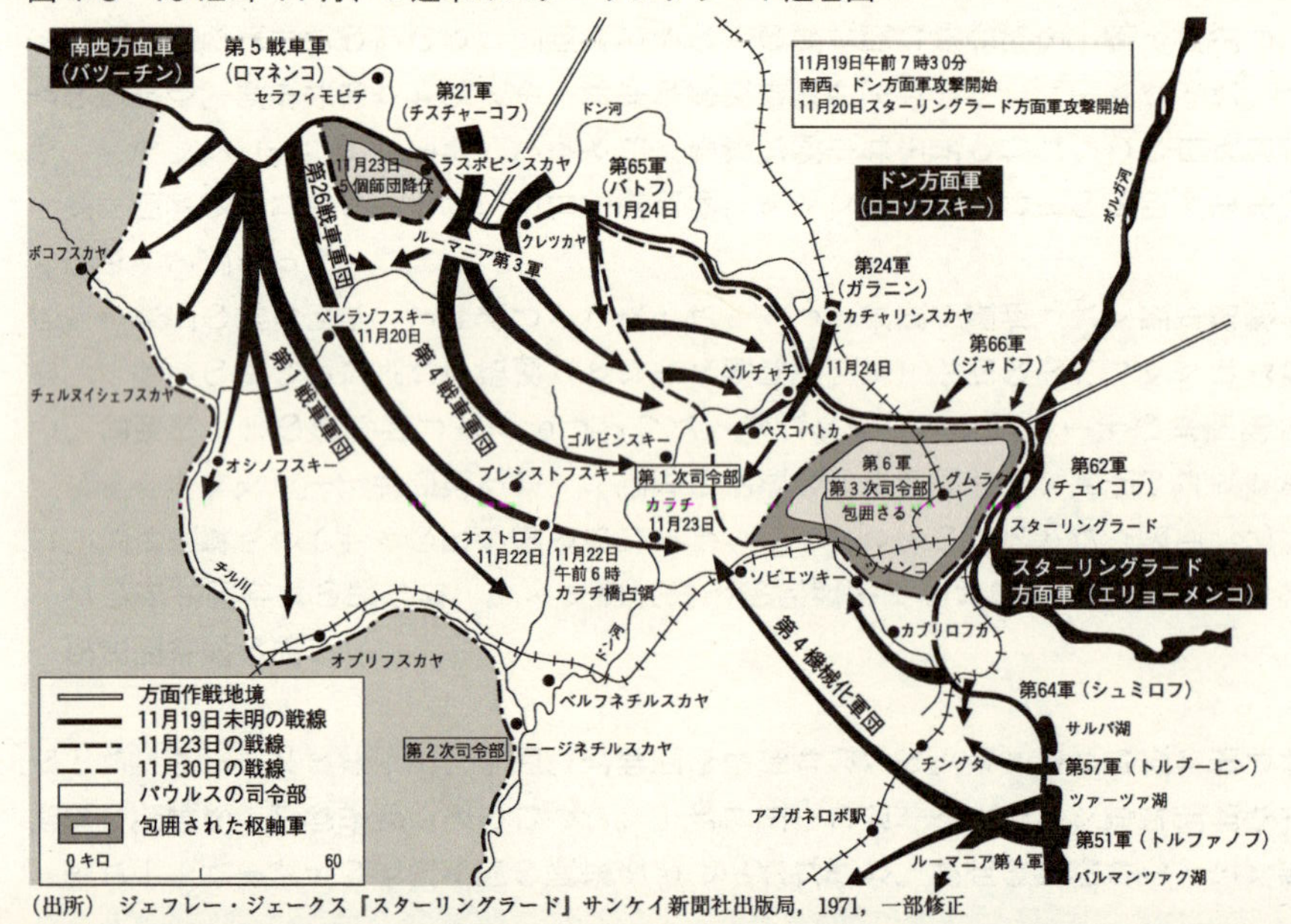

（出所）　ジェフレー・ジェークス『スターリングラード』サンケイ新聞社出版局，1971，一部修正

この大包囲網に囲まれたのはドイツ軍二〇個師団、対空高射砲一個師団、追撃砲二個連隊、ルーマニア軍二個師団、クロアチア人一個連隊の合計約三〇万人であった。ソ連軍は守勢の戦術的利点を保持しながら、戦略的に戦局を逆転させることに成功したのである。

しかし、むろんこれで戦闘が終了したというわけではない。二三日にパウルスはヒトラーに親書を送って、第六軍の南西方面への撤退を含む行動の自由の許可を求めた。この時点で撤退が実現していれば、ドイツ軍が囲みを破って逃げ延びる可能性はまだ十分にあった。しかしヒトラーは撤退を認めなかった。そもそも彼の頭の中には、撤退とか、縮小という考え方はまったくと言ってよいほどなかった。特にこの時は、空軍元帥のゲーリングが包囲網の中の第六軍に必要な資材を空輸すると言い出していた。

ヒトラーはパウルスに対し、ただちに無電を送った。「第六軍は、余が全力をあげて援助し、交替に努めることを知るべし。まもなく命令を出すものとす」。要するに行動の自由を認めず、そこに止まることを命じたのである。

この返事に接するや関係方面との折衝を重ねたうえで、パウルスは翌二三日二三時四五分に再度ヒトラーに対して突破撤退の許可を強く求めた。しかし、依然ヒトラーの答えは変わらなかった。その命令は、「現在のボルガ戦線と北戦線を死力を尽くして守れ。空輸する」という強い調子で結ばれていたのである。

第六軍は、そのまま次第に狭められる包囲網の中で衰弱していくのを待つよりほかに手

図4-9　1943年1月、ドイツ第6軍降伏直前の戦況

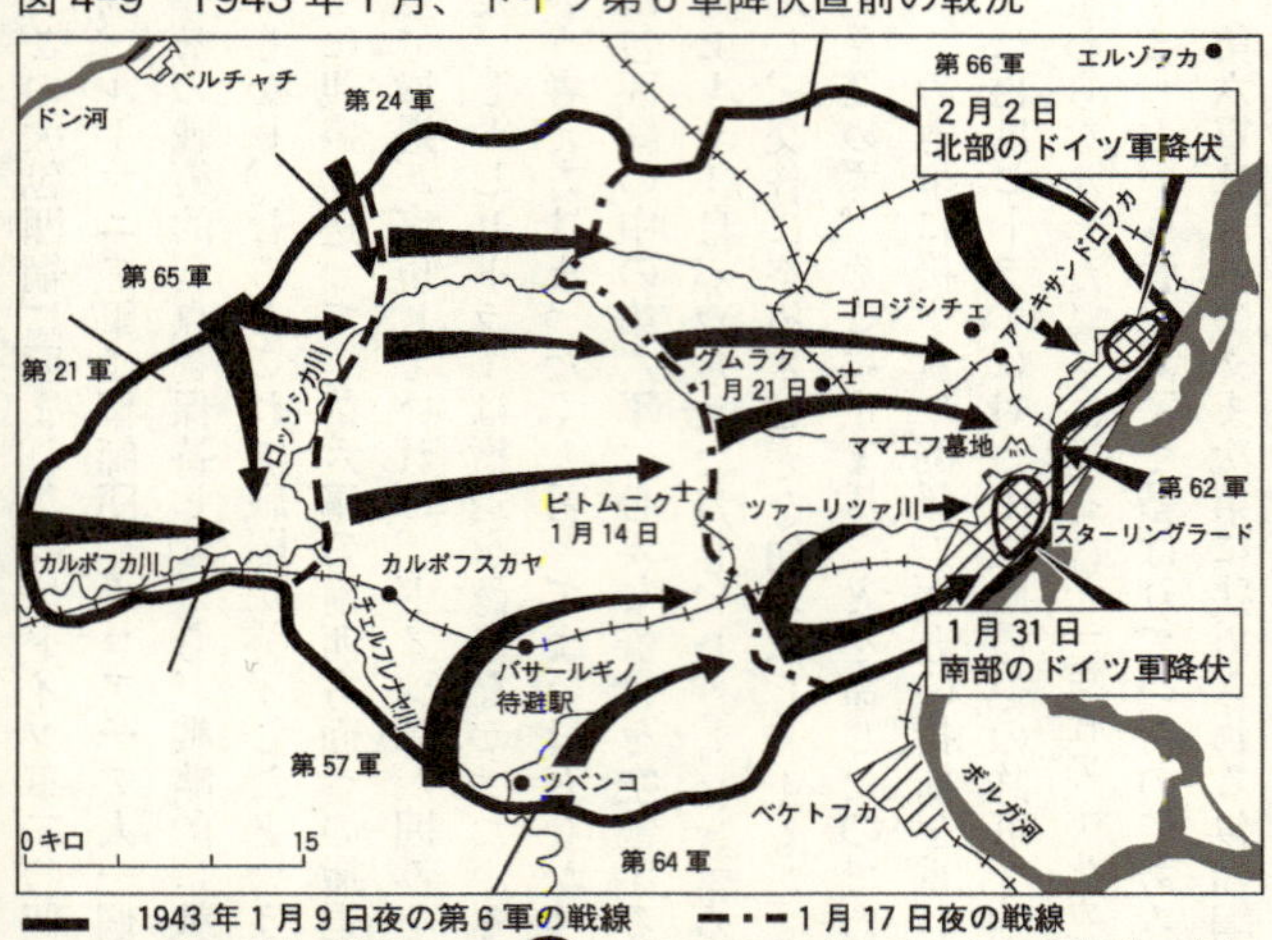

（出所）　ジェフレー・ジェークス『スターリングラード』サンケイ新聞社出版局，1971，一部修正

がなくなった。ゲーリングの主張する空輸は、制空権を奪われた状況下では到底実現不可能な計画にすぎなかった。もはや第六軍の命運は尽きかけていた。あとはただ時間を待つのみとなった。

「第六軍の心臓病」

そのころ、包囲されたドイツ軍の間でしきりに「第六軍の心臓病」という言葉が聞かれた。多くのドイツ兵が栄養失調と疲労が原因で突然死に至ってしまう心臓疾患につけられた名前である。

年が明けて間もなく一月八日に、パウルスはソ連軍の攻撃軍指揮官ロコソフスキー中将から一通の手紙を受け取った。

「包囲下にある貴軍の状態は深刻であり、飢えと病気と寒さに悩まされている。厳しいロシアの冬はまだ始まったばかりだ。強い寒気、強風、吹雪はこれからやってくる。だが貴軍の兵士は冬季の服装を支給されておらず劣悪な衛生状態に置かれている。

司令官である貴下と包囲下にある貴軍将校の全員は、貴軍がわが包囲陣を突破する現実的可能性が全くないことを熟知している。貴軍の前途は暗く、今後の抵抗は無意味である」

降伏勧告のための最後の通告であった。明らかに、すべてが終わりに近づきつつあった。しかし、ヒトラーはそれでも降伏を認めなかった。それどころか、パウルスを元帥に昇進させた。「名誉あるドイツ軍の元帥で降伏したものはいない」という理由によるものであった。

一九四三年一月三一日、パウルスはヒトラーの命令に反して、生き残った九万の将兵とともにソ連軍に降伏した。

後に史上最も悲惨な戦いといわれたスターリングラードの攻防戦は終わった。結局、包囲された三〇万のドイツの将兵のうち、生き残った約九万人が捕虜となり、シベリアその他の地に抑留された。再び故国の土を踏めたのは、わずか一万人にすぎなかった（図4-9参照）。

アナリシス

そもそもヒトラーにとってスターリングラードとは一体何であったろうか。

当時の対ソ東部戦線は、緒戦の破竹の進撃にもかかわらず、レニングラード（北部）、モスクワ（中部）で頑強なソ連軍の抵抗にあって膠着状態に陥っていた。そのため、当初のバルバロッサ作戦そのものの遂行が頓挫しつつあった。

残された大きな可能性は、優勢な戦いを進めていた南部に兵力をできる限り集中し、ソ連軍を打ち破ることであった。

このヒトラーの企図は、機甲部隊を中心とするドイツ軍の活躍によって、成功するかに見えた。事実、四二年の夏季攻勢に至るまでは、ほぼ順調に推移していた。明らかに、ドイツ軍は南部方面では勝利を収めつつあるように見えた。

しかしヒトラーは、カフカスの油田地帯を制圧するという当初の目的以外に、スターリングラードを占領するというもう一つの目的にこだわり始めていた。

一方、ソ連軍は南部方面での当初の劣勢を、なんとしてでも跳ね返さねばならなかった。特に、スターリングラードが敵の手に落ちれば石油の輸送に重大な支障が生じるだけでなく、カスピ海経由のアメリカからの大量の軍需物資の搬入が不可能になる。そればかりか、スターリングラード自体が、戦車をはじめとする生産の重要な拠点でもあった。つまりドイツ軍にとっては、スターリングラードは代替的な目標の一つにすぎなかったかもしれないが、ソ連軍にとっては、絶対に渡すことのできない「死守すべき土地」であった。

ソ連軍によるスターリングラードへの戦略的な撤退は、これ以上一歩も譲れない地点で踏み留まって戦おうという意図に基づくものであった。また、一方でドイツ軍をボロネシに釘づけにしておいて、他方でスターリングラードへの急速な撤退を敢行したことによって、態勢建て直しのための貴重な時間を稼ぐことができた。

しかし、ドイツ軍の進撃はソ連軍の抵抗を押し切って、スターリングラードの市街へ向かって怒濤のように殺到した。特に、圧倒的に優勢な空軍による大規模な爆撃は、一夜のうちにスターリングラードの市街地を瓦礫の山に変えてしまうほどのものであった。明らかに、流れは、ドイツ軍に有利な方向で流れていた。もはや誰の目にもスターリングラードが陥落するのは、時間の問題のように思われた。

こうした状況下にあって、ソ連軍の最高統帥部(スタフカ)はどのような判断を下していたのであろうか。この絶望的ともいえる情勢を転換する戦略はあるのであろうか。

ソ連軍の作戦は、最高司令官スターリン、同代理ジューコフおよび参謀総長ワシレフスキーの三人によって立てられていた。特に、ジューコフは参謀総長として、ソ連軍の主要な作戦のすべてに関わっており、当代有数の名戦略家であった。かれは、ソ連軍が極めて不利な状況に置かれていた九月初旬の時点で、早くも総力を挙げた反撃を提案していた。この対ドイツ軍反撃作戦は、その規模においてのみでなく、その優れた戦略の内容によっても、第一級の「逆転の戦略」であった。

時間の転換――方針の変更と兵力の分散

ヒトラーは、対ソ南部正面の攻略に当たってしばしば方針の変更を行った。結果的にはそれが攻撃力を弱体化させ、ソ連軍の逆転を許すことにつながっている。カフカスの油田地帯を制圧するか、それともスターリングラードを陥落させるのか。この最もクリティカルな戦略的決定においても、当初方針の変更が、それも極めて重大な局面で行われた。

制約のある資源をいかに有効に集中的に活用し、優位性を確保するか。これが戦略の基本原則である。さらに敵の兵力の分散を誘いながら、その分散した敵に、自軍の兵力を集中して当たらねばならない。ソ連軍は、この原則に忠実であった。兵力をスターリングラードに結集した。特に、厳冬期の攻防戦を戦うために、シベリア方面から精強な部隊を抽出した。これは日本軍とのソ満国境での戦闘が当分の間起こらないであろうという判断に基づくものであった。

他方、ドイツ軍はロシアの奥地へと戦線を拡大することによって、長大なる後方連絡線

（補給）の保持という深刻な問題に悩まされることになった。つまり、ヒトラーの軍隊は、いたるところで兵力の分散という結果を招いただけでなく、敵に対し時間という貴重な資源を提供したことになる。

エネルギーの転換――戦略的持久と逆包囲

ソ連軍による逆転が現実のものとなるためには、さらにいくつかの条件が必要であった。緒戦の敗退によって、いちじるしく戦闘能力を低下させたソ連軍には、態勢建て直しのための時間と空間が求められた。そのためソ連軍はスターリングラードまで一気に後退した。劣勢な兵力を一地点に集中することによって戦略的な持久を図ったのである。

ドイツ軍は、ソ連軍の頑強な抵抗にあったため、スターリングラードを陥落させることに全エネルギーと注意力とを集中した。ドイツ軍の組織的なエネルギーの流れは、スターリングラードに向けて、内側へ内側へと引き付けられていた。その力が強ければ強いほど「逆包囲」という外側からの動きに対しては、物理的にも、心理的にも手薄になった。

強みを弱みに――市街地における近接戦闘法の開発

劣勢な兵力によって戦略持久が可能なためには、戦闘の様相を転換しなければならない。従来と同じルールで戦えば、必然的に資源の豊富な側が勝利を収める。

スターリングラード防衛軍のチュイコフ中将は、こうしたルールの転換によって、ドイツ軍の強みを封じ込め、同時に自軍の弱みを強みに転化する戦法を必要とした。その結果、絶えず敵の至近距離に自軍を配置するという戦法を開発した。また、それを効果的に実行するために、実施組織として三班構成の小部隊編成を導入している。

ここに戦略と組織との優れた連動を見ることができるであろう。それは、逆転を可能にするための組織的なイノベーションのプロセスでもあった。

視点の環流——前線と司令部の対話

ヒトラーは自らの司令部を戦場に近づけようとした。事実、かれは東部戦線を指揮するために司令部を率いて移動してきた。しかし、かれと前線の戦闘部隊の心理的距離は、いっこうに縮まらなかった。敗戦の将パウルスを元帥に任命し、後退も降伏も許さないという強い意志を表明したが、結局はそれも精神論に陥っていることを示すものにすぎなかったといえる。

ジューコフやワシレフスキーは頻繁に前線を訪れた。戦略の策定と実施に先立って最前線の将校との会合をもち、実行の可能性についても綿密な検討を加えている。これによって前線と中枢の司令部との間での、情報と視点の環流が行われることになり、より高次な視点が形成されることにも貢献した。

二つの系列——精巧な情報システムの構築

ドイツ軍もソ連軍も、その内部に二重の指揮系統をもっていた。ソ連軍の場合は、戦闘組織としての軍と、政治組織としての党（共産党）が、並列的に組織されていた。スターリングラードでいえば、フルシチョフは党政治委員として、民衆の教化・宣伝に当たるほか、様々な面で軍と協力しながら戦いを支えた。現実には種々の問題を抱えながらも、全体としては軍と党との相補関係が維持されていたのである。また二つの系列から上がってくる情報は、共産党指導の中枢部で統合されて、活用された。

ドイツ軍も、純粋の軍事組織（国防軍）とヒトラーのナチス親衛隊（ＳＳ）という二つの勢力が軍を動かしていた。パウルスの副官は親衛隊所属のエリートであり、軍事エリートのパウルスとは十分な協力関係をもっていなかった。後退を考えたパウルスに対して、副官は強硬に徹底抗戦を主張し続けた。二つの系列は、ことあるごとに不協和音をたて、指揮を混乱させた。最終的に東部戦線に関しては、ヒトラーが参謀総長に代わって直接指揮権を振るうことによって統合化を図ったが、それはかえって軍事合理性を歪めることにしかならなかった。

政治指導者と軍事専門家

ヒトラーは、自分自身の軍事的識見・能力を過大に評価し、軍事合理主義に徹するプロイセン陸軍の伝統を継承したドイツ国防軍の将軍たちの献策・建言に一切耳を傾けることなく、しばしば作戦・戦闘レベルの攻略目標や戦力配分の変更を重ねた。そのためドイツ軍は、重要な局面における戦機の捕捉を逸し、逆にソ連軍に反撃準備の時間的な余裕を提供し、遂には自縄自縛の弊に陥った。

純軍事専門分野の作戦統帥部に過剰介入し続けたヒトラーに対し、スターリンも自分の軍事的直観に依存し続け、作戦・戦略上の失態を演じたが、一九四二年の夏ごろから、ようやく軍事専門家を信頼するようになり、作戦の企画立案と実行において、かれらにより大きな役割を果たさせるようになった。この点が独ソの明暗を分ける一つの要因であった。スターリンは最高の政治的権威を堅持し、将軍たちの意見具申に耳を傾けながらも、軍事作戦が果たすべき攻治的役割については自ら決心し、命令を下したのである。

第5章　朝鮮戦争――軍事合理性の追求と限界

プロローグ

一九五〇年六月から三年一カ月にわたって戦われ、ほぼ開戦前と同じ状況で休戦協定が調印された朝鮮戦争は、参加当事国にとって犠牲ばかり大きくて得るところのない戦いだった。両軍で約二〇〇万人の将兵が参加し、戦死傷、行方不明等を含む双方の人的損害は民間人を含めて五〇〇〇万人に達するといわれている。

この勝者なき戦いは、北朝鮮軍の韓国軍に対する奇襲攻撃により始められ、その後アメリカ軍（国連軍）の介入、中国軍の参戦とエスカレートし、朝鮮半島を南下しようとする北朝鮮軍・中国軍と、それを阻止し、北上しようとする韓国軍・国連軍との間で、攻防が繰りひろげられた。この間、北緯三八度線から約五〇キロ南のソウルは、わずか九カ月ほどの間に両者の間で四回の争奪が行われている。また、開戦から一年程の間に、両軍は三

朝鮮戦争年表

1949. 10. 1	中華人民共和国成立（毛沢東中央人民政府主席）
1. 5	トルーマン大統領　台湾不介入を声明
1950. 6.25	北朝鮮軍　北緯38度線を越えて進攻　朝鮮戦争勃発
6.27	トルーマン大統領　海・空軍の投入を声明
6.28	北朝鮮軍　ソウルを占領
7. 7	国連安保理　国連軍創設を決定
	中国　国防軍事会議招集　東北辺防軍の創設を決定
8	国連安保理　国連軍総司令官にマッカーサー元帥を任命
8.30	マッカーサー元帥　仁川上陸作戦を下達
9.15	国連軍　仁川上陸
9.23	北朝鮮軍　全軍の38度線以北への総後退を命令
9.25	アメリカ第1海兵連隊　ソウル市街に突入
28	国連軍　ソウル奪還
10. 1	韓国第1軍団　東海岸で38度線を突破
2	マッカーサー元帥　国連軍に38度線突破・北進を指令
10.19	中国軍　主力部隊鴨緑江を渡河、南下を始める
10.20	国連軍　平壌を占領
10.24	マッカーサー元帥　国連軍に総追撃を命令
10.25	国連軍、中国軍と接触
1951. 1. 4	北朝鮮軍、中国軍　ソウルを再占領
2.20	国連軍　北進攻勢作戦を開始
3.15	韓国軍　ソウルを再奪還
4.11	マッカーサー元帥　国連軍総司令官を解任される
	後任は、リッジウエイ中将（第8軍司令官）
7.10	休戦会談本会議始まる（開城）
1953. 7.27	休戦協定調印（板門店）

八度線をそれぞれ三回突破している。

このことからわかるように、朝鮮戦争は、朝鮮半島のほぼ中央にある北緯三八度線を中心に、両軍が対峙する戦線が南北に移動を繰り返し、最終的に戦端が開かれたときの位置からそれ程遠くないところに落ち着くことによって幕を閉じている。この過程には、戦局の流れを変えた節目とも言うべきものを多少とも明確に識別する

図 5-1　朝鮮戦争一般経過

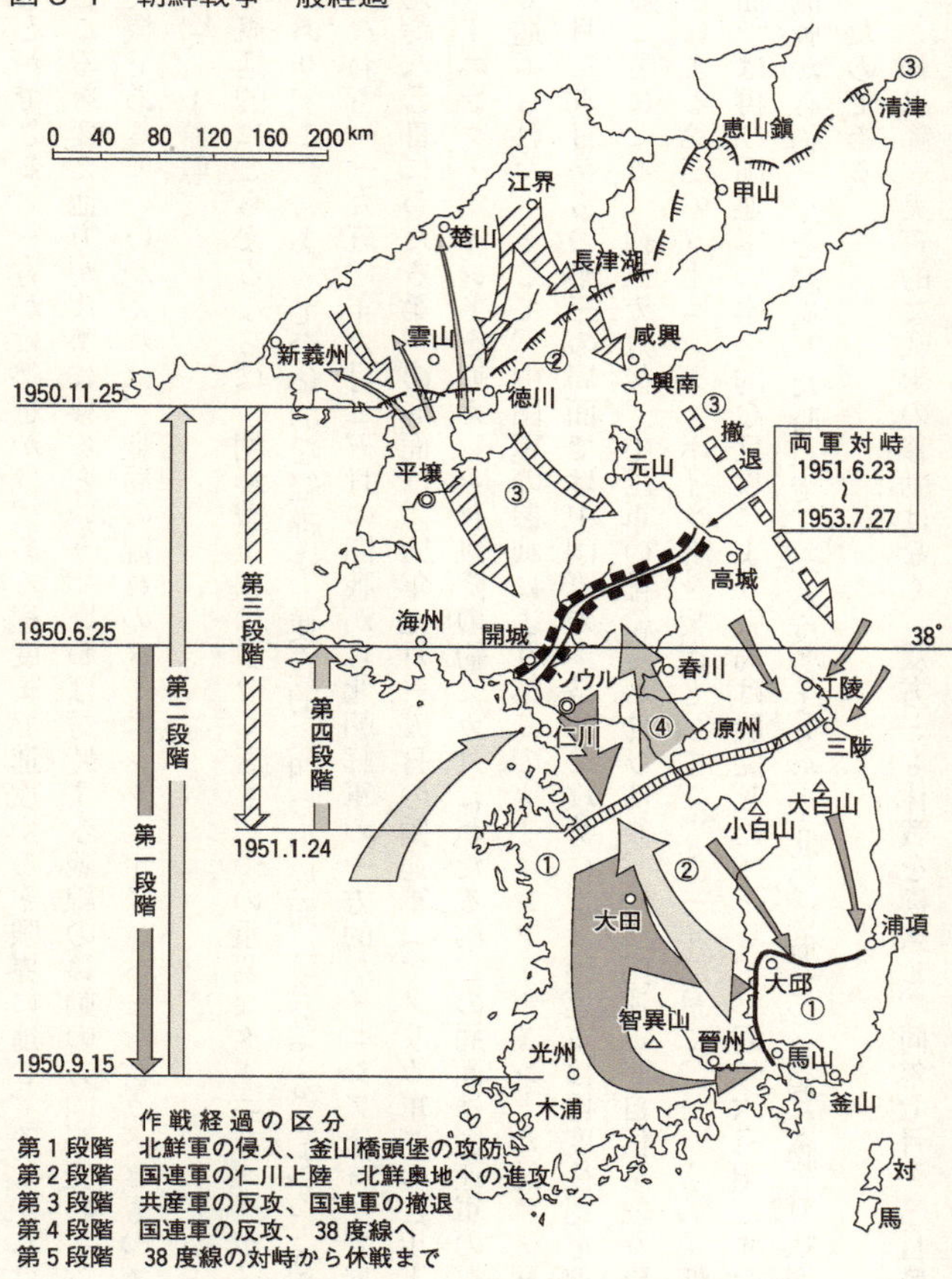

（出典）畝本正己編著『朝鮮戦争概史』戦史教養叢書刊行会、1963、一部修正

ことができる。一方が攻勢をかけ、ある程度まで進攻すると限界に達し、そこからは攻守ところを変え他方が攻勢に移るという、いわば対峙する戦線の移動の方向が変わる攻防の契機である。いいかえれば、戦局の流れのターニング・ポイントとも言うべきものである（図5‐1参照）。

概括的にとらえるならば、朝鮮戦争には少なくとも三つの重要なターニング・ポイントがあり、これによって全体的な経緯は、便宜的に四つの局面に区分することができよう。すなわち、一九五〇年六月二五日の開戦から北朝鮮軍の一方的なイニシアティブで展開した約八〇日にわたる第一の局面は、同年九月一五日の国連軍（アメリカ軍）の仁川上陸でターニング・ポイントを迎え、それ以降の約二カ月にわたる第二の局面は国連軍のペースで進められた。そして、中国軍の参戦により第二のターニング・ポイントが訪れ、同年一一月二五日からの第三の局面では中国軍の本格的な攻勢により国連軍は再度後退を迫られることになる。約三カ月後、中国軍の補給線が伸び切り、かつ国連軍が自信を取り戻すことによる第三のターニング・ポイントを契機として、翌五一年二月二〇日からの第四の局面では再び国連軍の本格的な反攻により戦局は展開した。そして、同年六月頃、すなわち開戦から約一年を経過した時点で、三八度線よりやや北の位置で、戦線は膠着（こうちゃく）状態に陥ったのである。

これ以降、実質的な戦線の移動はなく、双方とも休戦を模索し、同年七月一〇日第一回の休戦会談が始められ、それから二年後の五三年七月二七日両者の間で休戦協定が調印されたのだった。

1　開戦から仁川上陸まで

一九五〇年六月二五日早朝、韓国軍（九万八〇〇〇人）は、北朝鮮軍（一三万五〇〇〇人）の攻撃を受けた。北朝鮮軍の侵攻は、朝鮮半島を南北に二分する北緯三八度線全般にわたり、東海岸に対する奇襲上陸を含めて五つの正面から展開された。兵力、火力に差がある上に不意打ちの形になったため、韓国軍は対応する間もなく総崩れとなった。特に、韓国軍は戦車を一両も保有せず、戦車を中核とする北朝鮮軍の攻撃力の前に、対抗手段がない韓国軍にはなすすべがなかった。開戦四日目の六月二八日には首都ソウルが北朝鮮軍の手にわたり、翌二九日韓国陸軍本部が掌握している韓国軍兵力は二万二〇〇〇人にすぎず、緒戦で八〇％の兵力を喪失していた。

三八度線を越えて南下してもアメリカ軍は介入してこないであろうという北朝鮮側の予想に反し、アメリカは直ちに反応した。六月二七日には、トルーマン大統領はアメリカ極東海・空軍の投入を発表したのである。そして、ソウルが陥落した翌日の六月二九日朝には、アメリカ極東軍司令官マッカーサー元帥が東京からソウル南の水原飛行場に飛び、ソウルを見下ろす丘の上から前線を視察したうえで、北朝鮮軍の南下を阻止するにはアメリカ極東陸軍の投入以外にないことを確認した。

すなわち、現在のような北朝鮮軍の南下速度からすれば、釜山周辺に完全な防衛線を設定する時間的余裕はないが、制海空権は維持することができる。したがって、北朝鮮軍の南下をどこかで一時的にでも阻止することができれば、その背後の要点、仁川に地上部隊を上陸させて、前後から北朝鮮軍を挟み撃ちにすることができる、とマッカーサーは考えたのである。

とりあえず、一個連隊、引き続き二個師団を投入するというトルーマン大統領の決定をふまえて、地上軍部隊第一陣、アメリカ陸軍第八軍第二四師団第二一連隊第一大隊が、九州の板付から釜山飛行場に到着したのは七月一日だった。この先遣部隊は直ちに大田方面へ向け北上し、七月五日烏山北方で初めて北朝鮮軍と砲火を交えた。第二次大戦後、アメリカ軍が初めて従事した戦闘であった。

その後、国連安全保障理事会によって朝鮮に国連軍総司令部を創設することが決議され、七月八日マッカーサー元帥が総司令官に任命されることにより、アメリカ軍の介入は名目的にも国際的に承認されることになった。第二四師団に続いて第二五師団と、第八軍の基幹が出動することにより第八軍司令部は大邱に移動し、七月一七日には、司令官ウォーカー中将はマッカーサー元帥の下に韓国軍の指揮権を掌握し、国連旗が掲揚された。

図5-2 全般態勢図(8月下旬～9月上旬)

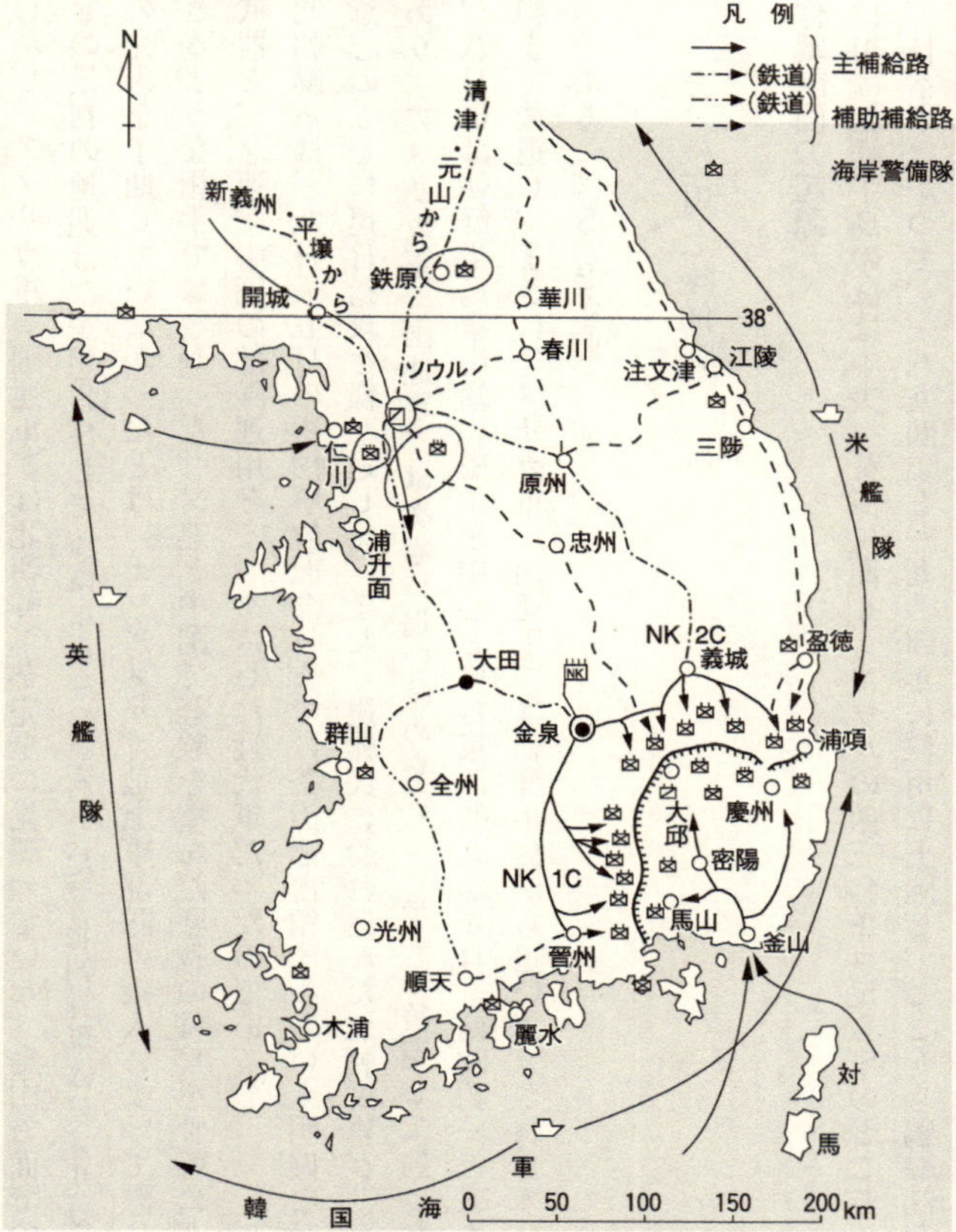

(出典)佐々木春隆著、陸戦史研究普及会編『仁川上陸作戦』原書房、1969、一部修正

しかし、アメリカ軍（国連軍）は北朝鮮軍を完全に見誤っていた。烏山方面での北朝鮮軍との最初の遭遇は、予想に反して惨憺たるものであった。北朝鮮軍はアメリカ軍の介入を予期していなかったとはいえ、アメリカ地上軍部隊の投入によって鎧袖一触できるような相手ではなかった。ソ連と中国で経験を積んだ歴戦の将兵を骨幹に、ソ連製の武器と、ソ連、中国の部隊運用をミックスした近代軍だったのである。

北朝鮮軍は、八月一五日の祖国解放記念日までに釜山を占領するという明確な目標と強い意志のもとに連日猛攻を繰り返した。また、避難民に紛れ込んだ北朝鮮軍ゲリラの活動もあり、アメリカ軍（国連軍）は次第に追い詰められ、一歩一歩後退していった。そして、八月には朝鮮半島東南端の釜山を中心とする東西約九〇キロ、南北約一三五キロの防衛線まで後退し、まさにアメリカ軍（国連軍）は朝鮮半島から追い落とされようとしていたのである（図5‐2参照）。

2　仁川上陸作戦

作戦計画の起源

仁川は朝鮮半島のほぼ中央、黄海に面し、ソウルの西三〇キロ足らずのところに位置する。日本軍はかつて、一八九四年と一九〇四年に仁川に上陸し、ここから鴨緑江を越えて北進していった。そして、太平洋戦争における日本降伏後、一九四五年九月八日には、アメリカ陸軍が、ほかならぬマッカーサー元帥の命令で一個連隊を上陸させたところである。

朝鮮戦争における仁川上陸作戦は、アメリカ陸軍でただ一人水陸両用作戦を理解し、太平洋戦争において日本軍を相手に一一回の上陸作戦を指揮するという輝かしい戦歴と自信を持つ最古参の将軍であるマッカーサー元帥以外になしえない作戦であった。かれは、開戦五日目の六月二九日に、自らソウル郊外の最前線を視察した際、この着想を得たと言われている。

すなわち、現在の韓国軍の壊滅状態からすれば、アメリカ陸軍の投入以外に方法がない。また、これまでの北朝鮮軍の南下速度からみると、釜山周辺に十分な防衛線を設定する時間的余裕はないであろう。しかしながら、海・空軍に関してはアメリカ軍（国連軍）側のほうが優勢だから、北朝鮮軍の釜山へ向けての南下を一時的にでも阻止することができれば、その背後（仁川）で水陸両用作戦を実施して陸上部隊を上陸させ、北朝鮮軍部隊を挟み撃ちにすることができる。これによって戦局を収拾する以外に、このような絶望的な状況に対処する方法はないとマッカーサーは考えたのである。

ブルーハート計画　前線視察から東京に戻ったマッカーサー元帥は、「まず北朝鮮軍の南進を阻止した後、仁川付近に上陸してその補給線を切断し、南北呼応して一挙にこれを撃破する」という作戦方針を示し、参謀長アーモンド少将に直ちに準備に着手させた。そして、七月四日には、「ブルーハート」と仮称された作戦名で、日本に駐留中の第一騎兵師団に対して仁川上陸の準備が命令された。これによると、上陸作戦は七月二二日に実施されることになっていた。ところが、その後の戦況の展開は、第八軍隷下の第二四師団と第二五師団の二個師団だけでは北朝鮮軍の南進を阻止することができない状況になった。このため、七月一〇日、マッカーサー元帥は「ブルーハート」作戦の中止を決意し、急遽第一騎兵師団を第八軍の増援に振り向けることにしたのである。

クロマイト計画　その後も、マッカーサー元帥は、作戦部長ライト准将の下に統合戦略計画作戦班を編成して作戦計画の立案に従事させた。七月二三日、新たな作戦計画が総司令部内で明らかにされた。この計画案はクロマイト計画と称され、北朝鮮軍の南下を阻止中の第八軍と呼応して、九月中旬、アメリカ本土より国連軍増援のため太平洋上を航海中の第一海兵旅団と第二歩兵師団とを、仁川、群山、注文津のいずれかに上陸させるというものであった。

三つの上陸候補地点のうち、仁川上陸作戦は「100‐B計画」と呼ばれ、仁川に上陸してソウルを占領、同時に第八軍が攻勢に転ずるというものである。また、仁川から約二〇〇キロ南の群山に上陸して、大田に侵攻し、北朝鮮軍の右側面を攻撃する作戦は「100‐C計画」と呼ばれていた。さらに、朝鮮半島東海岸の注文津の北に上陸して、北朝鮮軍の後方を遮断する作戦は「100-D計画」と名付けられていた。しかしながら、ブルーハート作戦を「クロマイト計画」という形で存続させていたマッカーサー元帥にとって、上陸地点に関する三つの案のうち、仁川以外には全く関心がなかったといわれている。

ところが、戦局の急転により、この計画はまたもや変更されることになる。急速な国連軍の増援に直面した北朝鮮軍は、アメリカ本土からの本格的な増援部隊が到着する前に釜山を占領しようと精鋭部隊を投入し、必死の攻勢をかけてきたのである。このため、釜山を中心とする防衛線で北朝鮮軍を阻止している第八軍は、現有兵力のままでは釜山の確保が困難になってきた。

釜山正面に北朝鮮軍主力の精鋭部隊を引きつけておいてこそ、その後方の仁川上陸が意味を持ってくる。釜山が陥落すれば、北朝鮮軍は仁川方面へ兵力を転用することが可能になる。釜山の確保は、仁川上陸作戦の前提なのである。このように考えたマッカーサー元帥は、七月二九日、太平洋を航行中の仁川上陸作戦予定兵力である第一海兵旅団と第二歩兵師団を第八軍の増援に振り向けることにし、急遽、釜山に向かわせた。こうしてクロマイト計画は、代替案が提示され、計画案ができるかできないかのうちに、変更を余儀なくされた。

100-B計画の発令 しかし上陸予定日をこれ以上延期することはできなかった。上陸日が遅くなると、約二カ月にわたり酷暑の下で戦線を維持している第八軍は疲弊し、北朝鮮軍に突破されるおそれがでてくる。また、それに伴い、北朝鮮軍による仁川の防備強化や、大量の機雷が敷設される可能性がある。さらに、米の収穫期である一〇月以前に半島南部を確保しておかないと、これが北朝鮮軍の手中に入ることになり、その後の作戦遂行上大きな損失をもたらしてしまう。

北朝鮮軍の釜山に向けての攻勢が強まれば強まるほど、このような戦局を転換させるためには仁川上陸作戦が必要になってくる。八月一二日、マッカーサー元帥は、クロマイト100-B計画、仁川上陸作戦計画の発動を下令した。これによれば、D-デイ（上陸作戦日）はほぼ一カ月後の九月一五日、上陸部隊は、アメリカ本土で動員・編成中の第一海兵師団、日本に駐留中の第七歩兵師団、そして韓国軍の一部が充てられることになり、攻撃目標として「仁川―ソウル地区」と明示されたのである。そして、八月一五日、本作戦を策定した統合戦略計画作戦班の要員を転用して、第一〇軍団司令部が編成された。

作戦準備　上陸作戦は複雑で広範な準備を必要とするが、アメリカ軍（国連軍）は制空権・制海権において絶対的な優位にあったため、作戦準備の中心は、上陸部隊の編成と訓練にあった。八月二六日、第一〇軍団編成と軍団長の指揮権発動が正式に下令され、軍団長には、極東軍兼国連軍参謀長アーモンド少将（五八歳）が兼任のまま発令された。このような兼務は異例の人事であったが、マッカーサー元帥が太平洋の戦線で指揮した上級指揮官たちはすでに年老いていて、他に適切な人間を見つけることができなかったためといわれている。

第一海兵師団は、七月二五日に動員が下令されて以来、アメリカ本土のカリフォルニアで編成を急いでいたが、既述したように七月中旬に第五海兵連隊を基幹とする第一海兵旅団を朝鮮半島に急遽派遣していたため、当時の現員は三〇〇〇名あまりに減っていた。そのため、アメリカ東海岸の第二海兵師団、補充兵教育隊、ヨーロッパ駐留部隊、さらには予備役を一万名以上招集して、要員を充足させねばならなかった。

第七歩兵師団も人員充足率は五〇%を割り、定員不足は九〇〇〇名に達していた。このため、第八軍向けの補充員を転用し、かつ釜山で徴募し八月一三日に横浜に上陸した約八七〇〇名の未訓練の韓国兵を充当した。このような寄せ集めの部隊を訓練し、団結を固めさせることは困難な仕事であったが、アメリカ兵と韓国兵を同じ比率で分隊に配属し、約二週間に及ぶ猛訓練を実施した結果、その錬度は予想したものよりはるかに高いものになったといわれている。九月初旬、横浜から乗船したときの師団の兵員は、二万四八四五名であったが、このうち三分の一がもとから師団にいた兵員、三分の一がアメリカ本土からの補充員、そして残りの三分の一が徴募したばかりの韓国軍新兵で構成されていた。

この他、第一〇軍団隷下には、韓国軍の第一七連隊戦闘団と海兵連隊が配属された。前者は、韓国軍唯一の機動打撃部隊としてアメリカ軍からも信頼されている精鋭部隊であった。

実行可能性をめぐる論争

マッカーサー元帥は当初からの一貫した信念に基づいて作戦準備のための手を打ってきたが、その過程において作戦の実行可能性をめぐり、ワシントンの軍首脳、上陸作戦を支援する海軍、そして上陸部隊の主役となる海兵隊が、それぞれ異なる立場から、本作戦に対し強い疑義を提示した。マッカーサー元帥は、これら獅子身中の虫とも言うべき反対意見をまず克服しなければならなかった。

ワシントンの軍首脳の判断によれば、戦略上の観点から以下の点が問題とされた。

1. 仁川は、現在死闘を繰りひろげている釜山から二四〇キロも離れている。このため、仁川に兵力を投入することは国連軍の兵力を分散することになる。
2. 上陸計画によれば、第八軍から第一海兵旅団を抽出して仁川に上陸させることになっているが、海兵隊を釜山を中心とする防衛線から引き抜いてしまうと、釜山の確保それ自体が危うくなる。
3. 日本から第七歩兵師団を上陸作戦に振り向けることになっているが、これは日本本土の陸上防衛力に大きな間隙をもたらすことになる。
4. 上陸作戦は大量の船舶の転用が必要となるが、万一失敗した場合、第八軍の補給、さらには朝鮮半島からの撤退の際に大きな支障が生じる。
5. 仁川の地理的、地形的、海象的条件は、上陸作戦に適当ではない。

以上のような点から、ワシントンの軍首脳はマッカーサー元帥の仁川上陸作戦に懸念を示し、軍の最高責任者として統合参謀本部議長ブラッドレー大将は、マッカーサー元帥の真意を確認したうえで、両者の間の見解の違いを調整させるために、陸軍参謀総長コリンズ大将、海軍作戦部長シャーマン大将、空軍参謀次長エドワード中将を東京に派遣した。

この調整会議は、八月二三日、国連軍総司令部で開かれた。席上、海軍は戦術上の困難性という視点から、上陸地点の仁川港について、以下のような点に関して難色を示した。

1. 仁川港付近は泥洲地帯であり海浜がない。このため、上陸用舟艇は仁川港の岸壁に直接達着しなければならない。
2. 干満差が平均六・九メートルあり、世界で二番目の大きさである。このため、干潮時には限定された水路を通る以外に入港することができない。このような水路は、機雷敷設に絶好の場所となる。
3. 以上のことから、仁川上陸は、大潮の時の夕刻時の満潮を利用して、直接仁川港に着岸するしかない。したがって、上陸作戦日はおのずから限定され、これを秘匿することは困難である。一〇月以降は諸条件からみて実施が難しくなるから、九月一五日の大潮が上陸作戦可能日ということになる。
4. 干満差の大きさを利用して満潮時に作戦を実施するとなると、満潮時の二時間という限られた時間内に、兵員ならびに必要な資材の揚陸を完了させなければならない。

5. 仁川上陸に先立ち、仁川港の入り口に位置する月尾島を攻略する必要があるが、このことにより、仁川港に対する奇襲上陸は奇襲でなくなり、上陸作戦としての戦術的奇襲は望めない。

6. たとえ、以上の問題点が克服されたとしても、仁川港の岩壁は五メートル以上の高さがあり、しかもすぐに市街地につながっている。人口二五万人の都市に林立する建造物は、上陸部隊に対する有効な障害となるであろう。

要するに、海軍作戦部長シャーマン大将の言葉を借りれば、仁川は上陸作戦に不適格な条件のすべてを備えている、ということなのである。このように陸海軍首脳は一致して、マッカーサー元帥の仁川上陸作戦に反対した。そして、代案としてより安全な群山への上陸を提案したのだった。

また、海軍の場合は、上陸部隊を上陸地点に送るまでのことがその主たる関心の中心であるが、海兵隊は上陸作戦部隊の当事者という立場にある。このような立場から、海兵隊は前記の問題点のなかでも、特に以下の点に関して、仁川上陸を非常に危険なものであると考えていた。

1. 市街地の心臓部に直接上陸しなければならないから、防御側にとって有利であり、攻撃側にとり不利である。

2. 夕刻に上陸作戦が実施されるため、日没までの短時間に上陸を完了させ、かつ翌日の

3. 攻撃のための態勢を準備しなければならない。
上陸に際し、月尾島の事前制圧が必要になるが、これに完全を期して時間をかければ、仁川の防備に時間を与えてしまうことになる。仁川に対する戦術的奇襲か、月尾島の完全制圧か、という二者択一を迫られることになる。

海兵隊は上陸作戦部隊の当事者として、以上の観点から、マッカーサー元帥の仁川上陸案に反対し、この会議の翌日、代案として、仁川と群山の中間に位置し、仁川の南約四八キロの浦升面への上陸案を提案したのだった。

このように関係当事者から、それぞれ異なる観点からの、本上陸作戦に対する重大な懸念が示されたが、マッカーサー元帥の判断と決意を変えることはできなかった。

なぜ仁川なのか　マッカーサー元帥にとって、上陸地点は、戦略的、戦術的、政治的、心理的にみて仁川以外考えられなかった。群山でも、注文津でもなく、さらに浦升面でもなかった。なぜ、かれは仁川にこだわったのか。

戦略的にみた場合、ソウルは仁川の東方わずか三〇キロ足らずのところにあり、仁川に上陸を果たせばソウルへの突入が容易である。首都ソウルを奪還することは、戦略的、政治的、心理的にきわめて重要である。また、これにより、北朝鮮軍の補給線を遮断することができ、さらに第八軍と呼応して、北朝鮮軍を包囲することが可能となる。群山や注文津では、このようなことを期待できない。

戦術的にみても、北朝鮮軍は釜山を中心とした第八軍の防衛線にクギづけになっているから、後方に兵力を割く余裕はない。北朝鮮軍は仁川の防備に対して十分な準備をすることができないと考えられるから、仁川への奇襲上陸は可能である。仁川上陸に伴う困難性が大きければ大きいほど、それだけ奇襲成功の可能性が高くなると考えられる。

政治的、心理的にみても、ここで勝利を得るかどうかということには、西側世界の威信がかかっている。朝鮮戦争と自由世界の命運は、仁川上陸作戦にかかっているのである。韓国ならびに西側世界の自信回復と北朝鮮のイメージダウンに、本作戦は大きな効果を持つのである。

さらに、釜山からだけの反攻による韓国の奪回には一〇万名の犠牲を要すると見積もられたが、仁川上陸作戦の成功はその生命を救うことになる。「われわれは仁川に上陸する。そして、敵を粉砕する」というのが、マッカーサー元帥の信念であり、固い決意であった。わざわざ東京まで出向いたワシントンの軍首脳も、マッカーサー元帥を翻意させることはできず、統合参謀本部も八月二八日、最終的に同意せざるを得なかった。そして、八月三〇日、国連軍総司令官の名において、マッカーサー元帥は仁川上陸に関する作戦命令を下達したのだった。

作戦計画

それより前にアメリカ極東海軍司令長官ジョイ中将は、マッカーサー元帥の命令に基づき、仁川上陸の実行部隊として第七統合機動部隊（指揮官・第七艦隊司令長官ストラーブル中将）を編成していた。これはアメリカ海軍、イギリス海軍、韓国海軍、アメリカ陸軍、韓国陸軍、韓国海兵隊など、各国軍を連合し、陸海軍を統合した統連合部隊であった。

この主要構成部隊は、前進攻撃群（事前に仁川地区の強行偵察を行い、上陸を妨害するおそれのある砲台を制圧する）、攻撃部隊（強襲上陸を実施し、上陸部隊に対する近接航空支援と艦砲支援射撃を管制する）、上陸部隊（仁川地区の指定の海岸に上陸し、陸上作戦を実施する）、哨戒・偵察部隊（作戦全地域を掩護（えんご）するための遠距離偵察、その他の航空哨戒を行う）、海上封鎖・掩護部隊（攻撃部隊の護衛、朝鮮半島西岸の海上封鎖、ならびに偵察支援を行う）、高速空母部隊（目標地域における制空権の保持、目標地域の孤立化、強襲上陸の掩護にあたる）、兵站（へいたん）支援部隊（目標地域における燃料、弾薬の補給を行う）などから成っていた。

そして、第七統合機動部隊の任務については、アメリカ極東海軍司令長官ジョイ中将によって次のように指示された。

1. 北緯三九度三五分以南の海岸を封鎖する。
2. 必要ならば状況により、D-デイ以前に海上作戦を開始する。

3. Dｰデイに仁川地区に対して上陸攻撃を実施し、海岸堡を設定しこれを確保する。
4. 別命により、仁川地区に後続梯団ならびに戦略予備を輸送する。
5. 上陸部隊の要求により、掩護ならびに支援を与える。
6. 水上艦艇と航空機は、ソ連および中国との国境から一二マイル以内を行動してはならない。

このような全般的な任務付与のもとで、実行部隊である第七統合機動部隊指揮官ストラーブル中将は、本作戦に関して次のような基本計画を策定した。

1. 目標地域は、仁川を基点とする四八キロの弧状の地域とする。
2. 空母部隊により、目標地域上空の制空と近接航空支援を行う。
3. 仁川上陸に先立ち、月尾島に上陸しこれを確保する。Dｰデイ、L時(上陸予定時刻)、海兵隊一個大隊は月尾島に強行上陸を行う。L時は、朝の満潮時の午前六時三〇分とする。
4. 仁川に対する主上陸は、第一海兵師団をもって、夕刻の満潮時に三つの海岸から強襲上陸によって行う。強襲上陸に成功したら、海岸堡(仁川を中心とする一〇キロの円弧の線)を設定する。
5. 以後、海岸堡をすみやかに金浦飛行場—漢江の線に拡大して、引き続きソウルならびにその南方地区を占領する。第七歩兵師団と第一〇軍団直轄部隊は、第二次、第三次輸送船団によって仁川に上陸し、その後は第一〇軍団長の指揮の下で戦闘に従事する。

6. 以上の作戦に必要な砲撃ならびに直接支援射撃は、巡洋艦と駆逐艦によって提供する。航空掩護、航空攻撃、ならびに近接航空支援は、空母部隊によって行う。

いうまでもなく上陸作戦の主役は、上陸部隊である。仁川上陸を行う第一〇軍団はアーモンド少将の指揮下、総員六万九四五〇名から成っていた。主要部隊は、既述のように、第一海兵師団二万五〇四〇名（うち韓国兵二七八〇名）、第七歩兵師団二万四八四五名（うち韓国兵八六七三名）、韓国海兵隊一個連隊、韓国第一七連隊戦闘団、その他から編成されていた。この中でも、スミス少将指揮する第一海兵師団がまず強襲上陸を行い海岸堡を確保し、その後から水陸両用作戦に未経験の第七歩兵師団が上陸するということになっていた。

それでは、主役の尖兵である第一海兵師団は、どのような作戦計画を持っていたのであろうか。仁川強襲上陸の難しさは、夕刻の満潮時に主上陸を行うという点にある。一般に上陸作戦では、なるべく早朝に主上陸を行い、その日の昼間のうちに海岸堡を可能な限り幅広くかつ縦深に確保して、できるだけ多くの戦力を揚陸して敵の反撃に備えるというのがパターンである。これに対して仁川上陸作戦の場合、朝の満潮時に月尾島に強襲上陸し、夕刻の満潮時に仁川に対する主上陸を行うことになる。約一二時間の時差がある二段階の上陸は、上陸企図の秘匿という点からみればきわめて不利な条件なのである。

第一海兵師団の上陸計画は、強襲上陸を実施し上陸部隊を直接支援する攻撃部隊（指揮官・ドイル少将）との間で具体的な細部が詰められた。艦隊と水陸両用部隊ならびに上陸部隊との間の調整に関する細部計画が短時日のうちに作成された。これには「本作戦準備間は、電話での話し合い、口頭命令を、電報や文書による正式命令の代わりにする」というドイル少将の指令が大きく貢献したといわれている。

上陸部隊の当事者である第一海兵師団長スミス少将は、仁川を上陸地点として適切とは考えていなかった。しかし、下令された以上、慎重に計画を作成しなければならなかった。

第一〇軍団司令部は、政治的要請を重視する傾向があり、この点でも第一海兵師団との間に調整が必要だったといわれている。いずれにしても第一陣として上陸するのは自分たちであり、生死を懸けるのは自分たちである。そこに求められるのは、確実性であった。作戦計画は、精魂を傾けて慎重に作成せざるを得なかった。

第一海兵師団の上陸基本計画は、以下のようなものであった。

1. 作戦目標――上陸部隊の初期の目標は、海岸堡（ＢＨＬ）の確保とする（図5-3参照）。
2. 月尾島の事前攻撃――九月一五日（Ｄ-デイ）午前六時三〇分（Ｌ時）の朝の高潮に

図 5-3 仁川上陸作戦（1950.9.15 ～ 16）

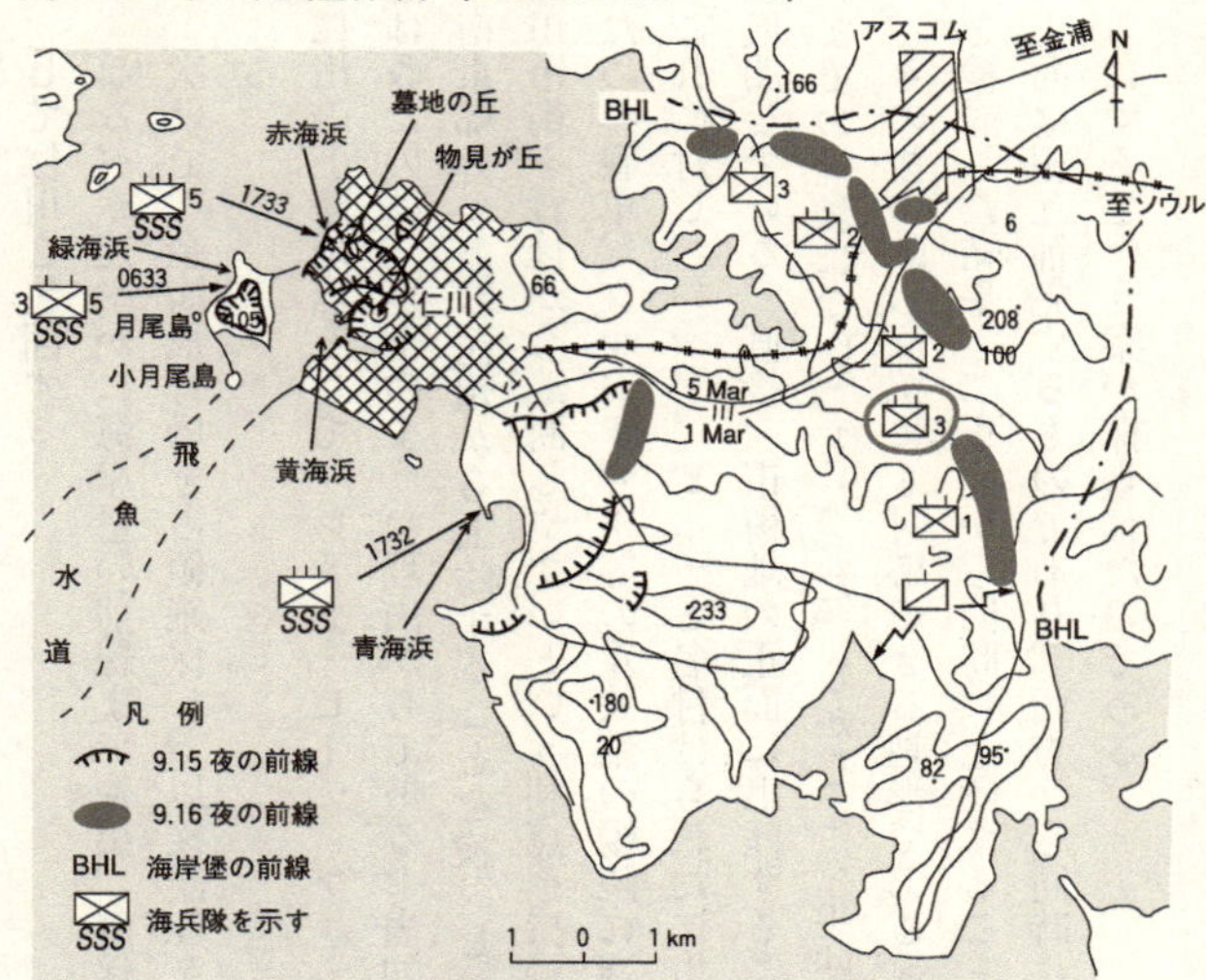

（出典）佐々木春隆著、陸戦史研究普及会編『仁川上陸作戦』原書房、1969、一部修正

乗じて、グリーン・ビーチ（緑海浜）に上陸して速やかに月尾島を奪取する。使用兵力は第五海兵連隊第三大隊を投入する。

3. 主上陸――D‐デイ午後五時三〇分（H時）の夕刻の高潮に乗じ、第五海兵連隊主力をもって仁川正面のレッド・ビーチ（赤海浜）に、第一海兵連隊をもって仁川南東部のブルー・ビーチ（青海浜）に上陸する。

上陸当夜の進出線は、第五海兵連隊は、墓地の丘―物見が丘の線、第一海兵連隊は、ソウル―仁川道を遮断して仁川を包囲する。
4．なるべく速やかに海岸堡の前縁まで進出、確保して、態勢を整備する。
5．次いで、金浦飛行場を占領確保し、以後漢江を渡河して、ソウルを西南側から攻略する。

仁川の上陸地点として、レッド・ビーチ、ブルー・ビーチと名付けられた二つの地点が選ばれたのは、以下のような理由からである。当初、ブルー・ビーチと名付けられた市街の南東郊外にある泥州から上陸することを検討した。ここは市街から離れ、国道に近く、仁川市街を背後から遮断しやすいという利点を持っている。しかしながら、上陸正面が狭いため、戦車、ブルドーザー等の重装備の揚陸に適していなかった。

これに対し、レッド・ビーチと名付けられた仁川港の正面は岸壁で、すぐ背後に市街地が展開している。直接、市街地の正面に上陸することはきわめて危険であり、海兵隊のこれまでの経験にないことだった。しかしこの正面からならば、重装備の揚陸も可能であり、その後の敵の反抗にも対応できる地形であると判断された。このように二つの上陸地点を検討した結果、二正面から同時に上陸することになったのである。すなわち、これら二正面は相互補完するものであり、両方から同時に上陸することにより仁川市街地を挟み撃ちにするという案が採られたのである。

上陸作戦の実施

以上のような作戦計画に基づき、各部隊はそれぞれの場所で必要な準備を整えた。上陸部隊の第一海兵師団主力は神戸において、第七歩兵師団は横浜において、そして釜山を中心とする防衛線で戦闘中の第八軍から引き抜かれた第五海兵連隊は釜山において、八月末から九月初めにかけて、必要な装備の搭載準備、兵員の輸送艦への乗艦準備を開始した。また、第七艦隊は、佐世保に集結して最後の準備を整えた。

各部隊は、九月一〇日から一二日にかけてそれぞれの泊地を出港し、集合予定点の済州島西方海上に向かった。一方、仁川上陸作戦を自ら指揮するために、マッカーサー元帥は極秘裏に東京から九州の板付基地に飛び、佐世保から水陸両用作戦指揮艦マウント・マッキンレーに座乗した。

指揮艦マウント・マッキンレー以下の上陸作戦部隊は、集合点から黄海を北上し仁川沖をめざした。その編成は、アメリカ海軍二二六隻、韓国海軍一五隻、イギリス海軍一二隻、カナダ海軍三隻、オーストラリア海軍二隻、ニュージーランド海軍二隻、フランス海軍一隻の、総数二六一隻からなる大部隊であった。

月尾島攻略　Dデイ当日、九月一五日午前二時、月尾島攻略部隊は一九隻の単縦陣で飛魚水道に突入した。第五海兵連隊第三大隊がM26戦車九両とともに、月尾島に上陸することになっていた。午前五時、夜明けとともに空母艦載機による支援爆撃が開始され、午前五時四〇分、第三大隊の第一陣が輸送艦から小型の輸送上陸用舟艇一七隻に移乗を開始し、上陸準備にかかった。その最中の午前五時四五分、護衛の艦隊による上陸支援砲撃が開始された。上陸予定時刻L時は、午前六時三〇分であった。

午前六時二七分、上陸第一波は出発線を離れて、月尾島西側のグリーン・ビーチと名付けられた上陸地点へ向け発進した。出発線から約一六〇〇メートルの距離、三分の航行であった。上陸用舟艇の発進とともに、艦砲による支援射撃はやんだ。第五海兵連隊第三大隊の第一艇は、六時三一分グリーン・ビーチに達着、引き続き第二波が到着した。北朝鮮軍の抵抗は予想したほどではなく、月尾島に対する前進はほぼ順調にすすんだ。

マッカーサー元帥は、指揮艦マウント・マッキンレーから、月尾島に星条旗が掲げられるのを望見していた。午前八時七分、月尾島を完全に占領したという正式報告が入ると、彼は、「海軍と海兵隊が今朝ほど栄光に輝いたことはかつてなかった」とメッセージを送った。

その後判明したところによれば、月尾島の防備にあたっていた北朝鮮軍部隊は総数約四〇〇名だったが、この内一三六名が捕虜になっている。一方、第三大隊の損害は、わずかに負傷一七名にすぎなかった。

このように仁川上陸作戦の第一段階は、ほぼ計画どおりに進捗した。問題はこれからであった。午後になって潮が引きはじめるとともに、艦隊は外海に避難しなければならない。上陸した第三大隊だけが敵前の小島に取り残された形になったのである。今や、仁川に上陸するという国連軍側の意図は、北朝鮮軍側に対して明白なものとなった。奇襲は一回目だけにしか、成り立たないのである。

当然のことながら、国連軍仁川上陸の意図を察知した北朝鮮軍は、急遽ソウルから増援部隊を仁川に派遣しようとしたといわれている。しかし、艦載機による空襲、ならびに仁川に通ずる街道に対する艦砲射撃によって、増援部隊は昼間の間移動できなかった。このため、午後に予想される仁川に対する主上陸に間に合わなかったといわれている。

仁川主上陸 既にのべたように、仁川主上陸は、H時（午後五時三〇分）第五海兵連隊主力（第一大隊、第二大隊）と第一海兵連隊によって、それぞれレッド・ビーチ（仁川港正面）とブルー・ビーチ（仁川市南東の泥州）の二正面から行われることになっていた。

午後三時三〇分、上陸部隊に対して待機命令が出され、輸送艦から上陸用舟艇への移乗が開始された。レッド・ビーチに上陸する第五海兵連隊の上陸用舟艇は月尾島の北西海面、ブルー・ビーチに上陸する第一海兵連隊の上陸用舟艇は飛魚水道の東側海面にそれぞれ集合し、円運動を行いながら隊列を整えた。

午後四時四五分、H時の四五分前、上陸支援の砲撃が開始された。この砲撃は、慎重に行われた。仁川は人口二五万人の大都市で、韓国で二番目に大きな港であった。多数の一般市民に被害を与えることなく、かつ上陸後は、補給拠点として使用する必要があったからである。

午後五時二二分、第五海兵連隊の第一陣は出発線を越えて上陸地点レッド・ビーチへ向かった。五時二九分一五秒、H時の直前、支援砲撃が鳴り止んだ。予定より一分遅れの五時三一分、第一艇が仁川港の岸壁に達着した。北朝鮮軍側の抵抗はほとんどなく、二分後の五時三三分には第一波主力が岸壁を乗り越えて仁川市街へと進出していった。

他方、第一海兵連隊の上陸用舟艇は速度が遅かったため、第五海兵連隊よりも早く出発線を越えていたが、こちらの方の上陸も順調に進み、午後五時三〇分に予定通り第一艇が上陸地点ブルー・ビーチに達着し、五時三三分には主力の大部分が到着した。

この日、日没は午後六時五九分だった。上陸から日没まで、ほぼ一時間半しかなく、途中から雨が降り出した。レッド・ビーチでは上陸部隊の上陸が完了した午後六時三〇分頃から、補給物資の揚陸が開始された。夜間の防御と翌朝からの攻撃のために、約三〇〇〇トンを揚陸する計画であった。

レッド・ビーチから上陸した第五海兵連隊は、午後一〇時頃には物見が丘一帯を確保し、真夜中には、D-デイ当日の目標線に達した。他方、ブルー・ビーチから仁川市街へ向けて進出した第一海兵連隊は、岩壁をよじ登るのに時間がかかり、市街地への進出に手間取った。海岸から約一・六キロのソウル―仁川道に達したころには、一六日の午前一時をすでに過ぎていた。

北朝鮮軍側の散発的な抵抗はあったものの、仁川主上陸もほぼ計画通りに進められ、当初の目標を確保した。D-デイ当日の第一海兵師団の損害は、戦死二〇名、行方不明一名、負傷一七四名であった。仁川防衛の北朝鮮軍兵力は、月尾島の四〇〇名を含めて約二〇〇〇名であったが、錬度の低い新編成の部隊であったといわれている。

ターニング・ポイントと国連軍の北上

六月二五日の開戦以来、北朝鮮軍の一方的なペースで展開した朝鮮戦争は、約八〇日後の九月一五日に実施された仁川上陸作戦によって第一のターニング・ポイントを迎えることになる。

北朝鮮軍は、開戦以来南下作戦を実施し、八月には朝鮮半島東南端の釜山に国連軍を追い詰めていた。しかし、ひたすら南下し突進した北朝鮮軍は、戦果と同時に損害も記録していた。もともと長期戦を維持するだけの能力がない上に、補給線が延びきり、約三〇〇キロに延びた兵站線は、国連軍の爆撃によってズタズタに寸断されていた。

急速な国連軍の増援の前に、釜山正面でほぼ一月半にわたり北朝鮮軍は多大の消耗を強いられ、補給は完全に底をつこうとしていた。釜山正面における九月初めの総攻撃で最後の力を出し切った北朝鮮軍は、物心両面でターニング・ポイントを迎えようとしていたのである。

このような時機、仁川上陸作戦の成功によって、朝鮮戦争の流れが大きく変わることになる。もともと補給能力の限界を超えた作戦を遂行していた北朝鮮軍は、仁川上陸作戦を契機に、防勢転移の遅れと、戦線離脱に失敗し、全戦線にわたり崩壊が始まり、部隊行動をとれないような状態になったといわれている。

最前線部隊の収拾が困難な状況に接し、北朝鮮軍は、九月二三日、全部隊に対し、三八度線以北への後退を命令している。そこには、もはや一方的な戦いで南下してきた北朝鮮軍の姿はなかった。

仁川上陸を成功させた国連軍は、それを追って北上し、二五日にはアメリカ第一海兵連隊がソウル市街に突入し、二八日、ソウルは国連軍によって奪還された。一〇月一日、韓国第一軍団が東海岸で三八度線を突破、翌二日には、マッカーサー元帥が国連軍に対し、三八度線の突破・北上を命令している。国連軍が朝鮮半島北部を進撃し、鴨緑江の国境線に達するのは時間の問題と思われた。そして、それとともに、朝鮮戦争終結は目前と思われたのである。

3　中国軍の参戦

一九五〇年一〇月時点で、国連軍総司令官マッカーサー元帥は、中国軍の参戦はあり得ないと判断していた。マッカーサー元帥のこのような情勢判断は必ずしも的外れなものとは言えず、後知恵ではあるが、中国指導部内部での論争に照らしても、妥当性を欠くものとは言えないだろう。中国指導部内の論争を乗り越え、マッカーサー元帥の常識を超越したものは何だったのか。毛沢東主席は、その先に何を見ていたのだろうか。

参戦の準備

朝鮮戦争開戦直後の一九五〇年六月二七日、トルーマン大統領はアメリカ極東海・空軍の朝鮮半島出撃と、第七艦隊の台湾海峡派遣を命令した。中国指導部は、このようなトルーマンの声明を、朝鮮内乱を契機に、アメリカが中国に対する軍事干渉の意図を表明したものととらえた。

一九五〇年七月、北朝鮮軍が破竹の勢いで朝鮮半島を南下中であったにもかかわらず、アメリカのすばやい対応と一連の動きから、中国は自国への脅威が日増しに増大しつつあることを懸念し、アメリカとの戦争を予想した。アメリカの侵略に対処するため、鴨緑江対岸に出動することを想定した準備に着手したのである。

七月七日に開かれた国防軍事会議の決定に基づき、第一三集団軍ならびに第四二軍を中心とした二十数万の部隊が動員され中国東北に向かい、七月末までに中朝国境の鴨緑江北岸に集結した。しかし、これは直ちに中国の朝鮮戦争介入、対米軍交戦の決定が下されたことを意味するわけではない。あくまでも軍事レベルの準備であり「備えあれば憂いなし」の性格を持つものであった。

参戦の決定

九月一五日の国連軍の仁川上陸によって、中国の参戦準備ならびに参戦に関する政策決定は加速度的に進行し、最終決定の段階に入る。

一〇月一日毛沢東は金日成からの緊急救援依頼書簡に接したが、一〇月一日から五日にかけての中国共産党中央委員会政治局の政策決定会議では、参戦問題に関する意見の相違が表面化し、中国指導部内で真剣な議論が行われた。最終的には、毛沢東が、いかなる危険を冒しても、いかなる困難があっても、アメリカ軍が平壌を占領する前に即時出兵すべきだと発言し、議論を収束したといわれている。

一〇月八日毛沢東は、「中国人民義勇軍の設立に関する命令」を下した。当初、毛沢東は参戦軍の名称として、「中国人民支援軍」を考えていたといわれる。しかし、「支援軍」という名称は、アメリカに中国への戦争拡大の口実を与え、対米全面戦争につながる可能性があるということから、「義勇軍」(中国語では「志願軍」)という名称になった。「中国人民義勇軍」なら、人民が自発的に朝鮮人民を援助することになり、対米全面戦争の意思はないということを意味すると判断したからであろう。

一〇月一九日夕刻、第四〇軍の渡河開始を皮切りに、中国人民義勇軍主力部隊は当日夜、三カ所から鴨緑江を渡河し南下した。これによって、中国は朝鮮戦争に参戦し、アメリカとの戦争に突入していった。そして、一一月一日までに、一八個歩兵師団、三個砲兵師団、一個高射砲連隊、二個工兵連隊など総計二八万余りの兵力が朝鮮半島に投入されたのである。

中国の朝鮮戦争参戦は、ある意味で不合理な選択であったともいえる。中国軍側にとってあらゆる条件が不利であり、第一線指揮官は悲観的な見通しを抱き、即時参戦に反対しつづけていた。そして、このような現場指揮官が抱いていた懸念は、義勇軍参戦の秘匿性による戦術的効果が無くなると、現実のものとなってきたのである。

しかし、莫大な犠牲を伴ったものの、これによって、結果的に中国の国家としての安全保障は確保され、国際的地位も向上することになった。毛沢東にとり、中国という国家の存続、安全保障上の観点からも、中国軍の朝鮮半島への投入は選択の余地のない国家戦略であったのである。これ以降、米ソ対立という冷戦構造の枠組みの中で、中国は主要大国の一つとして認められるようになったのである。

アナリシス

後から振り返れば当たり前、自明のことと考えられることでも、事前に、多くの人々の同意や賛同をえることは必ずしも容易ではない。当初の意図・計画どおりに物事が運ぶわけではなく、内外のさまざまな状況変化は、計画の延期や修正変更を必要とする。物事を成すには、さまざまな抵抗や対立、摩擦を克服しなければならないのである。このような障害をどのように克服し、乗り越えるかということが、リーダーシップの一つの課題であるといえよう。

このような観点からみると、仁川上陸作戦におけるマッカーサー元帥のリーダーシップには、一貫して、自己の信念に対する強いこだわりと固い決意、状況変化に対する即応性、そしてさまざまな障害を乗り越える努力をみることができる。

マッカーサーの軍事合理性の追求

結果論とはいえ、マッカーサー元帥の仁川上陸作戦は成功すべくして成功した作戦だったともいえよう。にもかかわらず、本作戦は「世紀の上陸作戦」あるいはマッカーサー元帥の「五〇〇〇対一の賭け」と誇大に表現される。たしかに戦史に残る、典型的な上陸作戦の成功例の一つといえるが、その輝かしい成果に比べ、本作戦ほどその実施までに多くの曲折を経た作戦計画も類例がないともいわれる。

マッカーサー元帥は、朝鮮戦争開始直後から、北朝鮮軍の南下阻止には、仁川に地上軍部隊を上陸させる以外に方法がないと考えていた。太平洋戦争における水陸両用作戦に関する豊富な経験の蓄積があるからこそ、着想しうる作戦であった。この構想は、戦局の急変に対応して、「ブルーハート計画」「クロマイト計画」さらにその修正、というように延期、変更されてきた。みずからの構想にこだわりながらも、状況の変化に対応することも重要であり、このことが最終的な成果に大きく貢献しているといえよう。

また、その実行可能性をめぐっては、ワシントンの陸海軍首脳、ならびに作戦実施部隊からの異論と抵抗にも遭遇することになる。マッカーサー元帥は軍人の中で最長老（当時七〇歳）であり、かつ輝かしい戦歴と威信を備えていたとはいえ、作戦計画の承認プロセスにおいて中央の強い反対を克服し、現場部隊が抱く懸念を説得しなければならなかったのである。軍事組織の指揮官といえども、階級や権限の行使だけで組織を機能させることはできないのである。

計画段階の強い疑義があったにもかかわらず、実際の仁川上陸作戦の遂行はきわめて順調に行われた。奇襲上陸は成功し、作戦計画はほぼ予定どおりに進捗した。国連軍側の一方的なワンサイド・ゲームだったといえよう。成功すべくして成功したということは、軍事合理性の追求と実現ということにほかならない。

なぜ、このような一方的な戦いになったのだろうか。この問いは、北朝鮮軍側の戦略と情報の失敗という問題と表裏一体である。国連軍側の作戦実施に着目するならば、少なくとも以下のような三つの戦術原則、すなわち情報収集（相手を知る）、欺騙と陽動（相手を欺く）、兵力優位（相手に優越する）、を忠実にフォローしていることを確認できる。

情報収集（相手を知る） 一九五〇年八月末の国連軍の情報見積もりでは、北朝鮮軍は仁川に約一〇〇〇名の兵力を配備していると考えられた。北朝鮮軍主力は釜山正面に投入され、後方には警備部隊や補充のための新編部隊等が散在しているにすぎないと判断されたのである。

問題は、国連軍の仁川上陸の企図が、北朝鮮軍に察知されていないかということ、ならびに北朝鮮軍による仁川防御の実際の状況を知ることであった。特に後者に関して、沿岸防備の手段として最も効果的、かつ可能性が高いのは機雷の敷設であった。主要な港湾や水道に機雷をあらかじめ敷設しておくことで、相手が機雷除去のための掃海作業を実施した段階で、相手の上陸企図と上陸地点が察知されることになる。すなわち相手が掃海作業に手間取っている間に、上陸地点に兵力を集中させることができる。

仁川港に関する情報は、一九四九年六月まで、ほぼ四年間にわたって韓国に駐留したアメリカ軍が主要補給港として使用していたにもかかわらず、アメリカ軍にはほとんど記録が残っていなかった。このため、アメリカ海軍士官を仁川沖の小島に潜入させ、機雷敷設の有無、ならびに上陸部隊の進入経路となる飛魚水道、月尾島、仁川港の防備状況等の情報を収集した。また、仁川港の岩壁の高さは航空写真から判定され、これに合わせて必要な上陸装備が整えられた。

欺騙と陽動（相手を欺く）　大規模な上陸作戦は、多数の兵力と大量の物資を集中し、時間をかけた周到な準備を必要とするから、上陸作戦実施の企図、ならびにおおまかな実施時期そのものを秘匿することは困難になる。したがって奇襲成功のポイントは、具体的な上陸地点を察知されないようにすることである。

国連軍は、北朝鮮軍に対して仁川以外の地点に上陸企図を持っていると思い込ませるために、さまざまな欺騙と陽動を周到に計画した。D‐デイ二日前の九月一三日、朝鮮半島東海岸の三陟に対して、戦艦ミズーリの四〇センチ砲により上陸準備射撃と思わせるかのような艦砲射撃による牽制作戦を実施した。また、イギリス海軍の航空母艦と巡洋艦は、朝鮮半島西海岸北部において、平壌の外港鎮南浦に対する艦砲射撃や爆撃を行った。

特に西海岸では、仁川より安全な上陸地点といわれていた群山に対して活発な牽制作戦が実施された。九月五日から一三日にかけて、仁川に対するのと同様の空爆が行われ、一二日夜には、米・英のコマンド部隊が上陸、威力偵察を行った後撤退した。そして、翌日には、念のいったことに、間もなく米英連合軍は群山に上陸するから住民は内陸へ避難せよ、との内容のビラが航空機によって散布された。

また、報道機関に対するプレスリリースを通して、国連軍の反抗は近いとしながらも、その時期は一〇月半ばであると告げている。実際の時期より一カ月後になると思わせようとしたのである。

以上のような欺騙、陽動、陽言によって、北朝鮮軍がどの程度影響されたかは明確ではない。いずれにしても、国連軍が上陸作戦準備を行った日本国内では、当時仁川上陸は公然と噂されていたといわれる。このことが逆に、北朝鮮軍側の上陸地点に関する判断を一層困難なものにしていたかもしれない。


兵力優位（相手に優越する）　前述したような情報収集、ならびに欺騙と陽動がなぜ可能だったのかと言えば、国連軍側に制海権と制空権があったからである。国連軍の情報見積もりによれば、小型哨戒艇からなる北朝鮮海軍は、西海岸の鎮南浦と、東海岸の元山にその主力を配備していたが、両港とも国連軍の海軍部隊によって封鎖されほぼ無力化されていた。また、北朝鮮空軍の残存機はこの時点で一九機と算定されていた。

上陸予想地点に対し北朝鮮軍が十分な地上兵力を配備できなかったのは、いうまでもなく釜山正面に主力を投入していたからである。逆にいえば国連軍は、釜山正面で北朝鮮軍主力を吸収しながら、同時にその背後で上陸作戦を実施するという二正面作戦を行いうる兵力優位にあったのである。

もともと補給能力の限界を超えて作戦を遂行していた北朝鮮軍は、このころ物心両面で疲弊し、北朝鮮軍自体がターニング・ポイントを迎えつつあったといえよう。これに対し、国連軍は、圧倒的な制海権と制空権の下、膨大な軍需物資を釜山に揚陸しつつあった。そして、その背後には、補給基地日本があったのである。

軍事合理性の限界

軍事合理性を追求することで、上陸作戦の典型的な成功例ともいわれる仁川上陸作戦を成し遂げたマッカーサー元帥は、それからほぼ七カ月後の一九五一年四月一一日、トルーマン大統領より国連軍総司令官、極東軍総司令官の解任を通知されることになる。ほぼ完璧に軍事合理性を達成したマッカーサーは、なぜ職を解かれなければならなかったのだろうか。トルーマンとマッカーサー両者の間には、ワシントンと東京、政治と軍事（合理性）、中央司令部と現場、大戦略と軍事戦略をめぐる普遍的な課題を見ることができる。

マッカーサーとワシントンは、開戦当初からボタンを掛け違えていた。開戦三日目にソウルが陥落すると、マッカーサーは独自の判断で現地を視察し、ワシントンに地上部隊の投入を要請した。ワシントンも独自の観点から同様の結論に達している。マッカーサーは、当初から朝鮮半島の統一と独立の実現を志向していた。中ソが朝鮮半島に軍事介入することを過小評価し、仮に中国が軍事介入しても、その補給ルートに対し核兵器ならびに

B-29爆撃機を使用することで戦域としての朝鮮半島を隔離できると考えていた。

これに対してワシントンの政治指導者たちは、朝鮮半島における北朝鮮軍の南下の持つ意味を、グローバルな視点から解釈しなければならなかった。極東、アジアという戦域だけではなく、ヨーロッパにも目配りをし、包括的な視点を保持しなければならなかった。常に中ソ、特にソ連の介入の可能性に対しては慎重な検討が求められていた。

開戦当初の急速な事態の展開は、ワシントンでの包括的な政策決定が、軍事行動を後追いすることになった。軍事情勢の変化は早急な政策決定を要求し続けたが、全般的な計画がないままに現場での作戦計画を立案しなければならなかった。結果的に、軍事行動に先行する政治的決定が不在のまま、現場指揮官であるマッカーサーの主導権(イニシアティブ)が、統合参謀本部を通してワシントンの政策決定に大きな影響を与え続けたのである。

いうまでもなく、制度的には現場指揮官であるマッカーサー元帥は、統合参謀本部の指揮下にあり、そして全体の最高指揮官はトルーマン大統領である。仁川上陸作戦に際しても、その後の軍事行動について、三八度線以北の作戦行動については統合参謀本部の事前の承認を得ることが義務づけられていた。しかし、マッカーサーは、この命令を拡大解釈していた。軍事は軍事合理性の観点から判断されるべきであるとして、三八度線そのものは軍事行動の制約要因であるべきではないと考えていたのである。

マッカーサーの国民的英雄としての威信は、仁川上陸作戦の成功と相俟って、三八度線を越えて北進する際の制約条件をあいまいにし、かれの裁量の余地を拡大させることになった。このような現場主導、戦域司令官の判断への依存は、ワシントンにとり憂慮すべきものであったが、面子の問題も絡み、トルーマンを複雑な心理状態に追い込んだものと思われる。

ワシントンと東京、トルーマンとマッカーサーの間に横たわるこのような齟齬(そご)を調整しようとする試みが、一〇月一五日のウェーク島会談だった。両者は、これまで一度も直接的な接触を持ったことがなかった。トルーマンは、マッカーサーにワシントンの政策に対する理解を求め、中国軍の参戦の可能性を問いただした。これに対し、マッカーサーはその可能性を明確に否定したのである。結果的にこの会談で、両者は誤った判断を相互に補強しあったのである。

一〇月下旬、中国軍の参戦により軍事情勢に重大な変化が生じ、戦争そのものの性格がまったく異なったものに転化することになる。これに応じて、マッカーサーは統合参謀本部との協議なしに、一一月五日、独断で鴨緑江周辺に対する二週間の空爆を指示する。このことを察知したワシントンは、急遽、爆撃延期を命令するが、これが東京に到着したのは爆撃機離陸の一時間前のことであった。しかし、最終的にはマッカーサーの要請が受け入れられ、トルーマンは空爆に承認を与える。軍事情勢の重大な変化にもかかわらず、ワシントンの大枠の方針は変更されることがなかったのである。

その後も、トルーマンとマッカーサーの間の心理的距離は、縮まることはなくむしろ拡大していった。一一月三〇日、トルーマンは定例記者会見での質問に対し、核兵器の使用についての責任は通常通り野戦指揮官が有すると答えたが、この発言はトルーマンの意図に反して、核兵器使用権限をマッカーサーに委譲したかのように誤解され、大きな反響をもたらした。また、ワシントンと東京との間の政策上の齟齬を示唆するマッカーサーの度重なる対外的な言動に対し、一二月五日、トルーマンは、部外に対する声明については、所轄官庁の事前の承認を受けるように通知したのである。

マッカーサーとワシントンとの間の意思疎通の悪さには、東京とワシントンの距離だけではなく、コミュニケーション手段として、情報量の限られた電報という手段が用いられていたことも貢献している。これを補うためにトルーマン大統領は、わざわざウェーク島まで出向いたのであった。また、現地司令部と統合参謀本部の間の調整のために、陸軍参謀総長は開戦以来四度にわたって東京を訪れている。

このような努力にもかかわらず、両者の間の認識の溝は埋まることなく、最終的にトルーマンが伝家の宝刀を抜いたのである。

軍事合理性の限界という観点から見るとき、ここには、ポリティックス（政治）と軍事、中央と現場との間に横たわるより本質的な問題の存在を確認することができる。すなわち、何かをなすことによって生じた失敗と、何もしないことによって生じた失敗をどのように識別するかということである。何かをなして失敗した場合は検証されるが、何かをさせなかった場合の結果はどのように検証されるのであろうか。実行されなかったことの誤りを実証するのは難しい。成功したかもしれないことをやらせなかった場合の機会損失は、誰が責めを負うべきなのだろうか。

リスク（当事者責任）を回避することは、問題先送りや、模様眺めの無作為につながりやすい。中央と現場、政策策定主体と実施主体（インプリメンテーション）の間には、常にこのような問題が潜在している。いいかえれば、作為、無作為をめぐる責任の所在ということである。

第6章　第四次中東戦争——サダトの限定戦争戦略

プロローグ

一九七〇年九月二八日、カリスマ的な権威を誇った偉大なる指導者であったエジプト大統領ガマル・アブデル・ナセルが心臓病で急死し、副大統領のアンワル・エル・サダトが大統領に就任した。この光景を眼にした全世界の誰しもが、サダトの支配はせいぜい数週間で、いずれ真に実力のある政治指導者が出現するであろうと予測していた。

人々は、サダトがナセルの副大統領に選ばれたのは、ナセルの猜疑心を触発するような政治的な野心がなく、かつナセルの命令指示に唯々諾々と従う以外に能力のない、したがってナンバー・ワンの独裁者にとって、最も安全で無害な人物であったからであると見なしていた。また実際のところサダトは、陸軍士官学校の同期生であるナセルを裏切らず、ひたすら誠実な姿勢に徹していた。イギリス帝国主義がエジプトを支配していた時代の入

第四次中東戦争年表

1967. 6. 5-10	第三次中東戦争（6日戦争）
1970. 9.28	ナセル大統領死去
10.16	サダト、エジプト大統領に就任
1971. 5. 2	サダト、アリ・サブリら反サダト派追放
1972.10.28	サダト、サディクら限定戦争反対派を解任
1973. 5	スエズ運河戦線緊張
10. 6-24	第四次中東戦争
10.17	OAPEC石油戦略発動
1974. 1.18	第一次シナイ協定
1975. 9. 4	第二次シナイ協定
1976. 3.15	サダト、エジプト・ソ連友好協力条約破棄
1977.10.19	サダト、エルサレム訪問
1978. 9. 5-17	キャンプ・デービッド首脳会談
1979. 3.26	エジプト・イスラエル平和条約調印
1980. 1.26	エジプト・イスラエル国境正常化
1981.10. 6	サダト暗殺
1982. 4.25	シナイ半島全面返還

牢体験からサダトは、辛抱することの大切さを学習していた。その体験から、ナセルの支配下でも忍耐強く目立つことのないように努力していたのであろうか。

ナセルとサダトはともに、腐敗したファルーク国王の追放を目論む「自由将校団」の盟友であった。しかしナセルが政権の座にある間は、サダトの資質は開花する機会もなく人知れず潜在していた。かつては名誉職的な国会議長の閑職を与えられ、第三次中東戦争の敗北の責任をとってエジプト三軍総司令官アメル元帥が服毒自殺を遂げるまで、サダトはナンバー・ツーですらなかった。

しかし、大統領の職に昇格したサダトは、全く自分自身だけの力で一九七〇年代の中東情勢の激変をつくりだしてみせた。世界史的な金字塔として記憶されるイスラエルとの平和的な関係を創出するといったコペルニクス的転換をやってのけるサダトの戦略的な発想や政治的指導力は、どこに隠されていたのであろうか。

歴史に〝If〟は禁句だそうだが、五二歳の若さで死んだナセルが、もし一〇年間健康であったら、果たして「中東情勢のコペルニクス的転換」はあり得たであろうか。ナセルが健在であれば、サダトがいかに卓越した非凡な戦略的構想を抱いていたとしても、彼は決してそれを口にすることはなかったであろう。サダトには、ナセルの戦略の枠の中で、ナセルが期待すること以上の役割を果たせる機会はなかったと考えられる。ナセルの死後、サダト以外の人物が大統領の地位を継承したと仮定すれば、おそらく相当な期間にわたり「中東情勢のコペルニクス的転換」は生じなかったと言わざるを得ない。

1　イスラエルの戦略

戦略環境の変化

一九四八年の建国以来イスラエルは、支配領域が狭隘であるため、自然の地勢的な縦深性の欠如に悩まされ続けてきた。一九四九年休戦ラインで囲まれたイスラエル支配領域の

図6-1　1949年休戦ラインによるイスラエルの軍事的脆弱性

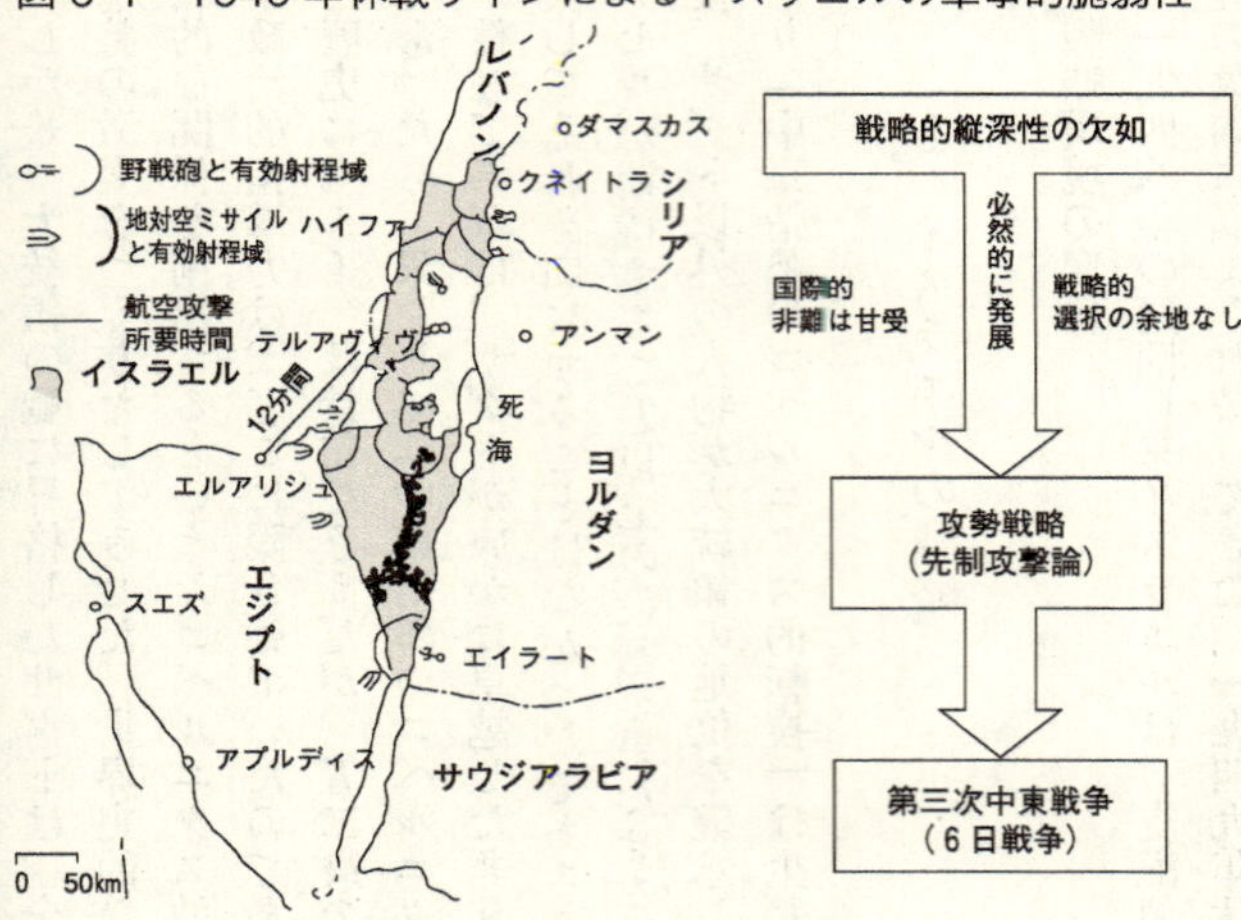

軍事的脆弱性を、六七年六月の時点で素描したのが、図6‐1である。

実細線の半円部分は野戦砲火力のカバー・エリアで、実太線の半円部分は地対地ミサイル火力のカバーエリアである。シナイ半島のエジプト空軍基地エルアリシュから飛び立った航空機は、一二分後にはイスラエルの当時の首都テルアヴィヴの上空に到達し、これに対してイスラエルが空襲警報を発令する時間の余裕はわずか四分間だけであった。

ところが、一九六七年六月五～一〇日の第三次中東戦争における驚異的な勝利により、イスラエルは一九四九年休戦ラインで囲まれた領域約二万平方キロの約三倍に相当する、約六万平方キロもの占領地（シナイ半島・ガザ回廊、ヨルダン

図 6-2　1967 年停戦ラインによるイスラエルの軍事的安全性

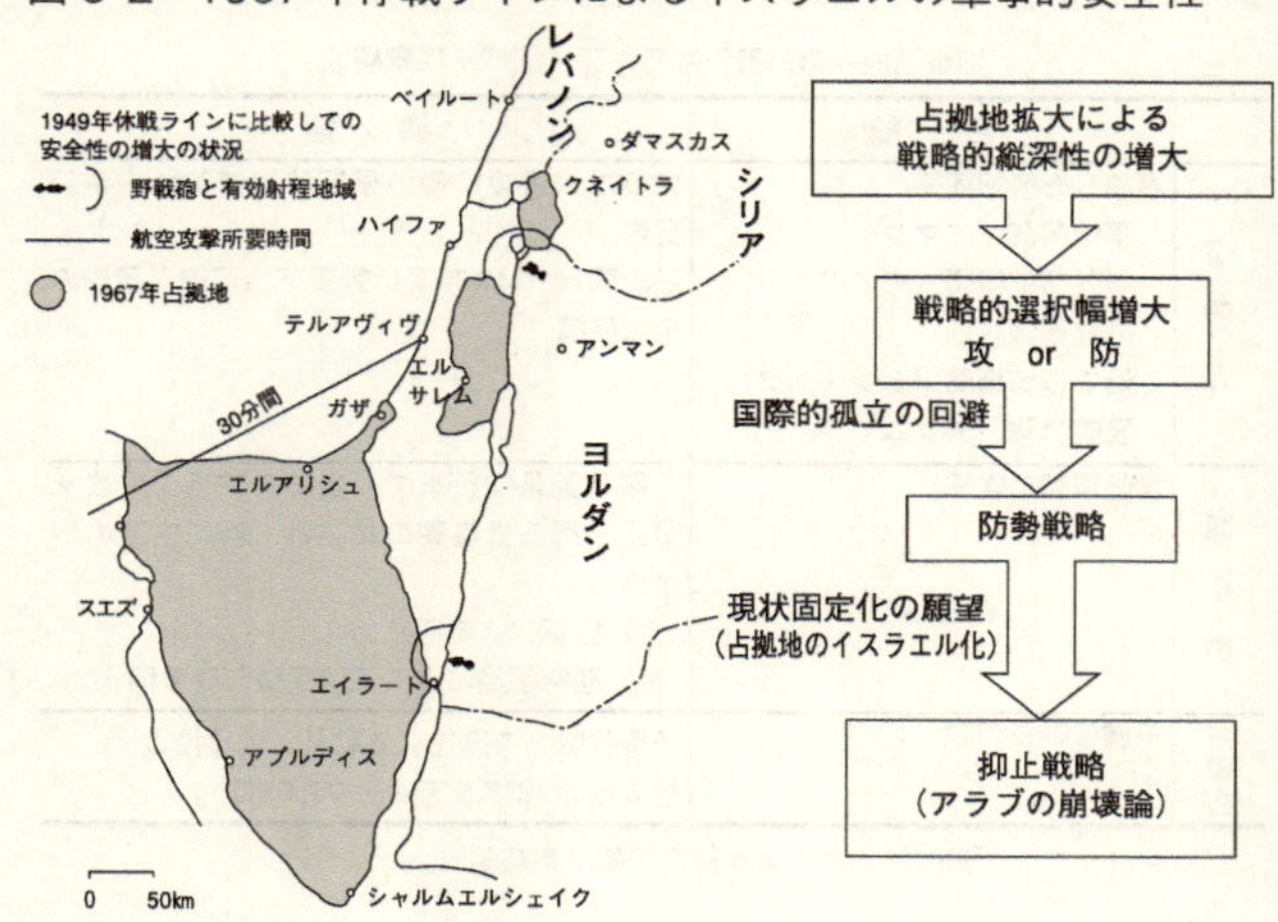

川西岸地区、ゴラン高原）を獲得した。それらはイスラエルにとって、その戦略的縦深性を著しく増大させ、安全度を向上させるものであった。このような戦略環境の変化（図６‐２参照）は、必然的にイスラエルの防衛戦略にも大きな影響を及ぼした。

軍事戦略の変化

第三次中東戦争の勝利を契機として、イスラエルの軍事戦略は、攻勢戦略から防勢戦略に転換された。

第三次中東戦争以前のイスラエルは、戦略的縦深性の欠如という宿命的な地勢的条件に制約されて、不可避的に攻勢戦略を採用せざるを得なかった。別名「六日戦争」の異名をもつ第三次中東戦争

表6-1 イスラエルの防衛システム

抑止機能＝事前警告機能＋阻止機能＋反撃機能

	組　織	機　能
情報力	卓越した情報機関 軍情報部（アマン） 対外情報機関（モサド） 外務省調査部 治安情報機関（シン・ベス） 警察特務（アタム）	アラブの侵攻準備の早期偵知に基づく事前警告 最少限H－48時間に動員下令可能な警告の絶対保障
阻止力	常備軍特に空軍	予備役動員完整まで、当初のアラブ侵攻を阻止し得る常備軍の精強性、特に空軍の阻止力 （主）空軍による阻止力 （従）防御組織による国境警備部隊の阻止力
反撃力	予備役動員部隊	予備役戦力の迅速なる動員と戦場投入 最大戦力：37.5万人／72時間

（注）H：アラブ側の対イスラエル侵攻開始予想時刻

は、イスラエルが攻勢戦略、先制攻撃論を具現した電撃的短期決戦の典型であった。

第三次中東戦争における占領地の獲得により、図6－2に示すとおり戦略的縦深性を増大させた結果イスラエルは、攻勢、防勢いずれの戦略をもとり得る軍事的可能性を持つに至った。

しかし、圧倒的な軍事的勝利をもたらした第三次中東戦争も、外交的には「先に手を出した」ということで、「侵略者イスラエル」の非難を生み、国際的な孤立に陥ってしまった。これ以降、イスラエルの支持国は、国内に六〇〇万人のユダヤ人を抱え込むアメリカ一国のみとなった。このためイスラエルは、国際的な孤立を脱することを国策の基本とせざるを得ず、「先に手を出さない」という防勢的な戦略方針をとらざるを得なくなった。

防衛システム

後のイスラエル大統領で、国防軍情報部長の要職を二度も務めたハイム・ヘルツォーグ予備役少将は、著書『贖罪の戦い』(The War of Atonement) において、第三次中東戦争後に採用した防勢戦略の三つの軍事的な主要素を次のように述べている。

「まず第一の要素は、アラブ側の侵攻準備の状況を早期に偵知して行う事前警告である。次いで、予備役戦力の動員完整の時機まで、アラブ側の侵攻を阻止し得る常備軍の精強性、特に空軍による阻止力である。

最後の要素が、予備役戦力の迅速なる動員と戦場投入による反撃力であった」

イスラエルの防勢戦略の軍事的支柱を形成する防衛システムを概念化したのが、表6−1である。この防勢戦略のポイントは、アラブ側の対イスラエル全面侵攻の抑止にあった。抑止の主対象は、アラブの中の軍事大国エジプトによる侵攻であって、シリア、ヨルダン等が単独で侵攻してくる可能性は、きわめて小さいと見なされていた。エジプトの侵攻企図を挫折させれば、アラブ全体に対する抑止は成功すると考えられていた。

エジプトの侵攻企図を未然に挫折せしめる抑止力とは、圧倒的に優勢な軍事力の顕示であり、具体的には、事前警告→常備軍による阻止行動→予備役戦力の斉整たる動員と戦場投入→反撃行動という諸機能がシステムとして有機的に機能すること（より正確には、そこから生じる対処力の保持についての信憑性）にあると考えられていた。

システム機能の鍵――情報

この防衛システムが有効適切に機能する鍵は、アラブ側の侵攻準備の状況を早期に偵知して行う事前警告の適時性、的確性にあった。

的確かつ十分な時間的余裕のある事前警告の実施は、アラブ側の戦争準備、兵力展開の実態を早期に偵知し、その侵攻企図を正確に解明し得る情報能力があってはじめて可能であった。そのために、イスラエルは各種の情報機関を育成してきたのであった。換言すれば、イスラエルの国家的生存は、適時適切な情報活動の成否に全面的に依拠していたのである。

当時のイスラエル国防軍の動員所要時間は七二時間を上限としており、かつ常備軍による阻止力の抗堪時間は最大二四時間とされていたので、アラブ側の侵攻発起時機に対しては、最少限四八時間以上の時間的余裕を確保して、予備役の動員下令をなし得る事前警告を実施することが不可欠の要件であった。

空軍と機甲部隊、そしてスエズ運河

事前警告の発令によって始動を開始するイスラエル防勢戦略の防衛システムを、具体的に支える実戦力は、空軍と機甲部隊であった。空軍は、第三次中東戦争の航空撃滅戦以来、圧倒的な優勢を保持し続けてきた。イスラエル空軍運用の特徴は、緒戦における徹底した航空撃滅戦の実施により、速やかに全般的な航空優勢を獲得し、アラブ側の空からの脅威を完全に除去しておいて、その後に地上軍に対する近接航空支援を展開するところにあった。いわゆる「空飛ぶ砲兵」としての空軍である。

機甲部隊は、地上軍の基幹戦力として、流動的な機動打撃戦を展開することを特徴としていた。一〇〇時間戦争といわれた第二次中東戦争、六日戦争といわれた第三次中東戦争、これらの地上戦ではいずれもイスラエル機甲部隊の流動的な機動戦の展開により、短期決戦を成就した。

空軍と機甲部隊の圧倒的な優勢に加えて、主敵エジプトとの間に横たわる正面一六八キロ、幅一八〇～二〇〇メートルのスエズ運河という水障害の存在は、イスラエルの防勢的な防衛システムを強化するものであった。イスラエル軍によれば、エジプト軍がスエズ運河を渡河するには侵攻開始後一二～二四時間を要するものと見積もられ、これは運河沿いのバー・レヴ・ラインにより十分抗堪できるものと考えられていた。

戦略的縦深性の増大に加え、情報能力の卓越、圧倒的に優勢な空軍と機甲部隊、そしてスエズ運河の水障害の存在等により、イスラエルは、「先制第一撃」の原則に固執することなく防勢的な防衛システムにより、アラブの全面戦争は間違いなく抑止できると信じて疑わなかった。

イスラエルの過信と驕慢

このようなイスラエルの国家安全保障に関する自信について、イスラエル機甲部隊創設の父といわれ、第四次中東戦争当時参謀次長の要職にあったイスラエル・タル予備役少将は次のように回顧している。

「(一九六七年の六日戦争の勝利以来) わがイスラエルは、中東地域における新しい現実がアラブを囲むリージョナルな環境と、トータルな国際環境に対し、『既成の事実を創造』し、『現状凍結』されるものと考えてきた……(占領地のイスラエル化の成就)。われわれは政治的にも軍事的にも強者の立場にあるという前提に立っており、戦争になればアラブ諸国は大損害をこうむり、われわれの交渉力は弱くなるどころか、逆に強化されるであろうと考えていた。アラブ諸国がイスラエルの機動打撃力、なかんずく航空戦力の作戦的・戦略的な優位を認める限り、アラブが敢えてイスラエルに対して戦いを挑むようなことはあるまいとわれわれは至極当然のことのように考えていた。

六日戦争で獲得した戦略的縦深性の恩恵によりわれわれはもはや『先制第一撃』の原則に固執することはなかった。同時にわれわれはようやく安全な港にたどり着き、防勢的な戦争指導が可能になったと信じた。

このシナリオはイスラエル国家の存亡の問題に関する限り、すべて正鵠を射たものであったが、アラブの限定的な武力侵攻の可能性については誤っていた」

2　サダトの戦争構想

中東をめぐる米ソの角逐

一九四八年五月、アラブ世界の中心部に位置するパレスチナの地にユダヤ人国家イスラエルが建国されたとき、誇り高いアラブ人は、屈辱的な敗北感という深い傷を心に負った。雪辱を期するエジプトは、一九五五年以来ソ連からの武器支援により、イスラエルに対抗しようとした。翌五六年一〇～一一月のスエズ動乱で、エジプトは再び軍事的敗北を喫したが、中東地域が米ソ両超大国のヘゲモニー争奪の舞台と化したために、ナセルが率いるエジプトは、運河の国有化という政治的勝利を結果的に獲得した。この予期せぬ大成果により、エジプト大統領ナセルは、アラブ世界の希望の星となった。

アラブ民衆のカリスマに祭り上げられたナセルは、欧米に対する敵対姿勢と、ソ連に対する親密な傾斜をますます強めて、ソ連製の兵器で軍備を強化したが、このことは決してエジプトに栄光をもたらさなかった。六七年六月、熱狂的なアラブ民族主義の興奮の渦が巻き起した第三次中東戦争で、エジプト軍は壊滅的な敗北をこうむった。そして、エジプト固有の領土であるシナイ半島が、イスラエル軍に占領されるという最悪の事態に陥ってしまった。

ナセルは退勢を挽回するために、ますますソ連に対する軍事的・経済的な依存を強めていったが、軍事力の面で優勢なイスラエルとの圧倒的な格差を縮めることは、全くできなかった。ソ連は、膨大な武器援助により、エジプト軍の再建に大きく貢献はしたが、その見返りとして、エジプトの領内に海空軍の基地を獲得した。さらにソ連からは、空軍のパイロットや地対空ミサイル要員などが、エジプト領内に駐留することになり、エジプトはさながらソ連軍事力の中東進出の前進拠点であるかのような状態になった。

一方アメリカは、従来から一貫してイスラエルを支援し、イスラエルの圧倒的な軍事優勢をもって、中東地域の安定要因とする政策をとってきたのだが、ソ連のエジプトへの軍事進出という新事態に、いかに対応すべきか、という新たな問題に直面することになった。

一九六九年、アメリカ大統領に就任したリチャード・ニクソンは、当初アラブとイスラエルの抗争に対しては公正な仲介者として、六七年に占領したアラブ領土からイスラエル軍が撤退するよう、圧力をかける政策をとろうとした。しかし、七三年、ニクソン政権の国務長官に就任したヘンリー・キッシンジャーは、アメリカの中東政策の基本目標をソ連の影響力の排除に置いた。そこでかれは、アメリカがアラブにとって有利な政策をとれば、アラブはソ連との連携の賜と考え、かえってソ連の影響力が強化されるであろうと判断した。アラブがソ連に依存している限り、アメリカはアラブの希望を無視し続けなければならないと結論づけた。

つまり、ソ連に対する依存関係を解消しない限り、イスラエルに占領された領土を取り戻すことは不可能であるという冷厳な現実を、アラブにしっかり自覚させなければならない、というのがキッシンジャーの考え方であった。

サダトの登場――破綻寸前の国家財政

サダトがナセルから継承したエジプトは、一九六七年の第三次中東戦争の敗北により、ガザ回廊を含むシナイ半島の全域がイスラエルの占領地となり、通航料がエジプトにとっての貴重な収入源であったスエズ運河は閉鎖されたままであり、かつ対イスラエル臨戦態勢の持続により経済的には破産寸前の苦況にあった。さらに、国内には多数のソ連軍人が駐留し、エジプト防衛の大半はソ連に依存する一方、アメリカとは、六七年六月以来、外交断絶のままという異常な状態にあった。

このような国家的苦況を遺産として引き継いだサダトは、ソ連からの強力な軍事援助によってエジプト軍を強化し、イスラエルからシナイ半島を軍事力でもって奪回しようとしたナセルの方針に、やがて疑念を抱くようになった。

エジプトの主体的条件について、サダトはその窮状、すなわち破綻寸前にある国家財政の原因が、積年の対イスラエル臨戦態勢にあることを、的確に認識していた。したがって、国家財政の崩壊を喰い止める唯一の方策が、イスラエルとの間の戦争状態に終止符を打つことにあることも、十二分に理解していた。開戦直前の九月三〇日、サダト大統領は、国家安全保障会議を招集し、エジプト経済がゼロにまで落ち込んでしまっている事実を明言し、財政破綻の現実を直視するよう訴えている。

サダトの現況認識は、情報相モハメッド・ヘイカルに語った、次の言葉に余すところなく言い尽くされている。

「これが最後のチャンスだ。もし、これに乗らなければ、バスに乗り損なってしまう。いまが戦力の絶頂点にある。われわれは、いまだかつてみられないくらいの強力な支援をアラブ諸国、非同盟諸国、国連およびその他至る所で得ている。しかし、人々はこう言い出している。

『君達がわれわれに要請し、われわれが与えた支持の諸決議は一体なんのためだったのか。何事も起りそうにない。君たちは何を待っているのだ』と。

もうじき人びとは、関心を失いだすだろう。それに、エジプトの経済情勢もある。ノー・ピース、ノー・ウォーの状態をこのまま続けていては、もう生きのびられない。大幅な財政的注射をしなければ、一九七四年には危機に陥る。

われわれの必要としている援助の出所は、一部のアラブ諸国だけであり、これらの国はなにか動きがない限り、エジプトには一文もだしてくれそうにはない」

エジプトを財政的破綻から救うには、イスラエルとの和平が必要であった。しかし、シナイ半島を軍事占領されたままの状態で、和平交渉に乗り出すことが不可能なことも、サダトは十二分に理解していた。なぜならば、対等の外交交渉が成立するための前提条件は対等の力関係にある、という国家関係の実態についての認識があったからである。

したがって、サダトの当面の課題は、まずエジプトの自信と尊厳の回復であり、そしてなし得れば被占領地シナイ半島の奪回であった。エジプト人の自尊心の回復のためには、イスラエル軍に占領されているスエズ運河東岸のシナイ半島の一角に、エジプト国旗をひるがえすことが必要であった。そしてシナイ半島奪還のための第一の方策は、軍事力によってイスラエル軍を駆逐することであった。しかし、ソ連の軍事援助によって精強なエジプト軍を建設し、イスラエルに対する雪辱戦を開始しようというナセル以来の悲願は、実は画餅であることを、サダトははっきりと理解していた。

なぜならば、ソ連は自国の影響力の扶殖拡大のためにエジプトを利用しはするが、対米関係を最優先させるがゆえに、エジプトのためあえて危険を冒すようなドン・キホーテではなかったからである。一方、キッシンジャーとの秘密ルートによる予備交渉を通じ、敗北した状態のままでいるエジプトのために、アメリカがイスラエルに対し何らかの影響力を行使しようとする意思がないことも、明瞭となってきた。

こうした客観的条件のもとで、ソ連の支援にもとづく軍事力だけでシナイ半島を奪回することは不可能であり、さりとてエジプトが主動的な行動を起こさない限り、アメリカは動くことはないというジレンマを、サダトは悟っていた。この冷厳な現状認識を出発点として、かれは新たな限定戦争戦略を構想した。

その戦略構想の大要は次のようなものである。

まずソ連から供与された兵器をもって、イスラエルに対する限定的な作戦を開始する。と同時に、ソ連寄りの国策を放棄し、アメリカと親交を結ぶ意思があることをアメリカに伝える。こうすることによって、アメリカは国際的危機を回避するために調停に乗り出し、しかもその後エジプトにとって有利な中東情勢の到来をもたらしてくれるであろう。

サダトは、中東における「ノー・ピース、ノー・ウォー」の永続化こそ、ソ連の中東政策の基本であることを看破していた。他方、エジプトの確固たる意思を具体的な行動で表明しない限り、イスラエル優越という中東情勢の現状固定化は避けられず、アメリカもエジプトのために動こうとはしないであろうと考えるに至った。一九七三年初頭、サダトはこう判断してイスラエルに対する開戦を決意した。

人事の刷新

エジプト軍の最高統帥部では、エジプト空軍がイスラエル中心部に対する爆撃を敢行する力量を持つようにならなければ、イスラエル空軍によるエジプト縦深地域に対する爆撃を抑止することはできないし、そのような主動的な攻撃能力を保有しない限り、対イスラエル進攻は不可能であるという意見が強かった。これに対してサダトは、自らの限定戦争論を次のように述べている。

「われわれが攻撃を計画する場合には、われわれの能力の範囲内で計画を立て、それ以上のものとしないことを望む。スエズ運河を渡河し、シナイ半島の一〇センチでも確保すれば——もちろん一〇センチというのは誇張だが——それは私への大いなる助けとなり、国際的にも、アラブ陣営のなかでも政治情勢を完全に変化させるであろう」

さらにかれは、「最初の二四時間の戦闘で勝利する者は、間違いなく戦争全体を支配するであろう」と述べ、緒戦におけるスエズ運河渡河作戦成功の重要性を強調したのであった。

サダトは、エジプト軍首脳に対し、かねての持論である限定戦争戦略の構想に基づくシナイ半島進攻作戦の計画策定を命じた。サダトは、一九七二年一月一五日を期して、イスラエルに対し攻撃を開始できるよう作戦準備の完成を命じていた。

これに対し、国防大臣の要職にあったムハマッド・サディクは、現在の装備兵器では、イスラエル軍に対してエジプト軍が戦勝を獲得できる可能性は低い、という従来からの主張を変更することなく、サダトの開戦企図に真っ向から反対した。国防大臣を筆頭に、国防次官アブデル・ハデル・ハッサン将軍、中央軍管区司令官アリ・アブドル・ハビル将軍、第三軍司令官アブデル・ムネイム・ワセル将軍らが、サダトの開戦企図に強く反対した。かれらは依然として全面戦争戦略に固執し、限定戦争の可能性については全く理解していなかった。

一九七二年一〇月二六日、最高軍事評議会が、ギザの大統領官邸で開催された。サダトは、軍の作戦準備の進捗度を確認しようとしたが、サディクらは何の処置もしていなかっただけでなく、サダトの限定戦争戦略に対し公然と反対した。

二日後サダトは、サディク以下、限定戦争戦略に反対の将軍たちを解任した。新しく国防相に任命されたのは、サダトと陸軍士官学校同期生のアーメド・イスマイル・アリ将軍であった。イスマイルは、政治には全く興味のない、任務の遂行に忠実な生粋の軍人であった。彼は、当初はサダトの限定戦争戦略に対して批判的であったが、逐次その真意を理解するようになった。

サダトの決断

一一月になると、エジプトの最高指導部は、軍事力の行使を欠いては、戦争でもなく平和でもないという行き詰まりの苦況を、打開することはできないという前提条件を承認するに至った。そして、イスラエルの抹殺とか、被占領地シナイ半島の全面奪還とかを狙うのではなく、スエズ運河の東岸にエジプト軍の足場を築くだけでよい、という達成すべき目標を限定した作戦方針が採用された。

戦争勃発の年、一九七三年三月、イスマイル・アリ国防相はモスクワを訪れ、約一〇億ルーブル相当の大規模な兵器供与に関する援助を取り決めた。その概要は、ミグ23戦闘機一個飛行隊分、地対地ロケットSCUD一個旅団分、装甲歩兵戦闘車BMP約二〇〇両、対戦車誘導ミサイルAT―3サガー約五〇〇〇基、地対空誘導ミサイル一個旅団分等であった。

同時にサダトは、極秘のルートを通じて、米国務長官ヘンリー・キッシンジャーとの間に、情報のパイプラインをつくり上げていた。折りしもアメリカは北ベトナムとの間に平和協定を調印し、ニクソンは中東問題の解決に本格的に取り組みつつあった。

しかしキッシンジャーは前述したように、エジプトは第三次中東戦争の敗北者であり、アメリカは敗者を助けることはできないという意向には変わりがないことを伝えていた。ここでサダトは、イスラエルに対する限定戦争の発動を本格的に決意し、エジプト国内の戦争態勢の完整を急いだ。七三年三月二六日、サダトは大統領職にありながら、自ら首相を兼任するとともに、新設の軍政長官のポストをも占め、エジプトにおける政軍の全権力を掌中に収めた。

同時にサダトは、対イスラエル開戦に備えて、アラブ統一戦線の結成に着手した。七三年一月三一日、エジプト・シリア両軍の連合司令部が発足し、「中東の政治・軍事力のバランスを変える連合作戦」の準備が動き始め、アサド・シリア大統領のエジプト訪問で、両国の統一戦線が形成された。

一方サウジアラビアのファイサル国王は、サダトの対イスラエル限定戦争に呼応して、石油戦略を発動することにより、新しい中東情勢の展開を構想していた。

3　エジプト軍の作戦戦略

一九七二年一〇月、イスマイルが国防大臣に就任したとき、参謀総長の要職には、降下部隊出身から初めて将軍になったサイド・シャズリが起用された。シャズリはアラブの将軍には珍しくスマートで洗練された快男子だったが、同時にきわめて慎重で、綿密周到な計画準備を重視する有能な軍人でもあった。スエズ運河渡河作戦計画は、シャズリ自らが采配を振るって策定されたもので、緒戦におけるエジプト軍の勇戦敢闘の礎石を築くものであった。

一方サダトは軍の最高首脳の人事を大胆に刷新した後、きわめて賢明な判断を下した。

それは軍に対しては作戦目的など基本方針は明示するが、具体的な作戦の計画実施については、一切を軍部に一任して干渉をしなかったことである。サダトは特別な要請のない限り、軍の作戦中枢には赴かないことにしていた。軍人出身ではあったが、国軍最高司令官としての大統領は文民であり、死活の決定を要する時の政治責任を果たすことを至上の義務とし、軍の統帥（作戦指揮）には全く干渉しなかった。

このことについて、サダトは自伝で次のように述べている。

「一九五六年のスエズ戦争、イエーメン戦争、そして一九六七年の第三次中東戦争で、ひどい目にあってきたのだった。私は、軍は専門職の軍人にまかせ、あくまでも政治の圏外に置くべきだと主張した」

かくして、エジプト軍の作戦戦略は、純粋に軍事合理性を貫徹して形成される条件がつくられたのであった。まず何よりも、エジプト軍に付与された任務が、軍事合理的に適正妥当なものであった。というよりは、エジプト軍の主体的力量に適合した任務が、付与されたと見るべきであろう。

達成すべき作戦目標は、スエズ運河東岸に進出し足場を占拠することであった。すなわち、スエズ運河を渡河して、東岸に展開するイスラエル軍のバー・レヴ・ラインを崩壊させ、運河から東方へ一〇キロないし一五キロの地域に、橋頭堡を占領し確保することであった。

この作戦目標を達成するため、イスマイルとシャズリは当然のことながらイスラエル軍の得手を封じ、エジプト軍の不得手を掩護し、新たな得手を創造する努力を行った。このため、エジプト軍首脳はイスラエルの防衛戦略、防衛システムを徹底的に研究した。イスマイルとシャズリは、防勢戦略下にあるイスラエル軍の防衛システムを麻痺させることに努力を傾注した。

まず最初にねらったのは、イスラエル軍の反撃力の骨幹を形成する三七万五〇〇〇名の予備役戦力の迅速な動員と戦場投入のタイミングを狂わすことであった。換言すれば、この防衛システムが前提とした事前警告の発令時機を遅延させることであった。このためアラブ側は、進攻企図の秘匿・欺騙に最大の努力を注いだ。

次いで、予備役戦力の動員完成の時機までアラブ側の当初の進攻を妨害阻止する、イスラエル空軍の無力化をねらった。アラブ側の空軍に、精強無比のイスラエル空軍を無力化するだけの主体的力量がないことを自覚するシャズリとイスマイルは、全面的な空中優勢の獲得をねらうことなく、エジプト軍が達成すべき作戦目標であるスエズ運河の渡河と東岸における橋頭堡の確立のみを掩護する、局地的な限定した空中優勢圏の獲得に焦点を絞って努力を集中した。

第三は、地上における反撃戦力の中核であるイスラエル軍機甲部隊を撃破することであった。戦車に対しては戦車をもって対抗させるというのが、当時までの軍事的常識であったが、エジプト軍は対戦車誘導ミサイルを装備した歩兵部隊によって、イスラエル軍機甲部隊の反撃に対処しようとする新しい戦法を開発した。

最後の課題は、対機甲障害であるスエズ運河という水の障壁の克服であった。イスラエル軍は、エジプト軍の攻撃部隊が、スエズ運河という水障害によって、前後に兵力が分離されている時機、すなわち半渡の弱点に乗じ、これらを逐次に各個撃破しようとしていた。したがって、エジプト軍としては、迅速な渡河作業の実施により、半渡の時機をできる限り短縮し、速やかに戦力をスエズ運河東岸に推進集中することをねらった。

以上のように、エジプト軍最高統帥部がねらったイスラエル軍防衛システムの無力化策は、①進攻企図の秘匿・欺騙、②局地空中優勢圏の造成、③歩兵による対戦車戦闘の完遂、そして④渡河作業の迅速実施の四点であった。これらはいずれもイスラエル軍の得手・長所を弱点に変質させ、エジプト軍の不得手・短所を掩蔽し、新たに異質な対抗手段を創造して、敵をして我に有利な土俵に引きずり込み、敵に予期しない戦闘様式を強要しようとするものであった。

では、これら四つの無力化策がどのように計画準備され、実際のスエズ運河渡河作戦でいかなる威力を発揮したか、を次に見てみよう。

4　スエズ運河渡河作戦

作戦経過の概要

一九七三年一〇月六日一四時、エジプト軍とシリア軍は、スエズ運河とゴラン高原の二正面で同時に、イスラエルに対する進攻を開始した（図6-3、4参照）。アラブ人に複雑多岐にわたる連合作戦を統制・調整できる能力などないというアラブ蔑視観に満ちていたイスラエルは、両軍に先制奇襲の第一撃を許してしまった。ここでは、シナイ半島西端のスエズ運河正面におけるエジプト軍の進攻様相を概観してみよう。

一四時、エジプト空軍のミグ・スホイ約二〇〇機余がシナイ半島内陸部のイスラエル軍の航空基地、指揮通信施設、レーダー基地、砲兵陣地等に対し一斉に航空攻撃を開始した。先制奇襲の航空攻撃により、イスラエル空軍の前進基地は、一時的に使用不能の状態に陥り、航空機はイスラエル本土の基地に待避行動を取らざるを得なくなった。また、この攻撃でイスラエルのホーク基地二カ所と、砲兵戦力の約四〇％が撃破された。この間、エジプト空軍機の損害はわずか五機ときわめて軽微なものであった。

航空攻撃と同時に、スエズ運河の西岸地域に展開した約一五〇〇門（ダヤンによれば一八四八門）のエジプト軍野戦砲兵が、一斉に砲撃を開始した。この攻撃準備射撃は約五三分にわたって実施され、約三〇〇〇トンの砲弾が運河東岸のイスラエル軍前線陣地に投下された。野戦砲兵の射程延伸とともに、運河西岸の土塁（ランパート）上の射撃陣地から、戦車が砲兵火力の死角を補うべく、戦車砲をもって直接照準射撃を開始した。かくして、スエズ運河一六八キロの東岸に構築された一六個の拠点陣地に展開した兵員四三六名、戦車四八両、野戦砲二八門のバー・レヴ・ライン警戒部隊は完全に奇襲された。

一四時一五分ごろから対戦車ミサイルAT—3サガーや、対戦車擲弾(てきだん)発射筒RPG—7V等の火器を携帯したエジプト軍歩兵は、ゴムボートや竹製いかだ等により一斉に渡河を開始した。約八〇〇〇名の第一波の将兵は、運河東岸に到着するや、ロープや縄梯子(なわばしご)を使って高さ一〇～二〇メートルもある掘開土の築堤をよじ登り、シナイ半島への進撃を強行した。東岸に進出した第一波の将兵たちは、イスラエル軍の拠点陣地の正面を回避して、その間隙からシナイ半島の内部へと浸透していった。東岸の水際から数キロ前進した進出制限線で、彼らは停止して個人用掩体すなわちタコツボを掘り、対戦車誘導ミサイルの射撃陣地を組織的に構成し、イスラエル軍機甲部隊の逆襲行動に備えた。第一波将兵の東岸進出の約一五分後には、第二波の歩兵が渡河を開始し、第一波の将兵が構築した対戦車火力組織を増強した。

エジプト軍のスエズ運河渡河を空中から脅威するイスラエル空軍に対しては、地対空誘導ミサイルと在来型高射火砲で構成した対空戦闘システムにより、東岸への進攻兵力を脅

図 6-3　戦争勃発直前のゴラン戦線

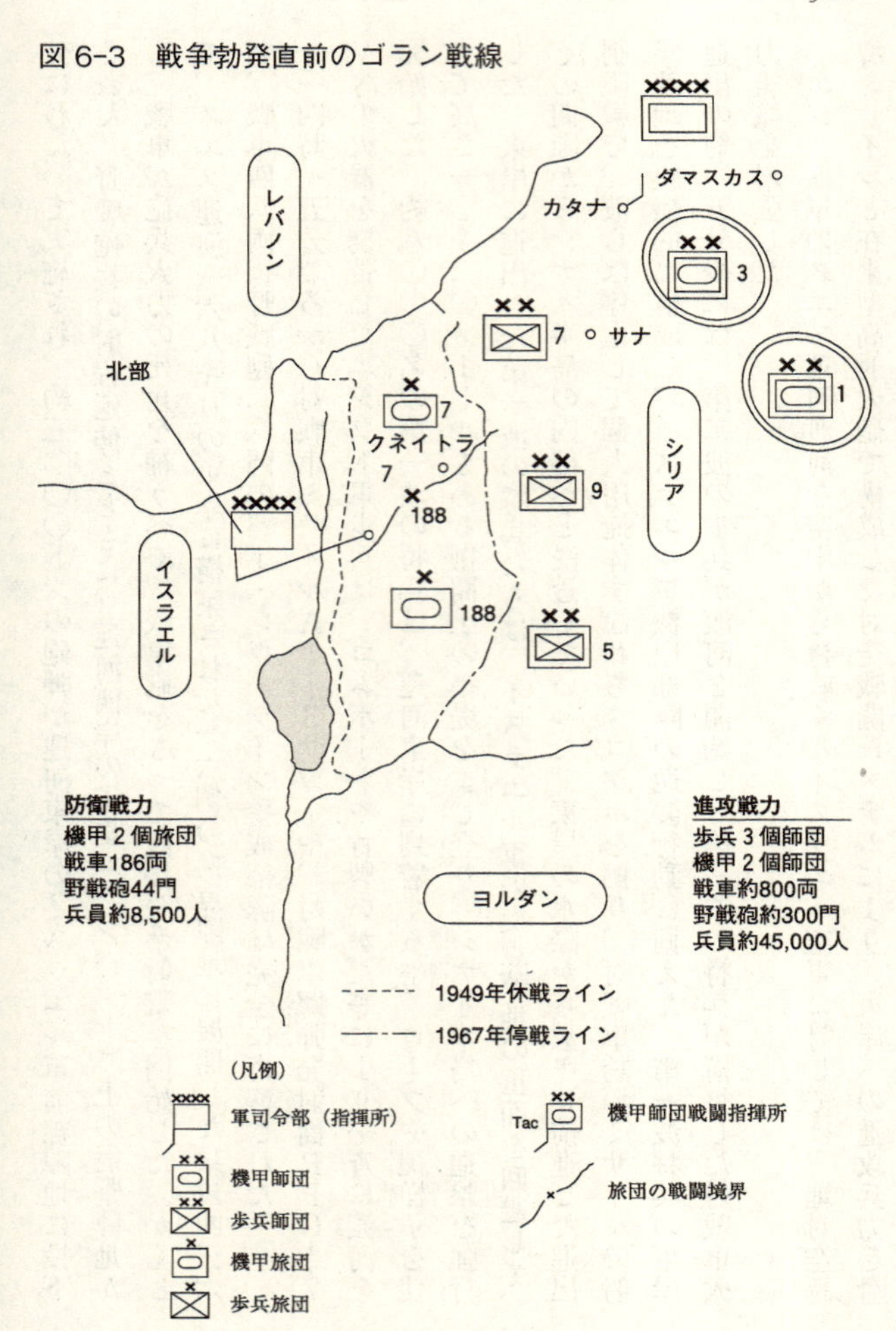

図 6-4　戦争勃発直前のシナイ戦線

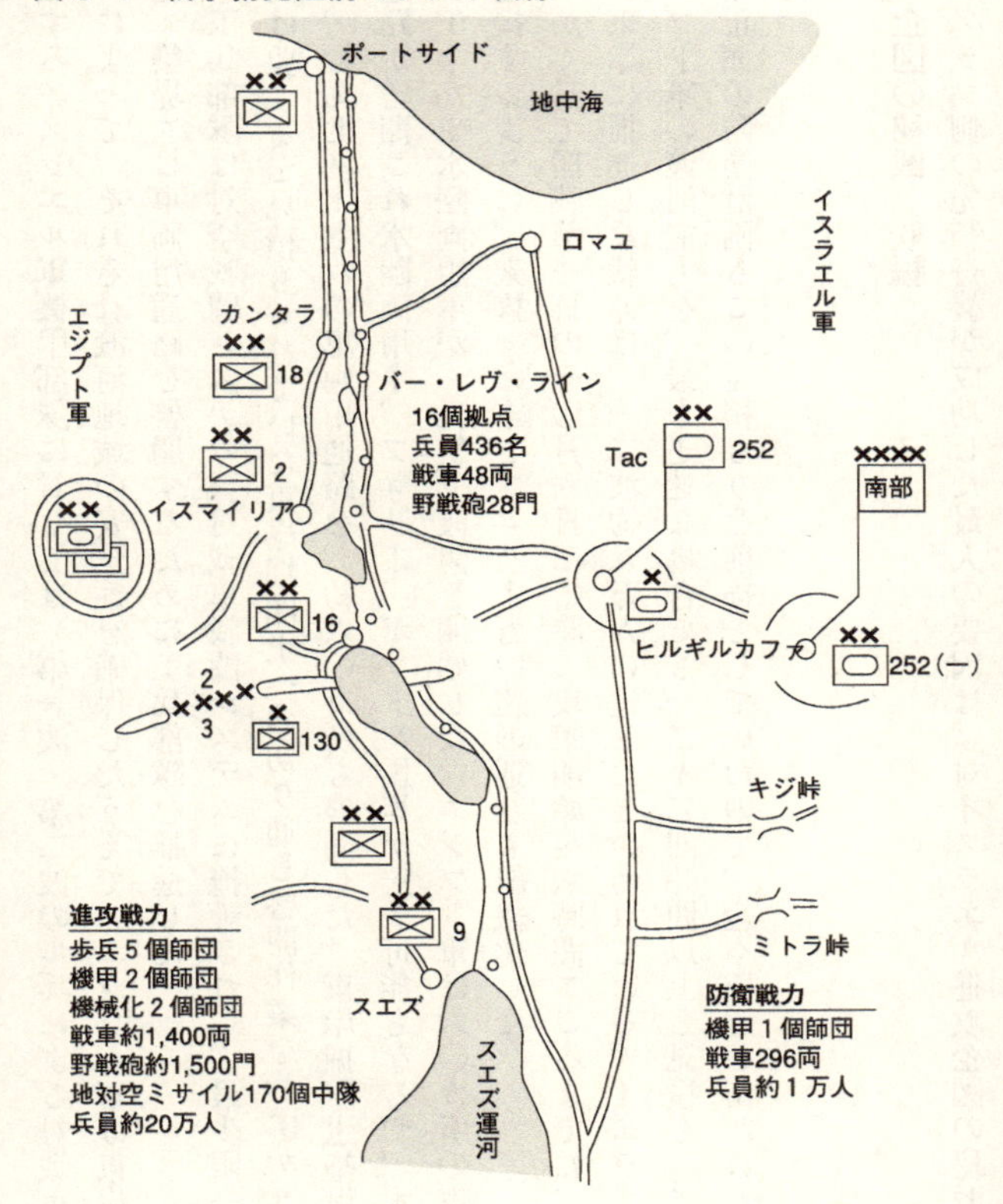

威するイスラエル軍機甲部隊に対しては、第一波・第二波の歩兵による対戦車戦闘システムによって、それぞれ渡河地域の安全性を確保したうえで、エジプト軍は東岸水際の掘開土(築堤)に車両用通路を啓開するために工兵部隊を推進した。工兵部隊は対空戦闘システム、対戦車戦闘システムに掩護されて、最少限一二~二四時間は要すると見積もられていた東岸掘開土への切り通し啓開作業をわずか九時間で成就し、幅約七メートルの車両用通路を、約六〇カ所も啓開した。東岸掘開土築堤に、車両用通路が啓開され水陸両用車、フェリー、ポントン橋等が達着可能となるや、水陸両用戦車PT—76や水陸両用車が、自航で渡河を開始した。エジプト軍は六〇カ所の車両用通路に連接するように、架橋一〇本とフェリー五〇組の運航も組織化した。

かくして開戦第一日の一〇月六日二〇時(攻撃開始後六時間)ごろまでに、エジプト軍が東岸に推進した戦力は、一二波約八万人に達したといわれている。イスラエル軍は、エジプト軍の渡河能力を、最も迅速な場合でも一二~二四時間以上と見積もっており、シナイ正面の防衛計画もこの見積もりを前提としていたので、全く不意を衝かれる格好になった。

企図の秘匿・欺騙

アラブ側の先制奇襲が成功した最大の要因は、対イスラエル進攻企図の秘匿欺騙が完璧であったことにあった。これを、奇襲をこうむったイスラエルの側から見ると、軍情報部の情報見積もりの過誤ということになる。

アラブ側の進攻能力に関する良質かつ大量のインフォメーションを収集していたにもかかわらず、「国防軍不敗の信念」という誤った観念のために、イスラエルはアラブの進攻意志を誤認したのであった。

前掲のイスラエル・タル少将は、「イスラエルは、軍事的にも政治的にも、強者の立場にあるという前提に立っており、戦争になれば、アラブ諸国は、大損害をこうむり、われわれの交渉力は、弱くなるどころか強化されるだろうと考えていた。アラブ諸国が、イスラエルの戦力、なかんずく航空戦力の作戦的・戦略的優位を認める限り、アラブが敢えてイスラエルに対し、戦いを挑むようなことはあるまいと、われわれはしごく当然のことのように考えていた」と述懐しているが、アラブがイスラエルに対し、自らの主体的な意志により、積極的な進攻を試みるという可能性を、イスラエルの政軍指導者たちは全く否定していた。

一九六七年の六日戦争における圧倒的な勝利以降、イスラエルの防衛戦略は、一八〇度の転換をみせた。一九四九年休戦ラインで囲まれた狭くて細長い領域の約三倍に相当する面積のアラブ領土を占領したことにより、戦略的縦深性を確保し、イスラエルは、もはや先制第一撃の攻勢的原則に固執することはなかった。

かくして、イスラエルは、建国以来初めて防勢戦略を採用できる客観的条件を獲得できたのだが、実はこのような防勢戦略そのものに、イスラエルがアラブに対して、先制奇襲を許す要因があったのである。

局地空中優勢圏の造成

第三次中東戦争が勃発した一九六七年六月五日、イスラエル空軍は先制奇襲により、開戦劈頭の数時間でアラブ諸国の空軍を完全に撃滅した。

アラブ側の損害は、エジプト機三三六機、シリア機六〇機、ヨルダン機二九機、イラク機二五機、レバノン機一機、合計四五一機であり、この赫々たる大戦果により、イスラエルは「国防軍不敗の信念」をますます強固なものにし、逆にエジプトは、「イスラエルには、どうしても勝てない」という深い敗北感に打ち沈んだ。

さらに一九六九～七〇年の消耗戦争では、イスラエルは、「長い腕であり、強大な打撃力である空軍戦力をもって、随時随所にアラブを痛撃し、絶望の深淵に抑え込み、イスラエル絶対不敗の原理を、アラブ側に確認させなければならない」として、空軍重視の国防政策を採り続けた。

一方、エジプトでは、防空軍司令官のモハメド・アリ・ファーミ中将の「エジプト空軍が、イスラエル領縦深部の航空基地を攻撃する能力がない現状では、地対空戦力をもっ

図 6-5 第四次中東戦争におけるエジプト軍の局地的地対空戦闘システム

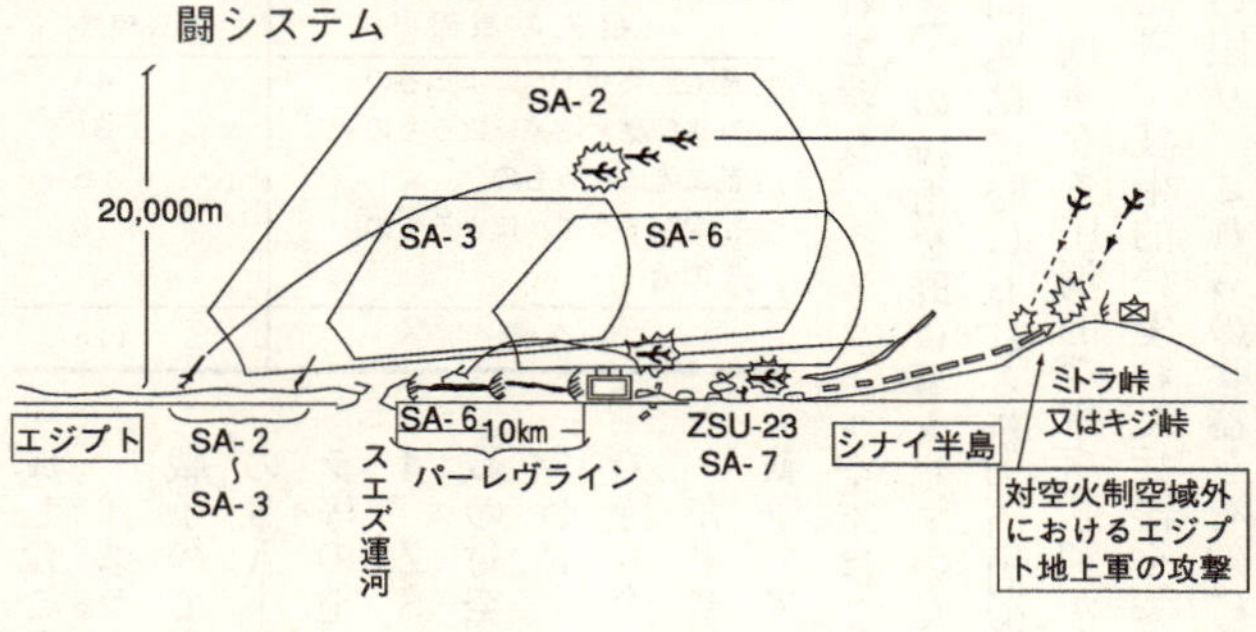

て、イスラエル空軍に対抗しなければならない」という主張にみられるように、空軍戦力によってではなく、地対空戦闘システムの造成により、イスラエル空軍の主動権を制約しようとしていた。

圧倒的に優勢なイスラエル空軍の質的戦力に対し、エジプトはいかに対応すべきか。この苦渋に満ちた課題に対する回答が、各種対空兵器を組み合わせて、有機的に統合された対空戦闘システムにより局地的空中優勢圏を造成することであった。

エジプト軍が、スエズ運河西岸地区に展開した対空部隊の兵力は、約七万五〇〇〇人で、この部隊はイスラエル空軍の保有機数の約二三%に相当する一一四機を撃墜するという大戦果を挙げたが、これは各兵器が個別に単独で獲得した戦果の累積ではない。

この画期的な戦果は、これらの異質な各種の火器を、長短相補うように組み合わせて有機的にシステム化したソフトウェアを開発し、局地的空中優勢圏を造

表6-2　イスラエル空軍の航空機損失

損失の原因	損失機数
地対空ミサイルによるもの	44
在来型高射砲等によるもの	31
前二者によるもの	6
空対空ミサイルによるもの	6
その他	27
合計	114

成したことによって、獲得されたものであった。

イスラエル空軍の航空攻撃に対して、エジプト軍は、ベトナム戦争等で実験済みの高高度用のSA—2ガイドライン、中高度用のSA—3ゴア、低高度用の個人携帯用肩撃ち式SA—7ストレラ等の地対空ミサイルに加え、在来型の自走高射砲ZSU—23—4、ZSU—57—2、ZPU—2、そして最新型の装甲装軌車搭載の対空ミサイルSA—6ゲインフルなどを、相互補完的に組み合わせ、図6-5にみるような濃密な総合的対空火力網を構成して待ち受けたのであった。

在来型のSA—2、SA—3、SA—7については、ベトナム戦争でアメリカ軍が鹵獲していたため、その性能、対応策も解明されており、イスラエル空軍はこれらに対する電子対抗手段（Electronic Counter Measure：ECM）の技術を既に導入していた。

問題は当時における新型の周波数切換式の地対空ミサイルSA—6ゲインフルであった。度重なる圧倒的な軍事勝利がもたらす過信と、アラブ蔑視観、すなわちアラブ側がいかに科学技術的に優れた兵器を装備しようと、アラブ文化の質的劣勢が根本的に改善されない限り、これらの兵器を有効に使いこなせないであろう、というムードがイスラエル軍部の間に充満していた。このために、新型のSA―6に対する関心が薄れていた。したがって、イスラエル空軍は、旧来の電子対抗手段をかけながら、超低空でアラブの対空ミサイル陣を突破するという対地攻撃の戦術戦法上のパターンを何ら変更することなく、第四次中東戦争に対応し、ために期待された空軍による阻止機能を喪失したのであった。

戦争勃発の六日一四時から一六時のわずか二時間の阻止作戦において、イスラエル空軍の戦闘機一〇機以上が、運河上空において撃墜されている。ダヤンの自伝によれば、緒戦の二四時間に運河の上空で、三四機を失ったという。圧倒的な空中優勢を誇ってきたイスラエル国防軍最高統帥部は驚愕し、全パイロットに対し、「スエズ運河から二〇キロ東方の進出制限線以遠の空域に進攻することを禁止する」と指令せざるを得なかった。

ちなみに第四次中東戦争において、イスラエル空軍が喪失した航空機については、アメリカ国防省筋の表6-2のような資料がある。一一四機という損失機数は、戦争勃発時点でイスラエル空軍が保有していた総機数の二三・四%に相当するそうで、第三次中東戦争において、パーフェクト・ウォーを演じたイスラエル空軍の損害としては驚くほかはない。

総損失機のうち七割以上が、地対空ミサイルと在来型高射火砲等によるものであったことは注目される。しかも在来型の高射砲や高射機関銃による撃墜数が、二七%（三一機）もの多数にのぼったことは、明らかにハードウェアの問題というよりは、地対空戦闘システムというソフトウェアの勝利であったことを、物語るものであろう。

歩兵による対戦車戦闘

「対戦車兵器の急速な技術開発の結果、戦車は従来考えられていたよりもはるかに脆弱になった。

アラブ軍は推定約四八〇両のイスラエル軍戦車を撃破した。観戦武官の言によれば、最大の戦果を挙げたのは対戦車誘導ミサイルAT—3サガー、および対戦車擲弾筒RPG—7Vであった。

一部の軍事専門家は、これらの新兵器による大戦果を一三四六年（百年戦争）のクレッシーの戦闘において、フランスの乗馬編成の騎士隊に対し、イギリスの大弓装備の歩兵隊が果たした画期的な戦果にもたとえた。

さらに若干の者は、戦車は既に旧式兵器であるとさえ言明した。ロンドン王立国際問題研究所副所長のイアン・スマート博士は、『ソ連製の対戦車誘導ミサイルは、歩兵にそのかつて持たなかったものを与えた。すなわち敵戦車の火砲がその威力を発揮する以前に、一発のミサイルでこの戦車を撃破する高い確率である』と述べている。

戦車の存在意義を否定しない者でも、機甲戦の原則が変わるであろうということを認めた」

以上は、第四次中東戦争の停戦直後の一九七三年一一月五日付の『ニューズ・ウィーク』誌に掲載された「中東戦争五つの教訓」と題する論説のうちの「第二の教訓—戦車は戦場を支配しない」の一節である。

当時は、この種の対戦車ミサイル万能論、戦車無用論が大手を振って闊歩し、きわめてセンセーショナルな影響を与えたものであった。では、かくも甚大な衝撃を与えたスエズ東岸における対戦車戦闘の実相を垣間見てみよう。

エジプト軍にとって、スエズ運河渡河作戦の成否は、渡河地域における局地空中優勢の確保に次いで、渡河実施そのものと渡河後における橋頭堡の確立、なかんずく絶対優勢を誇るイスラエル機甲部隊の反撃に、いかに対応するかにかかっていた。特に、運河東岸の水際に屹立する掘開土の築堤に、車両用通路が啓開されるまでの間、イスラエル軍機甲部隊の反撃に対し、実効ある対戦車戦闘をどのように遂行すべきかの一点が重要な課題であった。

この課題は、スエズ運河東岸にエジプト軍機甲部隊を推進するまでの死角となる時間を、歩兵戦力のみをもってどのようにしのぐべきかという問題であった。それは、そもそも流動的な機動戦に卓越したイスラエル軍機甲部隊を、どのように封殺するか、換言すれば、流動的な機動戦を苦手とするエジプト軍機甲部隊の弱点をカバーする、新たな対応策をどのように創造すべきか、という問題でもあった。

そこで自らの機甲部隊の弱点を熟知していたエジプト軍は、イスラエル軍機甲部隊に対しては戦車をもって対応することなく、歩兵をもって対処させる戦術・戦法を創造的に開発したのであった。運河東岸に進出後、戦車なしでイスラエル機甲部隊の反撃に対処するため、エジプト軍は当初の間、運河東岸において行動する歩兵部隊に、大量の対戦車火器を増加装備させた。

渡河進攻部隊の基幹は、歩兵五個師団であった。各師団に、歩兵三個大隊編制の歩兵二個旅団と、自動車化歩兵三個大隊編制の自動車化歩兵一個旅団から成っていたが、渡河の第一波には、歩兵大隊が充当され、約八〇〇〇名の歩兵が、それぞれ対戦車火器を携行したのであった。

第一波の各歩兵大隊が携行した対戦車火器は、編制装備表に定められた正規の定数をはるかに超える数であって、その配備密度は、正面一キロメートル当たり、五五基にも達したといわれている。

携行式の対戦車誘導ミサイルAT—3サガー五四三基、対戦車擲弾筒RPG—7V一三四八基に加え、無反動砲五八〇門、そして対戦車砲二九〇門を、イスラエル軍機甲部隊の予想接近経路上に、それぞれの火器の長所と短所を相互に補完するように配置し、間隙のない対戦車火力網を編成した。

図6-6は、エジプト軍の主戦力が東岸に推進される以前の段階の、歩兵のみによる対

図6-6 重戦力渡河以前の対戦車防御システム

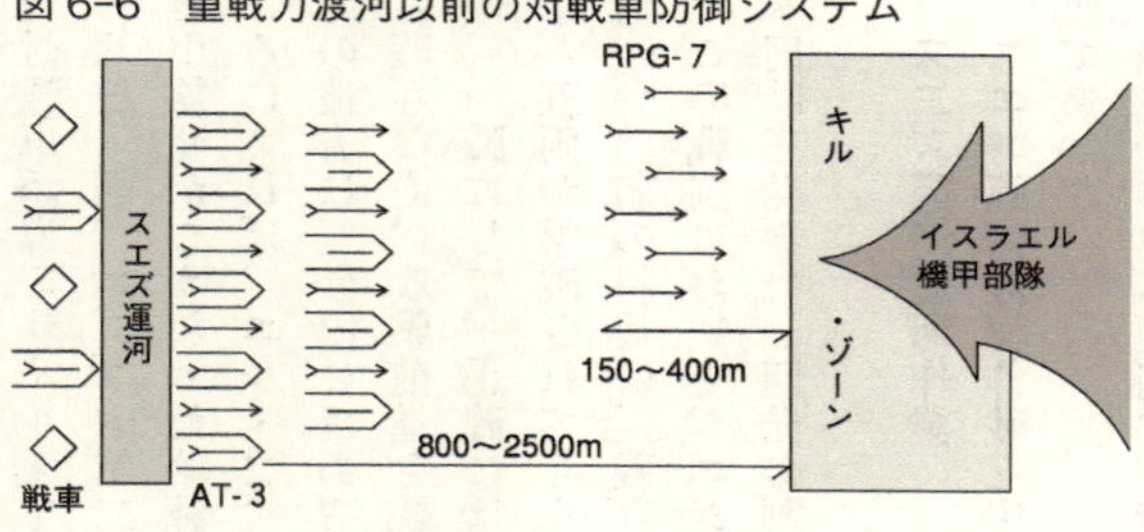

戦車戦闘システムの概念図である。

まず、イスラエル軍機甲部隊の撃破を予定する、いわゆるタンク・キル・ゾーンを、イスラエル軍戦車が搭載する一〇五ミリ戦車砲の有効射程外である三〇〇〇メートルから二五〇〇メートルの間に設定する。そして、この戦車撃破予定地区に、徹底的に弾先を集中する。キル・ゾーンの近端から約二五〇〇メートルの付近に、スーツケース容器入りの携行式サガーを重畳配備する。そして、これらのサガーの射撃上の死角・弱点を補完するようにRPG—7Vを配置したのであった。

六日の一六時ごろから七日の早朝にかけて、シナイ半島の防衛を担当するメンドラー少将麾下のイスラエル軍第二五二機甲師団は、隷下の機甲旅団ごとに、歩兵、砲兵および空軍との調整なしに、戦車部隊のみによる機動反撃を反復したが、装備戦車二九〇両のうち約七割を喪失し、反撃頓挫のやむなきに至った。この時、イスラエル軍戦車がこうむった損害の要因は、ほとんどすべてが、エジプト軍の歩兵が携行した対戦車誘導ミサイルAT—3サガーによるものであった。

八日早朝、エジプト第二軍正面、特にエル・フィルダンに対するイスラエル軍第一九〇機甲旅団がこうむった壊滅的な打撃は、壮絶そのものであった。生き残った将兵の語るところによれば、エル・フィルダン方向に猛突進するイスラエル軍将兵は、戦車の上から前方の彼方に、砂漠にはあるはずのない木の切り株のようなものを目にしながら、気にとめる暇もなく、攻撃前進を続け、この異物が木の切り株ではないことに気づいた時は既に遅く、一瞬にして、正確にはわずか三分間のうちに、一一〇両編成の第一九〇機甲旅団の戦車八五両が撃破されてしまっていたという。そして、隷下の戦車大隊長ヤゴーリ中佐以下約一〇〇名の将兵は、残存の戦車二五両とともに、エジプト軍の捕虜になってしまった。

この戦闘において、エジプト軍は反撃してくるイスラエル軍戦車一両に対して、サガーを同時三発ないし四発の割合で撃ち込んだといわれている。

スエズ運河渡河作業

スエズ運河渡河作戦を実施する場合の第四の問題点は、対機甲障害としての水障害の克服であった。

当時のスエズ運河の水深は、一七～二〇メートルで、潜水深度五・五メートルを限度とする当時のシュノーケル戦車等による潜水渡渉は全く不可能であった。したがって幅員一二〇〜一八〇メートルの運河水面に架橋するか、浮航するか、のいずれかの手段をとることになる。問題は、これらの手段で東岸に到達した後の重装備品の揚陸にあった。

スエズ運河の東岸には、運河建設時の掘開土がうずたかく土盛りされており、高さ一〇〜二〇メートル、頂部幅員約一〇メートルの堤防が築かれていた。さらにイスラエル軍は、これらの土盛り築堤を補強して、対機甲障害としての価値を強化していた。したがって、スエズ運河渡河作業上の最大の課題は、東岸水際に屹立する土盛り築堤に、車両用の切り通し通路を啓開することであった。

エジプト軍工兵総監部は、東岸の土盛り築堤に車両用通路を啓開するための土木作業所要量を、次のように見積もっていた。

通路一カ所を啓開するため排除を要する土砂量は、約一五〇〇立方メートルであり、これは大型ドーザ一両で処理すれば、約一五時間分の作業量であった。シナイ半島への進攻を予定された歩兵五個師団が約一六〇キロ正面のスエズ運河に展開する場合、第一線の中隊数に換算すれば、六〇個中隊が展開することになる。各中隊ごとに最小限一個の通路が必要なことから、啓開すべき通路数は、総計六〇カ所となり、その処理排土量は約九万立方メートルにも達する膨大な量であった。

イスラエル軍が見積もったエジプト軍の渡河能力は、進攻開始後一二〜二四時間とするものであった。その根拠は、エジプト軍の場合と全く同様で、築堤への通路啓開作業量であった。イスラエルは、このエジプト軍の渡河能力の見積もりを基礎にして、前述のような防衛計画を策定していた。

いずれにしても、これらの通路啓開作業は、空飛ぶ砲兵といわれたイスラエル空軍機による爆撃をはじめとする制圧・妨害の火力のもとで、実施を余儀なくされることを覚悟しなければならなかった。したがって、この築堤への通路啓開作業をいかに至短時間に終了せしめるかということが、渡河成功の重大要件であった。

九万立方メートルの土砂を迅速に処理するための方法が、エジプト軍工兵総監部で真剣に検討された。当初は、ドーザの代わりに爆薬・砲撃等による処理を検討したが、成果は思わしくなかった。

ところが、一九七一年の夏にある工兵少尉が、放水による土砂処理を提案したところ、成果が良好のため採用となった。強力な高圧放水ポンプで、運河の水を築堤の土砂に直接噴射放水すると、約五時間程度で、通路が啓開された。

一九七二年五月、エジプト軍は西ドイツのマギルス・ドイッチェ社から、特注の高圧放水ポンプ一〇〇基を購入した。一基の価格は三万ドイツ・マルク（約三〇〇万円）であったといわれている。

この西ドイツ製高圧消火ポンプを用いて、エジプト軍工兵部隊はナイル河の入江にあるエル・フェユーム訓練場において、スエズ運河を模して造られた訓練施設を使用して、渡河作業演習を、のべ三〇〇回も実施したといわれている。

イスラエルからの評価

前掲のイスラエル・タル予備役少将は、論文「イスラエルの防衛ドクトリン」の中で、第四次中東戦争におけるアラブの戦略を次のように評価している。

「アラブはわれわれが独立戦争（一九四八・五～四九・二）に際して直面したのと同様の問題―敵火力の量的優越―に直面していた。ちょうどわれわれが創意工夫と、冷静な情勢判断によって独自の流儀で問題を解決したように、アラブ人は一九七三年の一〇月戦争の準備段階においてかれら自身の流儀で問題を解決したのであった。

アラブ人は機甲戦もしくは航空機でイスラエルを圧倒し得る可能性はないと判断していた。かれらは自らの体験に基づき合理的な結論に到達した。かれらは基本的な要因を正しく評価し、制約事項を的確に認識し、そして、自己の政治的・経済的・社会的・軍事的な力量に適合した計画を策定することを学習したのであった。

われわれユダヤ人が一九六七年の六日戦争から一九七三年の一〇月戦争に至る、ドグマティックな冬眠状態にある間、アラブ諸国は自国の主体力量に適合した総合的な戦争計画を準備しつつあった。すなわち限定目標に対する奇襲攻撃が恒常的な防衛体制の掩護下で、既設陣地にある砲兵や航空機の支援下に、激しい動きのない戦争として発動されたのであった。

アラブ人は戦争とは国家の総合力の戦いであり、軍事的な要素は戦争全体の枠組の中の部分的な機能を果たすものであるという実態を的確に知悉していた。かれらはイスラエルの軍事優位と国際環境の二つの要素に基づき、軍事的な一撃によって、イスラエルを全面的に屈服させることは、不可能なことであると自覚していた。

アラブの危惧はイスラエルにおいて『既成事実の創造論』(ダヤンの造語で、一九六七年占領地のイスラエル化)が、実質的に定着しつつあり、そして国際環境も中東情勢の現状凍結に順応しつつあることであった。アラブの新たな戦略は将来における長期的な全般目的に寄与するために、限定的な軍事目標を一気に獲得することをねらっていた。アラブは戦争の勃発そのものを、より全体的な目的達成のための契機たらしめようと企図していたのである。換言すれば戦争は、政治的力学が発動するための起爆剤としての役割を、果たすことになるだろうと期待していたのである。すなわち戦争が起これば超大国の介入は不可避であり、国際的な圧力はアラブに対してではなくイスラエルに対して加えられ、結果的にアラブの『自信と尊厳』が、回復されるであろうと考えていたのであった」

アナリシス

第四次中東戦争は、エジプトを中心として見れば、「自信と尊厳を回復するためのスエズ運河渡河作戦」―「シナイ半島奪還戦略」―「限定戦争戦略」の創造と、その組織的な実現過程としてとらえることができる。ここでは、「全面戦争戦略」から「限定戦争戦略」への転換と、それを組織的に実現したサダトのリーダーシップを考察してみよう。

「アラブの大義」からの脱却

サダトが継承したナセルの遺産は、崩壊寸前のエジプト国家経済であった。このエジプト国家経済の疲弊崩壊を、サダトは破綻と認識した。

この現状認識に次いで、サダトは慧眼(けいがん)にも危機の原因を、一九四八年以来の積年にわたる対イスラエル臨戦体制の継続と、累次にわたる武力戦にあると判断した。そして、イスラエルとの戦争状態の終結こそ、経済的破綻を回避するために実現すべき唯一不可欠の条件であると確信した。

ただし国家としてのイスラエルの存在を認めず、イスラエルと交渉せず、イスラエルとは決して和平をしないという「アラブの大義」から脱却しない限り、エジプトが対イスラエル戦争状態を終結に導くことは、不可能であった。そしてアラブの民衆から「アラブの盟主」と尊称され、カリスマ的権威を誇っていたナセルには、汎アラブ主義から脱却することは、きわめて困難であった。アラブの大衆は、イスラエル撲滅の夢をナセルに託しており、かれはアラブ民族主義の情熱に引きずられやすい立場にあったからである。

しかし、偉大な指導者ナセルの陰で、どちらかといえば政治的な無能力、そして無害のゆえに副大統領職の地位にとどめられていると信じられていたサダトには、無名性こそあれ、カリスマ性という桎梏はなかった。アラブの大衆から多くを期待されることのなかったサダトには、アラブ世界全体の指導者として、「アラブの大義」を高唱しなければならない義務感などはなかった。したがって、ナセルに比べて、サダトには、より多くの行動の自由があった。

無名性、指導性の欠如と思われたサダトの弱点が、発想と行動の自由という利点をもたらした。そこでサダトは、慎重かつ綿密周到に、基本方針を汎アラブ民族主義から、国益追求型のエジプト・ナショナリズムへと転換させ、エジプト国家経済の破綻回避―対イスラエル戦争状態の終結という極めて斬新な国家目標の追求へと、コペルニクス的転換を遂げていった。

戦争目的の確立

「アラブの大義」という桎梏から脱却して、エジプト独自の国益追求が自由になると、サダトは、エジプト国家経済の破綻回避―対イスラエル戦争状態の終結という国家目標を達成するために、イスラエルの圧倒的な軍事的優勢のもとで、凍結状態にあった中東情勢を流動化させ、交渉の手詰まりの心理的状況を一変させなければならないと企図した。つまり、イスラエルの絶対優位、アラブの絶対劣勢という心理的背景を変革させることが根本的な狙いであった。

このサダトのきわめて明確かつ非凡な戦争目的の確立について、時の米国務長官ヘンリー・キッシンジャーは、自著『火を噴く中東』で次のように述懐している。

「要するにサダトの目標は、軍事的というより、はるかに心理的、外交的なものだった。サダトは、自分の国家安全保障顧問、ハフィズ・イスマイルと私の一九七三年初めの二回にわたる秘密会談から、アメリカが、アラブ・イスラエル紛争の外交解決に加わる用意があることを知っていた。しかし、彼は二つの結論を下したに違いない。第一は、イスラエルの占領地からの全面撤退というアラブ全体の要求は達成不可能であり、第二は、ただちに実現できる程度のことでは弱さの結果だと見なされてしまうので、エジプトとしても支持できない、ということだった。

そこでサダトは、占領地の奪還のためではなく、エジプトの自尊心を回復し、外交の柔軟性を増やすために戦争をしたのであった。開戦時において、戦争の政治目的を、かくも明確に認識していた政治家はまれであった。ましてや、戦いの後で、穏健路線を造り出すための戦争となれば、なおさらまれなことであった」

このように、サダトの戦争目的の放胆さは、第三者の予測の限度をはるかに超えたものであったが、これこそ、アラブが奇襲に成功した主な要因でもあったのである。対イスラエル戦争状態を終結させ、その交渉条件を醸成するために、戦争を企図するというきわめて非凡な戦争目的の確立こそ、サダトの先見的洞察力の卓越性に由来するものであった。

全面戦争から限定戦争への転換

エジプト国家経済の崩壊寸前という認識は、サダトをして「アラブの大義」からの脱却を決断せしめ、汎アラブ民族主義からエジプト国益主義への転換をもたらし、エジプトの自信と尊厳の回復、そして対イスラエル戦争状態の終結という国家目標のコペルニクス的な転換を招来した。

この革新的な国家目標達成のため、対イスラエル交渉条件の醸成という戦争目的を確立し、サダトは、ナセル以来の対イスラエル全面戦争戦略から、その対極に位置する限定戦争戦略に転換したのであった。

ナセル時代の対イスラエル全面戦争戦略は、「アラブの大義」を標榜（ひょうぼう）する汎アラブ民族主義の理念のもとに、イスラエルの全面的な撲滅を目標とするものであった。この戦争目標は、およそアラブ諸国の主体的な軍事能力の水準から隔絶した机上のものであって、実行の可能性は全く期待できなかった。しかし、「アラブの盟主」たるナセルが「アラブの大義」を呼号する限り、自己の主体的力量を顧みる暇もなく、対イスラエル全面戦争戦略という画餅を主張せざるを得ないジレンマに陥る宿命にあった。つまりカリスマ・ナセルには、そもそも破綻に直面しても、これを正視してその原因を探求し、視点・発想の転換を期することはできなかったのである。

このようなナセルに対し、そもそもカリスマ性とは全く無縁のサダトは、自由闊達に行動方針を選択することができた。こうしてサダトは対イスラエル交渉条件の醸成という戦争目的を達成するために、エジプトの主体的力量に相応した限定戦争戦略を構想したのであった。

対イスラエル戦争状態の終結のために、被占領地シナイ半島の奪還は不可欠の交渉条件であったが、サダトはエジプトの軍事的能力をもってしては、これが到底実行不可能であることも熟知していた。それゆえサダトは、中東地域に占めるエジプトの地政学的戦略価値に鑑み、イスラエルに最も大きな影響力を行使し得るアメリカの圧力を、エジプトに有利に活用し得る方策として、限定戦争戦略を練り上げたのである。

すなわち、エジプトの自尊心の回復を著しく助長し、かつ最小限度の交渉条件であるシナイ半島の奪還のために、アメリカの対イスラエル影響力に期待し、そのアメリカの外交力・介入力を招来するための契機となり得る軍事行動を企図したのであった。したがって、その軍事行動は、固定化しつつある中東情勢を流動化させる契機となり得るものであればよく、決して軍事力をもって占領地の全面的な奪還を企図するものではなかった。

かくして、国家戦略は軍事戦略に対して、中東情勢の活性化を目標とする軍事行動を要求し、これに従って軍事戦略は、政治的な可能性の打開をねらった限定戦争戦略を練り上げたのである。

さらに、軍事戦略としての限定戦争戦略は、作戦戦略に対しエジプト軍の主体的力量で実現可能な運河東岸への兵力の推進と橋頭堡確保をねらったスエズ運河渡河作戦を要求した。この際、サダトは、「緒戦を制するものは、戦争全体を制する」と主張し、軍事に対して過大な要求を一切排しつつ、渡河作戦の成功に焦点を絞ることを、最高統帥部に要求したのである。

この作戦戦略は、達成すべき目標も限定されたものであり、軍事的な視点の転換による革新的なものであった。つまり渡河作戦成功のため、必要にして十分なる条件をつくることが戦術・戦法に要求されたが、これは局地限定優勢圏というコンセプトで具現された。

このように最高指導者の国家目標、戦略構想から第一線将兵の戦術・戦法・戦技に至るまで、有機体のような一貫性を保持して展開されたのがサダトの限定戦争戦略であった。

サダトは、このスエズ運河渡河作戦に「バドル」というコード・ネームを冠した。これは、西暦六二三年三月、預言者モハメッドがわずか三〇〇余名の手兵を率いて、当時反モハメッドの牙城であったメッカのクライシュ族に敢然と起って攻撃を加え、これを破ってイスラム教発展の礎石を築いた英雄的な戦勝を故事とするものであったが、サダトが第四次中東戦争の勝利に賭けた乾坤一擲の念願を彷彿させるものがある。

サダトのリーダーシップの卓越性は、革新的な戦略コンセプトの創造もさることながら、軍事に対しては達成すべき目標を明示し、その目標達成に必要な資源配分に意を用いたほか、決して軍の統帥（作戦指揮）の実行に干渉することがなかった点にも示されている。

なお、ここでは、局地限定優勢圏をつくり上げたスエズ運河渡河作戦に焦点を絞ったために、アラブ側がこの武力戦に連係して発動した石油戦略には触れなかったが、これも限定戦争戦略の重要な構成要素であったことを付言しておきたい。

親ソから親米への転換

第四次中東戦争は、サダトが構想したエジプト再生の全体的な国家戦略の枠組みのなかに、明確に位置づけられた限定戦争の機能を、遺憾なく発揮した。

この戦争の勃発は、中東地域にイスラエル以外の与国を持たないアメリカにとって、ソ連の支配的な影響力を排除する好機到来と映じた。米国務長官ヘンリー・キッシンジャーは、ソ連がアラブ支援のために武器・弾薬等の大規模な緊急空輸を実施している、まさにその最中に、極秘裡にサダトとの接触ルートを開き、交渉のためのパイプを準備した。

緒戦における被奇襲の打撃から回復したイスラエル軍がエジプト・シリア両軍に致命的な軍事敗北を与えることを懸念するソ連が、アメリカと協調して停戦を成就した直後、サダトはキッシンジャーをカイロに招き会談した。その結果、エジプトは親ソから親米へと、その対外政策をドラスティックに一八〇度転換した。その後の中東の政治交渉は、キッシンジャーの独壇場に化したかのようであった。エジプトとイスラエルとの間の、そしてシリアとイスラエルとの間の兵力引き離し交渉は、キッシンジャー主導の仲介で行われ、ソ連は傍観者たらざるを得なかった。

かくして、ソ連と完全に手を切ったサダトはアメリカとの親密な関係を深め、次々と予測を超えた画期的な対イスラエル政策を打ち出し、中東情勢を一変させた。

その巻頭を飾ったのが一九七七年一一月に敢行されたサダトのエルサレム訪問であった。堰を切った水の流れのように、同年一二月にはイスラエルの首相ベギンが、カイロにサダトを訪ね、七八年九月のキャンプ・デービッド会談へと進展していった。

かくして第四次中東戦争は、七九年三月二六日のエジプト・イスラエル平和条約の調印へと、結実していった。その結果、同年五月二五日には、シナイ半島の軍事要衝エル・アリシュがエジプトへ返還されたのを嚆矢(こうし)として、八二年四月二五日までに、イスラエル軍に占領されていたシナイ半島の全域が、エジプトに返還された。四八年のイスラエル建国以来、片時も戦火の止むことがなかったエジプト・イスラエルの境界に三四年ぶりに静寂が訪れたのであった。

しかし、その時サダトの姿はどこにも見ることはできなかった。八一年一〇月六日、第四次中東戦争勃発八周年を記念する観閲式の最中に、イスラエルとの和平に反対する狂信的なイスラム原理主義者たちの凶弾に、はかなくもかれは非業の死を遂げていたのであった。

第7章　ベトナム戦争——逆転をなしえなかった超大国

プロローグ

巨人はなぜ敗れたのか

「ペリシテの戦士ゴリアテは、穂先の重さ六〇〇シケルという巨大な槍で数々の輝かしい勝利を勝ち取ってきた。彼は兜、鎧、盾で全身を固めると、敵の武器に対して自分が全く安全であると信じていた。そこで彼はこれ以上の武装は無いと考え、この武装さえしておれば無敵だと信じていた。ところが彼を迎え撃つ為に進んでくる羊飼いの若者ダヴィデを見ると、この敵は身に鎧をまとわず、手に一本の杖を持つだけで何の用意もしていないように見えた。ゴリアテはこの若者の大胆さが愚かさではなくて、注意深く考えた計略であるとは思わなかった。ダヴィデはゴリアテと同じ武器では到底勝ち目が無いということをゴリアテと同じくらいよく知っていたから、イスラエルの王サウルが勧めた鎧を拒絶した

図 7-1　インドシナ半島全国

のである。ゴリアテはダヴィデの企みに気がつかず、杖を持っていない方の手に隠されている投石器が見えなかった。そこでこの不運なペリシテの戦士は堂々と大股で歩み出て、むき出しの額を投石器の的に差し出し、この取るに足らぬ敵によって、これまでは必ず敵を倒した槍の届かない所から、たった一発の石で殺されてしまった」(『サムエル記』第一七章、第五五—五八節)

世界一の大国アメリカはなぜベトナム戦争に勝てなかったのか。なぜ世界一の軍事力を誇るアメリカ軍が、貧弱な装備しか持っていない北ベトナム軍を敗北させることができなかったのか。ベトナム戦争(第二次インドシナ戦争)は、人口約二〇〇〇万人、面積約一六万平方キロ(北海道の約二倍)、GNP一八億ドル(一九七二年)のアジアの小国北ベトナムが、人口約二億一〇〇〇万人、面積約九三六万平方キロ、GNP一兆一五一八億ドル(一九七二年)の世界の超大国アメリカに勝利した戦争である。

ベトナム戦争は、世界支配をねらうアメリカ新植民地主義が、抵抗するアジアの民族解放運動を圧殺しようとした邪悪な戦争であり、アメリカ軍がベトナムでどのような戦い方をしようとも、平和を愛する世界の世論の支援を受けた北ベトナムの正義の戦いによって、結局はアメリカが敗退する運命にあったのであろうか。また、ベトナム戦争は世界革命をねらう共産主義勢力が平和な南ベトナムを呑みこみ、さらに東南アジアに侵略の魔手を伸ばそうとするのを阻止するために、世界の警察官アメリカが救いの手を差し出した正義の戦争であったが、共産主義勢力の宣伝に騙された世界の世論とアメリカのマスメディアによって背後から刺されたために、アメリカ軍が撤退を余儀なくさせられた戦争であったのであろうか。

敗北・失敗・不道徳の象徴

アメリカにとってベトナム戦争とは共産主義との世界的な闘争の一部であり、アメリカが侵略に抵抗しなければ共産主義の侵略は助長され、アメリカの同盟国と中立国は共産主義の圧力に屈伏し、世界が共産主義に支配されるであろうと考えられた。実際に多くのアメリカ軍兵士は、ベトナムで戦わなければ、次はカリフォルニアで戦わなければならないと教えられていた。

アメリカは「自由世界の一部である南ベトナムを共産主義の侵略から守る」ため、また「自由で独立した南ベトナム政府を維持」するため、一九五四年ディエンビエンフー陥落を契機にインドシナから撤退したフランスに代わってベトナムに進出した。アメリカは五五年にベトナム軍事顧問団(MAAG)を設立し、さらに六二年にはベトナム援助軍司令部(MACV)を設立して積極的にベトナムに介入していった。六五年二月には北ベトナム爆撃を開始し、三月には地上戦闘部隊を南ベトナムに上陸させて本格的介入を開始し、最初の一年間で約二〇万人の兵力を投入した。

　こうしてベトナム戦争の規模は急速に拡大され、六八年二月には最大兵力五四万九五〇〇人に達した。この兵力は、予備役を召集しない場合のアメリカ軍の海外派兵能力の最大値であった。さらに、第二次大戦の約三・五倍、朝鮮戦争の約七倍以上に相当する七四三万八〇〇〇トンの砲爆弾をベトナムに投下した。

　しかし、南ベトナムの状況は少しも好転せず、ベトナム戦争に反対する国際世論、またアメリカ国内で反戦運動が高まるなかで、一九六九年七月にはニクソン大統領がアメリカ軍の第一次撤退を発表し、七三年にはアメリカ軍の南ベトナム撤退はほぼ完了した。その後、七五年に北ベトナムが南ベトナムを完全に制圧し、ベトナム戦争は終わった。

　ベトナム戦争が終了したとき、ベトナム戦争に参戦したのべ三〇〇万人のアメリカ青年（平均年齢一九歳）のうち、約三〇万人が負傷し、約五万八〇〇〇人が戦死し（朝鮮戦争の戦死者は約三万三〇〇〇人、負傷者は一〇万三〇〇〇人）、南ベトナムは社会主義化されて、アメリカの政治的・軍事的な戦略目標の達成は完全に失敗した。

　ベトナム戦争はアメリカの歴史において初めて国民が敗北感を味わった戦争となり、国家の威信を傷つけ、アメリカ国内に深刻な分裂と挫折感をもたらし、「ノー・モア・ベトナム」の言葉を生んだ。アメリカ人にとってベトナム戦争は敗北、失敗、不道徳そのものであり、良くいって不様な失敗、悪くいえば犯罪とまでいわれたのである。サイゴンの腐敗した独裁政権を守るアメリカ帝国主義の不道徳で汚い戦争というイメージと、世界で最

ベトナム戦争年表

年	月	事項
1945.	9	ホー・チ・ミン、「ベトナム民主共和国」成立を宣言
		フランス軍、サイゴンに上陸（インドシナ再植民地化開始）
1949.	6	「ベトナム国」成立（元首バオ・ダイ）
1954.	3	ベトナム軍、ディエンビエンフー攻撃開始
	5	ディエンビエンフー陥落
	7	ジュネーブ協定調印（インドシナ停戦とベトナムの暫定的分割）
1955.	2	アメリカ軍事援助顧問団、南ベトナム軍の訓練開始
1956.	4	フランス軍司令部、サイゴンから撤収
1960.	9	北ベトナム、「南ベトナムの解放闘争」支持を公式に表明
	12	「南ベトナム民族解放戦線（NLF）」結成
1961.	1	ケネディ大統領、南ベトナムに対する反乱鎮圧計画を承認
	10	南ベトナム非常事態宣言
1962.	2	アメリカ、南ベトナム援助軍を創設
1963.	6	最初の仏教僧侶の焼身自殺
	11	反ゴ・ジン・ジェム・クーデター
1964.	8	トンキン湾事件。アメリカ軍、北ベトナム爆撃開始
1965.	3	アメリカ軍、北ベトナム爆撃を強化（ローリング・サンダー作戦）
		アメリカ軍海兵隊、ダナンに上陸
	3	ウェストモーランド・南ベトナム援助軍司令官、44個大隊要請
		「索敵撃滅作戦」開始
1966.	7	ホー・チ・ミン大統領、総動員令を発令
1968.	1	ケサン攻防戦、テト攻勢
	3	ソンミ村虐殺事件
		ジョンソン大統領、次期大統領選挙不出馬声明
	5	ベトコン5月攻勢
		北ベトナム・アメリカのパリ和平会談開始
	7	アメリカ軍、ケサン基地放棄
	10	ジョンソン大統領、北ベトナム爆撃全面停止とパリ会談の拡大を発表
1969.	1	第1回拡大パリ会談
		ニクソン大統領、ベトナム新政策発表
	6	アメリカ軍の第1次撤兵発表
	8	最初のパリ秘密会談
	9	ホー・チ・ミン大統領死去
1970.	4	カンボジア侵攻作戦
	5	北ベトナム爆撃再開
1971.	2	ラオス侵攻作戦
	6	ニューヨーク・タイムズ「ペンタゴン・ペーパー」掲載
	8	レアード国防長官、アメリカ地上軍の南ベトナムでの任務終了を発表
1972.	3	北ベトナム軍、春季大攻勢
	4	北ベトナム爆撃再開
	5	秘密会談再開
1973.	1	ニクソン大統領、北ベトナムに対するすべての攻撃中止を命令
		ベトナム和平協定調印。停戦発効
	3	アメリカ軍捕虜釈放とアメリカ軍撤退完了
		南ベトナム援助軍司令部廃止
1975.	3	北ベトナム軍、大攻勢開始（ホー・チ・ミン作戦）
	4	サイゴンのアメリカ大使館撤収
		南ベトナム政府崩壊

も富裕かつ進歩した超大国が小さな後進国を叩き続けているというイメージが世界中に広がっていくにつれて、アメリカ国民の間にアメリカの軍事的・政治的能力に対する不信と、南ベトナムを共産主義の侵略から守るという戦争目的そのものに対する思想的・道徳的疑問が増大していった。

アメリカ国民の間に南北戦争以来の国論の分裂をもたらしたベトナム戦争は、多くのアメリカ人にとって口に出すことを避け、聞くことも、思い出すことも避けなければならない「癌」となった。ベトナム戦争はアメリカ社会全体を苦しめる病気であり、国民全体に疲労感、立腹、フラストレーションが広まり、アメリカは国民的に神経衰弱を患っているとまでいわれるようになった。

ノー・モア「ノー・モア・ベトナム」

現在、アメリカ社会はノー・モア「ノー・モア・ベトナム」の時代に入っている。一九八二年ワシントンに建てられた「ベトナム・ベテラン・メモリアル」はベトナム戦争世代を中心に訪問者が増え、ワシントンにおいて最も訪問者が多い場所の一つになっている。アメリカを取り巻く国際環境と国内環境は常に変化しており、ベトナム戦争の傷跡が薄れ、アメリカ人の心の傷に触れることがそれほどの苦痛を伴わなくなった今日、もう一度ベトナム戦争をアメリカの立場から見直そうとする傾向も現れてきた。

ニクソン大統領は「背後から一刺し論」を展開し、アメリカ軍は戦場では北ベトナム軍に勝っていたのに、本国の議会がベトナム戦争の実態を理解しないで、ただひたすらに戦争の拡大のみを恐れてアメリカ軍の適切な軍事行動を認めず、南ベトナム政府を助けることを拒否したために、北ベトナム軍の息の根を止めることが不可能となり、せっかくの戦場における勝利が無効になってしまったと述べている。

またレーガン大統領をはじめとするアメリカ国内の保守派は、ベトナム戦争においてアメリカが勝てなかったのは、決してベトナム戦争が不道徳な汚い戦争であったからではないと主張している。アメリカがベトナム戦争に介入した動機は崇高なものであり、アメリカの失敗の原因は、ベトナム戦争の真の姿をアメリカ国民に伝えず戦争の実態と性格を誤解させたマスメディアと、雰囲気に流されて安易に国民に迎合し、大統領の戦争遂行努力を妨害した連邦議会にあるという。

アメリカ人の心の中にあるベトナム戦争のイメージは、時代とともに変化している。二〇〇三年に始まったイラク戦争は、アメリカ軍兵士の死傷者が増大すると「第二のベトナム戦争」と批判されるようになった。一方、二〇〇四年の大統領選挙において、民主党のケリー候補は自分がベトナム戦争の戦功により勲章を得た経歴を誇り、ベトナム反戦運動に参加した経歴を語ろうとはしなかった。

1 テト攻勢・ケサン攻防戦の意味

軍事的敗北、政治的勝利

ベトナム戦争において、伝統的な軍事的基準によればアメリカ軍が勝利していたにもかかわらず、テレビなどのマスメディアが事実の一面を誇張して伝えたために、アメリカ国民が事実を誤認し、戦争の実態を誤解した例として、一九六八年二月、北ベトナム軍と南ベトナム解放戦線が約八万四〇〇〇人の兵力を投入して南ベトナムのほとんどすべての都市と主要軍事基地を総攻撃した「テト攻勢」が挙げられる。

テト攻勢によって南ベトナムの四四省都のうち三九省都、六自治市のうち五市、二四二区のうち六四区、五〇村がほぼ同時に攻撃を受け、当初、大規模な奇襲を受けたアメリカ軍とベトナム政府軍は大いに混乱した。メコン・デルタのほとんどすべての市町村が一時的に南ベトナム解放戦線によって占領され、南ベトナム北部の中心都市であり旧王都でもあるフエは約一カ月間にわたって北ベトナム軍と解放戦線軍によって占拠されて、二八〇〇人といわれる多数の市民と役人が殺害された。

また、サイゴンの中心に位置し、要塞化されたアメリカ大使館も解放戦線部隊によって攻撃され、大使館の一部を占拠した約二〇人の解放戦線決死隊が包囲殲滅される様子は全米に中継放送されて、多くのアメリカ国民に衝撃を与えた。

しかし北ベトナム側が期待した大衆による一斉蜂起は起こらず、ただ一つの南ベトナム政府軍部隊も北ベトナム側に寝返らなかった。さらに、体勢を立て直したアメリカ軍による反攻が始まると、北ベトナム側が占拠した都市は次々に奪回され、北ベトナム軍、解放戦線は大打撃を受けて都市部から撤退した。

この南ベトナム全土を揺るがした北ベトナム側の「自暴自棄的猛攻勢」(ウェストモーランドMACV司令官)は、心理的側面を別にして軍事的見地から見れば完全な失敗であり、アメリカ側の発表によると、アメリカ軍の戦死者三八九五人、南ベトナム政府軍の戦死者四九四五人に対して北ベトナム、解放戦線は五万八三七三人の戦死者を出し、解放戦線のサイゴン攻撃軍司令官もサイゴン・チョロン地区で戦死した。テト攻勢の結果、総攻撃の先頭に立った土着の解放戦線の主要な戦闘部隊は大損害をこうむり、都市における武装蜂起によって姿を現した多くの政治人民委員、工作員、活動家は、その後数カ月間にわたって行われた大規模な警察活動によって逮捕、殺害され、南ベトナムの都市部におけるゲリラ組織はほぼ壊滅状態に陥ったといわれている。

しかしテト攻勢は、戦場ではなく、アメリカ国内に巨大な衝撃を与えた。南北戦争以来、国内における戦争を経験していない一般のアメリカ国民にとって、テレビ中継によって家庭に持ち込まれた戦争の実態はあまりに苛酷であり、戦争の厳しさとアメリカ軍兵士の苦痛は、アメリカ国内の反戦的感情を大いに刺激し、ベトナム戦争に対する抗議運動が急速に高まることになった。

北ベトナム軍と解放戦線が総攻撃を開始したという当初の報道そのものが、アメリカ国民に大きな衝撃を与え、アメリカ軍が体勢を立て直して反撃に出たという事実も、共産側の攻撃は第二次大戦末期の絶望的なナチによるバルジ作戦と同じだというウェストモーランド司令官の説明も、混乱と敗北のイメージの中に完全に埋没してしまった。テト攻勢によってアメリカ国民がショックを受け、ベトナム戦争に対する幻滅が増大したことは、北ベトナムに大きな心理的勝利を与えた。テト攻勢は軍事的に完敗した側が、心理的勝利すなわち政治的勝利を獲得した歴史的に希有な戦闘であった。

「七七日間の攻囲」の虚実

一九六八年テト攻勢と同様にマスメディアで大きく取り上げられた戦闘に、ケサン基地攻防戦がある。ケサン戦闘基地は南ベトナム北部クアンチ省北西部にあり、非武装地帯の南二四キロ、ラオス国境から一九キロの地点に位置し、東西一六〇〇メートル、南北八〇〇メートルで約一五〇〇メートルの滑走路を持っていた。ケサン基地は政治、経済の中心地域から遠く離れた山岳地帯に建設された軍事基地であり、もともとは特殊部隊用の基地であった。六七年一二月ころまでのケサン基地は、北ベトナムにとってほとんど意味のない基地であり、いつでも攻撃が可能であり、また無視することもできた。しかし六八年に入るとケサンの名は「七七日間の攻囲」として急に注目を浴びることになった。

一九六八年のテト攻勢開始に先立って、北ベトナム軍はケサン基地に対する圧力を急速に高めていった。これに対してウェストモーランド司令官は、ケサン基地がラオスから侵入してくる敵を阻止し、非武装地帯の南側を防衛するための拠点であり、また、将来ホー・チ・ミン・ルート遮断作戦の発起点になり得る基地であるとして、これを放棄すべきだとの意見を退け、第二六海兵連隊を増強して固守を命令した。

なお北ベトナム軍が六八年初頭から二個師団約二万人の大部隊をケサン基地周辺に集中した理由は、アメリカ軍の兵力と関心をケサン基地に吸引して、南ベトナム各地の都市部における兵力を移動させ、テト攻勢を有利に展開しようとしたものであるといわれている。実際に六八年一月から三月にかけて、南ベトナム北部二省には第一、第三海兵師団、第一騎兵師団、第一〇一空挺師団の四個師団が配置され、南ベトナムに展開するアメリカ軍九個師団の半数近くが北方に吸引されて牽制抑留された。

テト攻勢開始に先立ち、ケサン基地を包囲した北ベトナム軍はヒット・エンド・ラン戦法を取らずに、八二ミリ迫撃砲、一二二ミリロケット砲、一三〇ミリカノン砲、一五二ミリ榴弾砲などあらゆる火力を動員して猛砲撃を開始し、ケサン基地の前哨陣地の一つであるランベイ特殊部隊キャンプは北ベトナム軍戦車の攻撃を受け陥落した。マスメディアでは「ディエンビエンフーとの比較論」などが盛んに行われたが、従来の北ベトナム軍や解放戦線との戦闘はつかみどころがなく挫折感を味わっていたウェストモーランド司令官にとって、ケサン基地を攻囲している北ベトナム軍は攻勢的意志が旺盛であり、粉砕すべき絶好の機会を提供してくれたと考えられた。アメリカ軍は大規模な砲爆撃とともに、地震計測班を配置して北ベトナム軍のトンネル工事を測定探索するなど最新兵器を駆使して対正規軍戦闘を行い、伝統的な陣地戦による決戦を挑んだ。

しかし、着々とケサン基地への包囲環を圧縮しつつあった北ベトナム軍は、テト攻勢が終了するとともに撤退を始め、四月に入って陸路によるケサン基地との連絡を目標にして行われたアメリカ軍のペガサス作戦のときには、すでに大部分の北ベトナム軍部隊は移動した後であった。北ベトナム軍を捕捉する機会を失ったアメリカ軍も四月末ケサン基地を撤退し、ベトナム戦争のなかで異質な戦いであり、世界の注目を集めたケサン攻防戦も自然消滅した。

連日マスメディアを通じて報道され、第二のディエンビエンフーといわれたケサン攻防戦であるが、ケサン基地の兵士は前哨陣地を含めて、戦闘中においても定刻に食事をとり、デザートにはアイスクリームを食べ、連続砲撃で熱くなった迫撃砲の砲身を冷やすためにジュースをかけていたといわれている。なおウェストモーランド司令官は温食給養を重視し、毎日の温食給養率が九七％を下回ると、兵站(へいたん)担当者に理由を説明させたといわれている。ベトナム戦争後インタヴューを受けたケサン戦闘基地司令官ローンズ大佐も、ケサン攻防戦についてはマスメディアが騒ぎ過ぎたと述べている。

ターニング・ポイント

ベトナム戦争の歴史のなかで最もダイナミックで新しいタイプの戦闘の一つとなったテト攻勢とケサン攻防戦は、ボー・グエン・ザップによれば、「総攻撃、全面蜂起」の二重作戦であり、「ケサン作戦によって敵軍を分散させ、その後の適当な時期に多数の都市に対して奇襲攻撃をかける。サイゴンとフエが主要目標であった。そこでは市民、兵士、警察を不安と恐怖に陥れるとともに、その混乱状態のなかで新しい戦線を作り、これだけが南ベトナム人民のあらゆる階層の真の代表だと宣言する。この絶望的な混乱状態のなかでは、軍も民衆も共産側を支持することになる」というものであった。

この南ベトナム全土にわたる猛攻撃は、最初の段階では奇襲に成功し、多くの都市を占領したが、北ベトナムが期待していた南ベトナム政府に反対する大衆蜂起や南ベトナム政府軍の大量脱走といった事態はついに起こらなかった。しかもアメリカ軍の反撃によって多数の中核ゲリラ部隊を失い、南ベトナムのゲリラ組織は大打撃を受けた。

しかし、テト攻勢とケサン攻防戦はマスメディアを通じて大きく取り上げられ、総攻撃を開始した強力な北ベトナム軍というイメージはアメリカ国内の隅々まで広がった。

テト攻勢以前にウェストモーランド司令官はテレビ記者会見において、「南ベトナム領内の共産軍は過去一年間に戦力がかなり低下し、現在南ベトナムにいる九個師団のベトコンと北ベトナム軍のうち、四五％は効果的な戦闘能力を失っている。戦争は着実にアメリカ軍に有利に展開しており、このままでいくと二年以内にアメリカ軍の一部撤退が可能な状況になるであろう」と述べていた。しかしテト攻勢は、このようなアメリカ軍の楽観的な予想に冷水を浴びせることになり、アメリカの短期的勝利を信じていた多くのアメリカ国民に、深刻な心理的、政治的影響を与えた。

有名なテレビ・キャスターであるウォルター・クロンカイトは、「一体全体何ということが起こっているのでしょう。われわれはこの戦争に勝っているものと思っていました」とテレビで述べたが、これは多くのアメリカ国民の気持ちを代弁するものであった。アメリカ国内では次第に増加するアメリカ兵の死傷者にもかかわらず、ベトナム戦争解決の糸口が見えないことにいらだった。国民の間でベトナム戦争に対する反対が高まり、同時に政府に対する支持は低下していった。

軍事的見地から見ると、むしろこれらの大規模な正規戦は近代装備と火力に優るアメリカ軍にとって有利であり、見えない敵であった北ベトナム軍と解放戦線ゲリラが初めてアメリカ軍にとって目に見える形で姿を現し、アメリカ軍が戦い慣れたアメリカ式戦術で戦闘を行うことができたのである。

アメリカ軍が不得手とし、ベトナムで出血を強要され、アメリカ軍に大きな物理的、心理的損傷を与えた戦闘は別の形態を取っていた。それは見えない敵との戦い、ゲリラとの戦いであり、ゲリラ討伐作戦として日常的に実施されていた索敵撃滅作戦（Search and Destroy）であった。

テト攻勢とケサン攻防戦が証明した軍事的事実とは、北ベトナム正規軍の大規模攻撃にアメリカ軍が敗退したということではなく、アメリカ軍が実施していた索敵撃滅作戦では、北ベトナム軍と解放戦線ゲリラを弱体化させることができなかったという事実である。テト攻勢はアメリカ軍が行ってきた対ゲリラ作戦の有効性に対して深刻な疑問を投げかけ、アメリカ軍の対ゲリラ作戦の根本的な再検討を余儀なくさせた。

テト攻勢以後、「ゲリラ根絶の絶対の方法」（ウェストモーランド司令官）であった索敵撃滅作戦に代わって、B52戦略爆撃機による高空からの無差別的な集中爆撃が北ベトナム軍や解放戦線ゲリラに対する攻撃作戦の主役になった。

2　アメリカ軍の戦略

「歴史上最も複雑な戦争」

一九六四年末から六五年初めにかけて、南ベトナムでは解放戦線による政治闘争と北べトナム軍の戦闘力と南ベトナム政府の腐敗と南ベトナム政府軍の無能が組み合わされて、南ベトナム共和国は崩壊寸前にあった。アメリカ軍事顧問団の計算によれば、当時は一週間に一個大隊の南ベトナム政府軍が消滅して地方の首都を失うようになっており、また農村地帯においても多くの南ベトナム政府側の役人が殺害または誘拐されて、事実上ほとんどすべての村落において南ベトナム政府の統治能力は崩壊していた。南ベトナム政府の政治的・軍事的無能を確認した北ベトナムは解放戦線部隊を強化し、連隊規模以上の北ベトナム正規軍を投入して、通常戦争により南ベトナム政府の全面的崩壊をめざす革命戦争の戦略的攻勢段階に入ったように見えた。

南ベトナムにおける状況を以上のように認識したアメリカは、ほぼ北ベトナムの手中にあった勝利を覆すために、アメリカ軍の全面的かつ緊急的な介入が必要であると判断した。こうして一九六五年にアメリカ軍は南ベトナム共和国の崩壊を阻止し、サイゴンに自存能力のある政府を樹立し、共産側の戦争遂行能力を破壊して戦争を続けるコストを高め、勝利を諦めさせるために、南ベトナムに上陸した。ただし南ベトナム中部の海岸に上陸したアメリカ海兵連隊は、これまでのように猛烈な敵の砲火ではなく、花束を持ったベトナムの少女に迎えられた。

アメリカ軍は九個師団の兵力を南ベトナムに投入したが、七個師団の全兵力を戦争開始から四カ月の間に前線に投入した朝鮮戦争の場合とは異なり、その投入期間は三年に及び、しかも三段階に分けて逐次投入している。第一次投入時期における約二〇万人の兵力も一〇カ月にわたって逐次投入され、投入速度は月平均約二万二〇〇〇人であった。

この結果、南ベトナムにおけるアメリカ軍、南ベトナム政府軍と北ベトナム軍、解放戦線軍の兵力比は三対一から四対一になったが、投入されたアメリカ軍は南ベトナム全土にわたって分散配置されたために、兵力を集中して重点攻撃に徹することができなかった。なお一般的には対ゲリラ戦に勝利するためには、ゲリラ兵力の一〇倍から二〇倍の兵力が必要だといわれている。

アメリカ軍の兵力投入がこのように緩慢であった背景には、南ベトナムにおけるインフレーションや兵站上の問題、アメリカ国内における予備兵力不足の問題、さらに中国が介入する危険性を考慮した世界戦略としてのエスカレーション戦略があった。アメリカ軍がベトナム戦争に直接介入した当初は、多くのアメリカ軍将校が、アメリカのベトナム介入は毛沢東に率いられた共産主義国家中国との決戦の始まりであると主張していたが、ジョンソン大統領は繰り返し「中国の顔に唾(つば)を吐きかけるつもりはない」と説明していた。また兵力の逐次投入や北ベトナム爆撃の段階的拡大に見られるような漸進主義は、核抑止理論から派生してきた柔軟反応戦略と一体のものであった。

ベトナム戦争は「歴史上最も複雑な戦争」といわれ、様々な要因がアメリカ軍の行動を制約した。南ベトナム政府と軍の腐敗と無能、北ベトナム政府と軍の強靱な意志と組織、地域の奪取を目的としない不慣れなゲリラ戦、熱帯性ジャングルと山岳地帯という戦場の地形と気候、カンボジア・ラオス・北ベトナムという聖域の存在、ソ連と中国による介入の可能性、迅速かつ安価で犠牲の少ない軍事的勝利を求める国内世論などの制約を一挙に解決することは、アメリカ軍にとって実際上不可能であった。

北爆の効果？

一九六五年以来東南アジアの地上戦に直接的に関わっていったアメリカ軍は、ベトナム戦争を北ベトナムとの明確で単純な戦争と割り切り、第二次大戦と同様に北ベトナムを軍事的に屈伏させることがベトナム戦争の本質であり目的であると考えた。最少の犠牲で敵の戦争遂行能力を破壊し、敵を屈伏させる方法として、人命の観点から最も安価な爆撃と砲撃が優先された。北ベトナムに対する爆撃回数は、六五年には二万五〇〇〇回、六万三〇〇〇トン、六六年には七万九〇〇〇回、一三万六〇〇〇トン、六七年には一〇万八〇〇〇回、二二万六〇〇〇トンに及んだ。

六七年までに北ベトナムにおける重要な軍事目標はすべて破壊されたが、南ベトナムにおける状況に大きな影響はなかった。北ベトナムから南ベトナムへの浸透人員は、六五年には三万五〇〇〇人であったが、六七年には激しい爆撃にもかかわらず、九万人に増加している。

北ベトナムは低開発国であり、国土の大部分が自給自足できる農村であった。したがって、爆撃による破壊が国家の政治経済にとって致命的なものになることはなかった。また、六五年から六八年にかけて、ソ連と中国から北ベトナムに供与された援助は二〇億ドルを超えていた。アメリカ軍による爆撃が段階的に拡大されたことも、北ベトナムに防空体制を整備し、重要施設を地下に移して爆撃に対する対抗処置を強化する時間的余裕を与えた。それに対してアメリカ軍は、六五年から六八年の間に九五〇機の航空機を失い、損害は総計六〇億ドルに達した。

アメリカは爆撃により、北ベトナムの道路、鉄道、橋、燃料貯蔵所、水力発電所、港湾施設等を破壊すれば、北ベトナムの政治経済体制が弱体化し、北ベトナムの指導者は南ベトナムを侵略しようとする野心を放棄すると考えた。しかし「強靭な老いぼれ」ホー・チ・ミンにとって南北ベトナムの統一と民族の独立は、二〇年以上の年月と多数の人命を犠牲にして戦ってきた民族的悲願であり、道路や燃料貯蔵所の損害と取引するにはあまりにも次元が違い過ぎた。結局アメリカが保有する手段のうち、最も非対称で有利な爆撃も十分な効果を挙げることができず、「ローラーでは蟻を潰せない」ことが証明され、北ベトナムに対する爆撃は、よく言っても非効率、悪く言えば不道徳と評価された。

南ベトナムの戦場においても、アメリカ軍は圧倒的な砲撃、航空支援、機械化部隊、最新の電子兵器を頼りに、戦争の規模とスタイルを変えていった。アメリカ軍は「ベトナムにおける解答は、もっと多くの爆弾、もっと多くの砲弾、もっと多くのナパーム弾である」と考えていた。アメリカ軍の戦略は、味方の損害を許容範囲に抑えながら、積極的に敵を捜索し、捕捉し、破壊して敵に耐えがたい損害を与えるという消耗戦略であった。ただし実際のアメリカ軍の戦法は、味方の損害を許容範囲に抑えることに重点を置いていた。消耗戦略は、ベトナム戦争を政治的に解決しようとしたものではなく、軍事的勝利を達成すれば、戦争の政治的側面も自動的に解決されるとの考え方に基づいていた。

南ベトナムの地方にも政治経済改革と治安の回復をもたらして、南ベトナム全土に南ベトナム政府の政治的権威を確立しようとした平定作戦よりも、一人でも多くの北ベトナム軍兵士や解放戦線ゲリラを殺すことを目的とした索敵撃滅作戦が優先された。

索敵撃滅作戦は大隊規模の武力偵察を行って、敵の大部隊を発見し、包囲し、殲滅することを目標にしていた。アメリカ軍は、不慣れな平定作戦よりも経験のある作戦を好み、何よりも索敵撃滅作戦は平定作戦よりも、敵の損害が計算しやすく分かりやすかった。

見えなくなった正当性

ベトナム戦争は元来ベトナム人の間の戦いであり、アメリカ軍が直接的に介入してくるまでは、南ベトナム政府の正規軍、地方軍、民兵、警察がアメリカ軍の助言と物質的支援を受けて、解放戦線の政治活動やテロと戦う全責任を負っていた。アメリカ軍は南ベトナム政府軍の顧問として、武器弾薬、技術的ノウハウを供給し、アメリカ政府の他の機関、国際開発局（ＡＩＤ）や中央情報局（ＣＩＡ）は政治的・経済的発展のプログラムを助言し、警察機構を改革した。アメリカ軍の地上戦闘部隊が導入される以前は、アメリカの助言者としての発言力が高まってはいたが、戦争はあくまでも南ベトナム政府の政治力と軍事力を試すものであった。

しかしアメリカ軍の大規模かつ直接的な介入によって、ベトナム戦争は南ベトナム政府の正当性をめぐる戦いであるという基本的な点が曖昧になってしまった。アメリカが南ベトナム政府に代わって、南ベトナムにおける統治者としての正当性を主張することは、アメリカの理想主義や反植民地主義の伝統に反することになり、可能性がなかった。

アメリカ軍の立場からいえば、南ベトナム政府軍が明らかに北ベトナム軍よりも弱体であり、実際に南ベトナム政府が崩壊する危険が切迫している状況のなかで、アメリカ軍が前面に出て、大隊や連隊規模の北ベトナム正規軍や解放戦線ゲリラと戦わざるを得なかった。

通じないアメリカ軍のスタイル――対ゲリラ戦

アメリカ軍が増大するにつれて、戦闘の規模が拡大され、アメリカ軍のみがニュース・メディアを独占し、南ベトナム各地の村や地方で展開されている政治闘争が見えなくなってしまった。一九六六年には南ベトナム各地の農村において、七カ月間に三〇〇〇人以上の南ベトナム政府側の役人が殺害されている。六〇年代の初めから行われていた平定作戦は、アメリカ軍にとって「別の戦争」になってしまった。ウェストモーランド司令官は、アメリカ軍がベトナムの民衆と接触する機会が多くなることによって引き起こされる可能性の高い反米感情を避けるために、アメリカ軍は平定作戦に関わらなかったと述べている。

またウェストモーランド司令官がアメリカ軍に平定作戦を実施させようとしても、ヨーロッパにおいてソ連軍と戦うことを想定して編成されたアメリカ陸軍や海兵隊は、ドクトリン、編成、訓練において、民間人を相手とする作戦を行うには適さなかった。平定作戦は小単位のパトロールを行って、ゲリラの襲撃から村を守り、村落におけるゲリラの下部構造を破壊することを求めており、火力で敵を圧倒することを原則としていたアメリカ陸軍や海兵隊にとって馴染めないものであった。

アメリカ陸軍は人口の少ない中央高地に展開していたが、海兵隊は南ベトナム北部の比較的人口の多い地域に展開していたために、強力な火力を十分に使用することができず、戦争の政治的性格に合わせた小規模な作戦を行わざるを得なかった。南ベトナムにおけるアメリカ海兵隊司令官ウォルト中将は、ベトナム戦争の戦闘環境すなわち民間人と敵が混在した状態は、彼の従来の戦争経験とは大いに異なるものであったと述べている。

アメリカ軍は最初は軍事顧問として、後には実戦部隊としてベトナム戦争に参加したが、対ゲリラ戦は師団や旅団といった戦略単位の正規軍に付加された任務であり、対ゲリラ戦のために伝統的な師団や旅団の機構を変えたりすることはなかった。六七年三月に作成された対ゲリラ作戦用のフィールド・マニュアル（FM31―16）によれば、対ゲリラ作戦を行うときには、民間人の生活をできるだけ乱さないように注意しながら、火力は無制限に行使し、対ゲリラ戦の基本単位である旅団は、戦車、装甲車、重砲、航空機、化学兵器等あらゆる兵器を使用することになっていた。

対ゲリラ戦を効率よく遂行するためには、伝統的な軍事思想が時には不必要であり、時には有害である場合もある。ゲリラ部隊は小単位で行動し、機動性があるため、対ゲリラ作戦を行う場合には、味方部隊も機動性を高め、より小さな単位によるパトロール、夜戦、待ち伏せのテクニックを重視して戦闘することが必要である。

南ベトナム援助軍司令部も六五年九月には、人口の多い地域では不必要な火力を避けるように命令を出したが、この命令では「不必要な火力」を定義しなかったために、各部隊の指揮官が自由に解釈し火力を使用することができた。ベトナム戦争後、ウェストモーランド司令官は、アメリカ軍の対ゲリラ戦対策は不十分であり、敵のゲリラ、地方軍、正規軍の組み合わせに十分な注意を払わなかったと述べている。

消耗戦略の実態

ウェストモーランド司令官は一九六五年夏、アメリカ軍の能力と政治的制約を考慮して、作戦を三段階に分けた。第一段階は補給基地を建設し、軍事施設を防衛して人口密度の高い地域を敵の攻撃から守り、北ベトナムに勝利の機会を与えない。第二段階は敵の主力に対して攻勢をかけ、重要地域を確保する。第三段階において敵を敗北させる。さらにマクナマラ国防長官は六六年夏にアメリカ軍の作戦目的をより詳しく説明した。作戦目的は以下の六項目である。

1. 南ベトナムにおける北ベトナム軍、解放戦線基地の四〇～五〇％を破壊する。
2. 南ベトナムの主要な道路と鉄道の五〇％を開通させる。
3. 政治的・経済的に重要なサイゴン、メコン・デルタ、ダナン、クイニョンの四地域を優先的に確保する。
4. 南ベトナム人口の六〇％を確保する。
5. 南ベトナム政府支配下の食糧生産地域、人口密集地域、政治的中心地、軍事基地を防衛する。
6. 一九六六年末までに解放戦線と北ベトナム軍を少なくとも現状維持以下に消耗させる。

このようなアメリカ軍の戦略の最重要ポイントは、敵を消耗させるという原則であった。しかし消耗戦略といっても作戦のアウトラインを決めたものであり、実際に敵をどのように攻撃するかは各部隊の指揮官に任されている部分が大きかった。伝統的なアメリカ軍の戦略は、第二次大戦や朝鮮戦争において見られたように、前線を挟んで対峙する敵に対して、圧倒的な火力と物量を集中して制圧するというものであったが、南ベトナムには前線がなかった。

アメリカ軍の指揮官も、第二次大戦や朝鮮戦争といった大量の火力が広く使用され、火力の優劣が勝敗を決定した戦場で経験を積み、日常的に通常戦争の訓練を受けており、小規模の部隊を展開して平定計画を支援するような作戦には魅力を感じなかった。アメリカ軍の将校のなかには、個人的威信と昇進を考慮して、多くの敵の死傷者や捕虜を獲得できる作戦を好み、敵の損失を計算しやすい伝統的な攻撃作戦を選択する傾向のある者も存在した。

アメリカ軍は最少の犠牲で敵を捕捉殲滅するために、大規模な砲爆撃に大きな期待を寄せていたが、同時にベトナム戦争という特殊な環境に適応するために技術的優位を活用しようとした。例えば携帯用小型レーダー、人間体臭探知器、光増幅式暗視装置、敵の攻撃時間と場所を予測するプログラムが組み込まれたIBMコンピューターなどが戦場に持ち込まれた。また敵から隠れ場所を奪うために、九万一〇〇〇トンの枯葉剤が二四〇〇万ヘクタールの森林に散布され、南ベトナムの森林地帯の半分が影響を受けた。

さらに大量のヘリコプターが投入され、ヘリコプター機動作戦はベトナム戦争の代名詞にまでなった。広い地域に部隊を迅速に展開することのできるヘリコプターは、アメリカ軍に卓越した機動力と火力を与え、索敵撃滅作戦を成功させるための最も重要な手段となった。四〇〇機のヘリコプターを保有するアメリカ軍一個師団は、一日に何度も大隊を出動させることが可能になり、ベースキャンプ周辺の広大な地域を支配することができた。特にヘリコプターによる兵力の移動集中と機関銃やロケットを搭載した武装攻撃ヘリコプターの組み合わせは有効で、索敵撃滅作戦に大いに寄与した。

ただし、ヘリコプター機動作戦はたしかに激しく敵を追撃したが、ほとんど撃滅しなかったとも言われている。またヘリコプターによって南ベトナムのどこへでも即座に兵力を移動できるという事実は、アメリカ軍に南ベトナム全土を支配しているという幻想を抱かせた。

主導権(イニシアティブ)を握っていたのも北ベトナム

アメリカ軍は常に動き回っていたが、結局戦場のダイナミックスを変えることはできなかった。むしろ、機動力と装備において劣っていた北ベトナム軍が戦闘のテンポをコントロールし、好きな時に戦場を離脱し、戦場の主導権(イニシアティブ)を握って戦う時と場所を決定していた。したがって敵の選んだ時と場所で戦闘せざるを得なかったアメリカ軍の犠牲は必然的に大きくなっていった。北ベトナム軍は南ベトナムの国境を越えて撤退することができ、南ベトナム人口の相当部分から支持されており、兵力を隠蔽し、アメリカ軍の目を逃れて行動できる広大なジャングルを積極的に利用した。

索敵撃滅作戦が開始された一九六六年以来、北ベトナム軍と解放戦線は師団や連隊規模の基地を、カンボジアやラオス領内へ移動することによって消耗を避け、アメリカ軍と衝突する心配のない聖域において、再編成と再訓練を行い、十分な戦闘準備を整えて再び南ベトナムへ侵入してきた。

ウェストモーランド司令官が提案した、第一騎兵師団をラオスのボロベン高原へ派遣してホー・チ・ミン・ルートを破壊する作戦は、戦争を不必要に拡大するとしてワシントンに受け入れられなかった。米国務省はラオスとカンボジアの中立を宣言したジュネーブ協定に敏感で、約五〇〇〇人程度のアメリカ軍特殊部隊も撤退させたが、北ベトナムは約六〇〇〇人の部隊をラオス領内に駐留させ、ラオスの左派勢力であるパテト・ラオを支援し、ホー・チ・ミン・ルートを守っていた。ホー・チ・ミン・ルートは、七一年ラムソン719作戦によって南ベトナム政府軍に攻撃されるまで、地上から攻撃されることはなかった。ただし、このラムソン719作戦は南ベトナム政府軍の惨敗に終わっている。したがって、北ベトナムから南ベトナムへの侵入ルートは戦争の全期間を通じてオープンであった。

空虚な政治的コントロール

このような環境のなかで消耗戦に勝利するためには、第一に正確でタイムリーな情報を集め、敵を発見し、固定し、撃滅しなければならない。ところがアメリカ軍の指揮官は火力と機動力に自信を持っていたが、民衆との間に信頼関係を構築して情報を収集する努力を十分に行わなかった。

一九六七年一月に約三万人の兵力を動員して実施された大規模な索敵撃滅作戦であるシーダー・フォール作戦の場合、まず敵にコントロールされていると思われる地域に対して、Ｂ52戦略爆撃機による集中爆撃を行い、次にヘリコプターとブルドーザーによってジャングルを切り開き支援基地を建設して包囲網を形成し、さらにヘリコプターによって歩兵部隊を投入して地域を占領し、最後に敵の支配下にあると思われる村落を焼き払い、再び爆撃が加えられた。

こうして「樹木や村は燃える塵芥（じんかい）と化し、ゲリラの隠れる場所はなくなった」という戦果を挙げたのである。しかしゲリラに関する情報が十分ではなく、作戦の期間も通常は数日間と短く、解放戦線を支えている村落の下部構造を完全に破壊することはできなかった。

解放戦線の重要根拠地であるサイゴン直北の「鉄の三角地帯」を攻撃したシーダー・フォール作戦においても、解放戦線ゲリラ七〇〇人を殺すことはできたが主力部隊を取り逃がし、アメリカ軍指揮官の一人ロジャース将軍はフラストレーションを隠さず、数週間もすれば以前と同じ解放戦線地域になってしまうと述べていた。

ベトナム戦争で双方が求めていた目標は、南ベトナム全土を政治的にコントロールすることであったが、双方が考えていたコントロールの概念には大きな違いがあった。北ベトナム側のコントロールという概念は同調もしくは中立的な人々が存在することを基礎にしており、単なる軍事的占領を意味してはいなかったが、アメリカ軍の伝統的軍事思想では、軍事的占領という面が強調され、その地域に友軍が存在している状態をもってコントロールが完成すると考えられていた。

しかし、北ベトナム軍や解放戦線は、大規模で重装備のアメリカ軍との正面衝突を避け、もっぱら弱体な南ベトナム政府軍を攻撃し、南ベトナム全土に分散したアメリカ軍と混在する形で、南ベトナム政府の軍事組織の士気を挫き、解放戦線の政治工作員による村落レベルにおける民衆の組織化を支援していた。この村落レベルのゲリラ活動が、南ベトナム政府による地方人口のコントロールに最も深刻な打撃を与えた。アメリカ軍の歴史、機構、戦略、配置はこの種の脅威に対抗するには適当ではなかった。

3 戦闘の実相

索敵撃滅作戦

ベトナムの地形は、複雑な山岳地帯と「兵を呑む」といわれる広大な熱帯ジャングル、そして水田から成り立っており、起伏の多い地形と植生密度の高いジャングルは、直射火力や路外機動力を制限し、アメリカ軍が得意とする大規模な機動作戦には最適の戦場ではなかった。一方、北ベトナム軍は第一次インドシナ戦争以来、二〇年以上もジャングルに覆われた山岳地帯で小部隊による戦闘を続けてきた。

ベトナムのように複雑な地形のなかでは、独立的な歩兵部隊が主役にならざるを得なかったが、アメリカ軍と北ベトナム軍の歩兵占有率を見ると、大隊レベルでは北ベトナム軍が七九%、アメリカ軍が五一%であった。さらにジャングル内における隠密徒歩機動力、至近距離における待ち伏せ急襲能力等の地形利用能力や兵站上の持久力等を比較すると、双方の戦歴や編成から考えて北ベトナム軍のほうが優れていたと思われる。

アメリカ軍が行った索敵撃滅作戦とはいかなるものであったか。一九六六年から六七年にかけてアメリカ第三海兵師団が南ベトナム北部山岳地帯で実施した作戦を見ると、索敵撃滅作戦が八一%、増援が三%、陣地攻防戦が二%、その他が一四%であった。アメリカ軍全体を見ても、全兵力の六〇%が南ベトナム各地やカンボジア、ラオス国境で索敵撃滅作戦に従事しており、ベトナム戦争はアメリカ軍にとってほとんど索敵撃滅作戦であったといえる。第三海兵師団の責任戦闘地域は、約六〇%が山岳地帯、約一八%が高原地帯、約二二%が海岸平野地帯から成り立ち、大部隊が行動するのに適した地形ではなかった。

第三海兵師団の作戦構想には、重要な三つの要素があった。第一の要素は、重砲を装備した強力な砲兵中隊を配置して増強した火力拠点であり、索敵撃滅作戦を行う部隊に火力支援を与える戦闘基地である。第二の要素は、主要戦闘基地に配置された機動大隊であり、これは作戦中の部隊に対する増援兵力である。第三の要素は、戦闘基地相互間を連接し、対人用地雷と各種の探知器を組み合わせた対侵入障害装置の設置である。この構想は、北ベトナム軍が責任戦闘地域内に侵入してくると、まず対侵入障害装置によって敵部隊を発見し、その行動を遅滞混乱させ、さらに進出する敵に対してはパトロール部隊が接触し、戦闘基地の火力と増援部隊によって殲滅する戦術であった。

一般的に海兵隊が作戦を行う場合は、運用単位部隊である海兵大隊が作戦地域の一部を担当して、大隊ごとに作戦を実施する。しかしベトナムの場合は、山岳地帯と熱帯ジャングルという複雑な地形のために、部隊の指揮統制が困難であり、一〇〇〇人以上の兵員を有する海兵大隊が統一作戦を展開することは不可能に近かった。したがってほとんどの場合、中隊以下の小部隊が独立的に行動し、作戦・戦闘の実質的な運用単位となっていた。

山岳・ジャングルでの戦闘の実態

このような小部隊による索敵撃滅作戦では、戦闘の実態は次のようなものであった。北ベトナム軍を攻撃するためには、ヘリコプターが着陸する場所もないジャングルの奥深くへ入らねばならず、重砲を持ち込むことは無理で、戦車や装甲車の使用も困難である。ときには四・二インチ迫撃砲や八一ミリ迫撃砲も諦めなければならない場合もあった。

したがって、アメリカ軍のパトロール・チームがジャングルの奥深くで北ベトナム軍を発見し、または北ベトナム軍の仕掛けた罠、地雷、狙撃などに不意に遭遇したとき、アメリカ軍兵士に残されている武器は、M16自動小銃や手榴弾などであり、パトロール・チームが分隊や小隊の場合には、さらにM79グレネード・ランチャーやM60機関銃、中隊の場合は八一ミリ迫撃砲などが使用できるだけであった。

これに対して北ベトナム軍兵士も同様にAK47自動小銃や手榴弾を持ち、さらにRPGロケット・ランチャーや六〇ミリ、八〇ミリ迫撃砲、時によっては七五ミリや八二ミリ無反動砲を持っている場合もあった。北ベトナム軍は六〇ミリ迫撃砲やRPGロケット等による不意急襲射撃を行い、同時にAK47自動小銃の集中射撃と一斉襲撃を行った。

これに対してアメリカ軍のパトロール・チームもM16自動小銃や八一ミリ迫撃砲などを

集中射撃し応戦したが、この段階における戦闘は基本的に一人対一人の戦いであり、兵器にほとんど差がない以上、地形を熟知し、ゲリラ戦に慣れた北ベトナム軍のほうが有利であった。

しかし、アメリカ軍パトロール・チームは、通常戦闘が開始されると同時に近くの戦闘基地に火力支援を要請する。したがって戦闘がある程度持続すると、近接した火力拠点から一〇五ミリや一五五ミリ榴弾砲といった大口径砲弾による支援射撃が北ベトナム軍に集中し始め、また北ベトナム軍が頑強な場合には、F4戦闘機やA4、A6攻撃機による近接航空支援も行われた。その結果、戦闘力バランスが大きく崩れ、戦闘の支配権はアメリカ軍に移っていった。続いてヘリコプター機動によって増援部隊が到着して戦闘に加入し、北ベトナム軍を捕捉あるいは撃退するための機動作戦が始められた。しかし、そのころには北ベトナム軍は既に戦場を離脱し、ジャングル内の地下道や抜け道を通って別の地域に移動していることが多かった。

以上のケースは作戦が比較的順調に推移した場合であって、深いジャングルの中における戦闘では、アメリカ軍パトロール・チームが自らの位置を確認できず、そのために砲撃による支援が不可能になり、また航空機も戦場に留まれる時間には限度がある上に、悪天候の場合には十分な支援攻撃が行えず、戦況がより困難になる場合もあった。このように形勢が全く不利になると、パトロール・チームは素早くヘリコプターで脱出した。

前例なき戦闘

北ベトナム軍は常にジャングルや沼や山岳地帯に戦闘基地を建設してアメリカ軍と戦ったが、その理由は戦闘の条件を互角に、または有利にするためであった。北ベトナム軍兵士はジャングルを好んでいたわけではない。泥と蛭と暑さが充満したジャングルは不快な場所であり、民衆の支援も得られない。しかし、ジャングルの中では巨大なアメリカ軍も一人ひとりの兵士に分解してしまい、北ベトナム軍対アメリカ軍という構図も、一人の北ベトナム軍歩兵対一人のアメリカ軍歩兵の戦闘に収斂してしまった。北ベトナム軍は自らに好都合な場所と時を選んで戦い、損害が容認し難い水準に達する前に戦場を離脱して、ジャングルの奥深く、さらにカンボジア、ラオス、北ベトナムの聖域に移動した。アメリカ軍歩兵は常に砲兵と航空機による支援の範囲外には出ないようになり、北ベトナム軍の主力を捕捉殲滅することはできなかった。

アメリカ軍が実施していた索敵撃滅作戦とは、このような小部隊による戦闘を時間的・空間的に寄せ集めたものであった。明確な情報に基づく正攻法を基本とするアメリカ軍と、状況の秘匿と奇襲を原則とする北ベトナム軍は、戦術、戦法が異なっており、アメリカ軍の索敵撃滅作戦は空振りすることが多く、作戦は順調に進展しなかった。

北ベトナム軍はアメリカ軍と比較して火力が劣り、戦闘が長引き、規模が拡大されるにつれて勝機は減少した。しかし、戦闘の初期段階においては、小火器中心の戦闘であり、射程や弾量といった火力能力において遜色がなく、しかも地形を熟知して戦場選択の自由があり、小部隊による戦闘に習熟した北ベトナム軍にも十分勝算があった。一方、アメリカ軍は状況が判明し、大火力が発揮できる段階になると圧倒的に有利になった。

したがって小部隊による遭遇戦を中心とする索敵撃滅作戦は、基本的にアメリカ軍にとって不利な戦いであった。アメリカ軍は慣れない土地で常に北ベトナム軍の圧力を受け、北ベトナム軍の主動的な攻撃に対して受動的な作戦戦闘を強いられた。アメリカ軍兵士が戦闘行動中に受けた負傷の原因について見ると、小火器によるもの三五%、砲弾によるものは一九%、手榴弾一三%、地雷一四%、罠一一%となっており、負傷者の六〇%が砲弾によるものであった第二次大戦と比較すると、ベトナム戦争における特殊な戦闘の様相が推察できる。

兵士の能力の優劣は

アメリカ軍の戦闘は火力がすべてである。「われわれは四人の敵を殺すために、一時間半にわたって戦い、小火器の弾丸を数百発、迫撃砲弾を数十発、さらに一五五ミリ榴弾砲の集中射撃を加えた」というのがアメリカ軍の戦闘であった。ベトナムにおけるアメリカ軍は、考えられるほとんどすべてのものが利用できた。基本的な八一ミリや四・二インチ迫撃砲から、一〇五ミリ、一五五ミリ榴弾砲や射程三二キロメートルの一七五ミリ自走加農砲、さらに戦闘機や攻撃機による航空支援、海上からは駆逐艦や戦艦による艦砲射撃、最大のものは戦略空軍のB52爆撃機による高空からの集中爆撃であった。したがってアメリカ軍は総力戦になれば、どのような北ベトナム軍部隊も撃破できるはずであった。

しかし、一人のアメリカ軍歩兵と一人の北ベトナム軍歩兵を比較すると、装備、士気、訓練等どの点をとってもアメリカ軍兵士の方が優れているとはいえなかった。例えば、攻撃性という点を見ても、科学的な訓練によって養成されたアメリカ軍兵士の攻撃性が、より民族主義的エネルギーによって支えられた北ベトナム軍兵士の士気より高いとはいえない。また個人用兵器を見ても、アメリカ軍のM16のほうが北ベトナム軍のAK47より優れているとはいえない。むしろ木とスチールで作られ、構造が簡単で頑丈なAK47のほうが、合金とプラスチックで作られ、精巧で高性能ではあるがデリケートで故障しやすいM16よりも白兵戦の武器としては優れていた。

したがって自動小銃の使い方を知っている限り、身長一六〇センチ、体重五〇キロの北ベトナム軍兵士は、身長一八〇センチ、体重一〇〇キロのアメリカ軍兵士に対して、決して不利な立場にいたわけではない。さらに北ベトナム軍兵士には、自分たちの土地の上で戦っているという基本的な優位性があった。

北ベトナム軍や解放戦線の兵士は頑強に戦い、しばしば狂信的であるといわれた。かれらの士気の高さについては、様々な意見が出されたが、ほとんどの見解はかれらが共産主義者であることに注目して、かれらには高邁なイデオロギー的動機があると主張するものであった。実際に北ベトナム軍の主力部隊は非常に精鋭であったが、その理由は第一にかれらがプロの兵士であったからである。かれらは最近軍隊に入って初めて銃を持った若いベトナム農民ではなく、成年の大半を戦場で過ごしてきた、経験豊かで、非情なベテラン兵士であった。

目標は死体の数——歪められた真実

敵意に満ちた暗いジャングルの中で、罠や地雷や狙撃に神経を擦り減らしながら、目に見えない強力な北ベトナム軍と対決することを強いられたアメリカ軍にとって、味方の死傷者の数を最少限に抑えるには、敵との直接的な接触はできるだけ避けて圧倒的に優勢な火力に頼らざるを得なかった。

したがってアメリカ軍のパトロール・チームが北ベトナム軍の基地と思われる場所を攻撃する場合、歩兵の任務は敵の基地を発見することであり、その後の攻撃は砲兵と航空機に任せた。歩兵は敵に接近し過ぎて支援火力を妨害することのないように注意し、敵の基地が破壊された後、歩兵による攻撃が行われた。歩兵による攻撃の場合も、迫撃砲をはじめあらゆる火力を動員してやみくもにジャングルを砲撃することが多く、戦果は発射した砲弾の数から確率上殺されたと思われる敵兵の数を計算し、確認することなく上級司令部へ報告された。

アメリカ軍にとって重要な目標は、敵の基地を奪取することではなく、一人でも多くの敵を殺すことであったために、敵の死体の数が唯一の戦果を計る指標となり、ベトナム人の死体はすべて戦果と見なされた。

しかし死体数の勘定は常に誇張され、低く見積もっても三〇%は水増しされていた。またアメリカ軍の各部隊の指揮官が個人的名誉のために、戦果を誇大に報告することもしばしば見られた。サイゴンとワシントンのコンピューターは、このように信頼性の低い数字を根拠に、北ベトナム軍と解放戦線の残存兵力を綿密に計算していた。その結果アメリカ軍の公式発表によれば、六七年末までに敵に与えた損害は二二万人に上り、アメリカ国内では北ベトナム軍の主力部隊はほぼ全滅し、解放戦線組織は崩壊したと見なされるようになった。こうしてサイゴンのアメリカ軍スポークスマンは、テト攻勢の直前六七年末に「戦争は勝ったも同然」と発表したのである。

アナリシス

食い違う戦争目的

もし、北ベトナムが一九六五年に軍事力で南ベトナム共和国を崩壊させることを目標にしていたとしたら、アメリカ軍の軍事介入によって南ベトナム共和国は生き延びることができたといえる。アメリカ軍が南ベトナムで戦っている限り、北ベトナムが全面的な軍事的勝利を獲得できる可能性はなかった。しかし、北ベトナムの戦略は、政治的色彩が濃く、南ベトナム各地に解放戦線組織を形成して南ベトナム政府の統治機構を破壊し、アメリカ軍の介入によって戦略の時刻表が修正されたとしても、あくまでも南ベトナム政府との政治的正統性をめぐる争いに勝利することであった。

南ベトナム共和国に対する最大の脅威は、腐敗した政府機構と政治的リーダーシップの欠如、そして無能な政府軍であった。歴代の南ベトナム政府は戦場で敵を屈伏させることができないだけではなく、テロリズムを排除して農村の治安を回復し、民衆の生活を安定・向上させる能力に欠けており、解放戦線の政治工作や破壊工作に対抗することができなかった。

国内の政治的・軍事的問題を解決する能力に欠ける南ベトナム政府は、国民の政治的支持を獲得することができず、アメリカの膨大な経済援助と強力な軍事的支援によってのみ生存することが可能であった。

これに対してアメリカの戦略は、北ベトナムや解放戦線に軍事的痛手を与えて継戦意志を挫き、南ベトナム政府に北ベトナムとの政治的戦争に勝つチャンスを与えようとしたものであった。しかし、現実には南ベトナム政府に政治的戦争を勝ち抜く能力がなく、南ベトナム政府に代わってアメリカが南ベトナムにおける政治的正統性を主張することができない以上、アメリカにとって残された道は、大量のアメリカ軍を直接介入させることによって、元来は村落における政治闘争であったベトナム戦争の視点を変化させ、軍事的側面を強調することであった。こうしてベトナム戦争はアメリカ化し、南ベトナムの根本的な政治改革はアメリカ軍の影に隠れてしまった。

しかしながらアメリカが前面に押し出した軍事的側面においても、アメリカ軍の消耗戦略は、北ベトナム軍や解放戦線に十分な軍事的打撃を与える方法として効果的ではなく適当でもなかった。

「戦線なき戦争」の誤算

ベトナム戦争は、定量化できない敵の戦闘意志に影響を与えることが重要なポイントになっていた。ベトナム戦争は戦線なき戦争であり、ベトナム人の Hearts and Minds を獲得する戦争であった。ベトナム戦争は基本的に国民の支持を競う政治的戦争であったにもかかわらず、アメリカ軍はベトナム戦争の特殊な環境に十分に適応できず、アメリカ軍にとって理解しやすい通常型の戦争を遂行した。「ゲリラ戦なのに、海兵隊はガダルカナルか沖縄を繰り返そうと思っている」と言われた。

またジョンソン大統領もウェストモーランド司令官も戦場の兵士も、アメリカがいったん軍事力を行使すれば、どのような敵も恐れおののいてすぐさま屈伏するに違いないという確信を抱いてベトナム戦争に足を踏み入れていった。

ベトナム戦争に勝利するためには、ベトナム人の支持と協力を得て、解放戦線や北ベトナム軍を孤立させることが必要であった。しかし、アメリカ軍が得意とした大規模な火力で敵を圧倒する作戦は、多くのベトナム人を死傷させ、アメリカ軍に対する敵意と憎しみを増大させる結果になり、北ベトナムの戦略を後押しすることになってしまった。

ベトナム戦争に対するアメリカの介入過程は、アメリカ的楽観主義に支配されていた。アメリカの理想主義と善意と世界一の軍事力は、どのような環境においても通用するはずであった。たとえアメリカの善意を理解できない者がいたとしても、世界一強力なアメリカ軍は十分に効果を発揮するはずであった。まして相手がアジアの小国北ベトナムならば、世界一の超大国アメリカがベトナム戦争のために何かを特別に準備する必要などあるはずがなかった。北ベトナムの指導者がいかに狂信的であったとしても、北ベトナムには航空母艦も精密な電子兵器もB52戦略爆撃機もなかった。しかし実際の戦争は、こうしたアメリカ軍の想像をはるかに超えるものであった。

ベトナム戦争は国家間の総力戦ではなく、小部隊の歩兵同士の戦闘を寄せ集めたものであり、アメリカ軍にとっては、水に浮かんだ決して沈まないコルクをハンマーで叩くようなものであった。北ベトナム軍の兵士が直接戦った相手は、B52戦略爆撃機や航空母艦ではなく、小銃を持ったアメリカ兵であった。したがって、戦争が個々の兵士と兵士の戦闘レベルにとどまる限り、北ベトナム軍はアメリカ軍の物量に圧倒されることはなく、むしろ対等以上の立場でアメリカ兵と戦うことができた。北ベトナムは戦争のルールを自分たちに都合が良いようにするために政治的・外交的努力を集中した。

また、北ベトナムが南ベトナムを民族自決の原則に基づいて併合することは、冷戦構造の崩壊にはつながらないが、アメリカが共産主義国家である北ベトナムを消滅させれば、東西バランスという冷戦構造の基本を崩壊させかねない危険が存在した。

裏目に出た戦略・技術

このような条件と制約の下で、アメリカ軍は不慣れな戦闘を強いられ、予想以上に死傷者が続出することになった。さらに、北ベトナムは十分な時間と忍耐力を持っており、このまま持ちこたえるならば、必ずアメリカは戦争に倦み疲れ、戦争が長期化すればするほど、アメリカは困難に直面して勝利を得ることは不可能になるであろうという信念を持っていた。

したがって、北ベトナムのアメリカに対する戦略には二つの目標があった。第一に自らの損害を限定し、戦闘を有利に展開するために、戦争のレベルをできるだけ低い水準に保つように努力する。そのためにはベトナム戦争の不道徳性を宣伝し、アメリカ軍の残虐行為を非難し、アメリカが戦争を拡大することに反対する国際世論を盛り上げるために努力した。第三にアメリカ国民の戦意を低下させ、ベトナム戦争に対する挫折感を広めるために、ベトナムの戦場においてできるだけ多くのアメリカ兵を殺す。

アメリカ兵の死傷者が徐々にではあるが確実に増加し、それに伴って徴兵されるアメリカ青年の数が増大すると、ベトナム戦争は着実にアメリカ人の家庭の中に入り込み、ベトナム戦争に対する嫌悪感がアメリカ国内において広まるとともに、大統領に対する支持率は急速に低下していった。アメリカがベトナム戦争に介入するに際して最終目標とした「敵の士気の喪失と政治的効果」は、ベトナムではなくアメリカ国内において一般大衆の間に広まりつつあった。ジョンソン大統領は、「アメリカ国内に分裂と悲観論が広まり、アメリカ国民の戦意が崩壊することこそ、北ベトナムの頼みの綱であった」と述べている。

ベトナム戦争が長期化するにつれて、多くのアメリカ兵が戦死しているにもかかわらず、一般のベトナム人が示す無関心な態度や時折見せる敵意によって、多くのアメリカ人はすべてのベトナム人に対して憎悪を感じるようになっていった。ベトナムにおいてアメリカ兵の間で人気の高かったジョークは、「まず友好的なベトナム人を全員船に乗せて南シナ海に連れ出す。その後で爆撃を行いベトナムという国を平坦にしてしまう。それからベトナム人を乗せた船を沈めてしまう」というものであった。

アメリカ軍の軍事行動のなかには、南ベトナムの民衆の支持を獲得する目的に有害な行動も多かった。南ベトナムの全領域は自由に破壊できる砲爆撃自由地帯に指定され、単に作戦をやりやすくするために村を焼き払ったり、村民を移動させたり、無差別的な砲爆撃によって解放戦線とは無関係の家屋や田畑や果樹を破壊したことも戦争目的に有害であった。大規模で無差別的な爆撃と砲撃によって、南ベトナム経済の基幹である農業生産が大きな打撃を受け、大量の農民が死傷し、過密化した都市に数百万人の難民があふれた。アメリカの軍事作戦は、北ベトナム軍の主力部隊と解放戦線の政治機構を破壊するには不十分であったが、脆弱な南ベトナムの経済と社会組織を破壊するには十分であった。

存在しなかった「正義の戦争」

アメリカは伝統的に戦時と平時を明確に区別し、戦時には国家のすべてを挙げて戦争に集中し、完全な勝利をめざして戦い、そのためには国家の軍事化を躊躇(ちゅうちょ)しなかった。反対に平時においては、国家の軍事化を嫌い避けようとする傾向があった。またアメリカは自分が常に正義であると考えており、「正義は必ず勝つ」と信じている。したがって、戦場における不成功は、戦争の動機と性格そのものに対する疑念を生み出し、アメリカ国民の戦意を根底から破壊する。

このようなアメリカにとって、ベトナム戦争はきわめてやりにくい戦争であった。ベトナム戦争の本質は、ヨーロッパの植民地体制がアジアに残した傷跡の整理であり、基本的にヨーロッパ対アジアの問題であり、インドシナという地域の問題であるとともに国内体制の問題であった。したがって、アメリカが想定したように、共産主義勢力の侵略に対する正義の戦争という側面だけではベトナム戦争の本質をとらえることができず、アメリカ国民を戦争に動員し、国家の軍事化を進めることはできなかった。

また、南北ベトナムの統一という民族的悲願に基づく北ベトナムの戦略に対して、ベトナムはアメリカにとってほとんど重要性のない地域であり、アメリカの安全保障に対するベトナムからの重大な脅威は存在せず、アメリカのベトナム戦争に対する戦略は、決意と明確さにおいて劣っていた。北ベトナムにとってベトナム戦争に勝利することは死活的に重要な国益であったが、アメリカにとってベトナム戦争に勝利することは戦略的国益、または周辺的な国益にすぎなかった。

ベトナム戦争は基本的に政治闘争であり、ベトナム戦争を解決するためには政治的目的と軍事的目的を整合させることが必要であった。このように政治と軍事が不可分に結び付いた戦争は、正義の戦争を求めるアメリカの伝統的戦争観に合わず、アメリカ国民を混乱させ、国民の間に不安と不満を増大させて政府の戦争遂行努力を妨害した。一九六八年以後のベトナム戦争に関するアメリカ国内の議論は、要するにどうすればアメリカ人の犠牲を少なくすることができるかというものであり、この目的のためには即座に撤退することを主張する反戦運動にまさる立場はなかった。

軽視されたゲリラ戦の組織的学習

ベトナムに派遣されたアメリカ軍も戦争の実態に直面して同様に混乱し、戦闘効率が著しく低下した。ベトナム戦争はアメリカ軍にとって負ける心配のない戦争であり、楽な戦争と考えられたために、ある者は理解できない戦争から身を避け、ある者は戦争を立身出世のために利用しようとするなど、組織としての活力はきわめて低下してしまった。戦時昇進によって自分の軍歴にハクを付けることをねらう軍人にとって、ベトナム戦争は「ベトナム・ツアー」になってしまった。また、官僚機構のなかにおける権力の増大と予算の増額をねらった軍事組織は、陸軍・海軍・空軍・海兵隊・沿岸警備隊などすべての組織が戦争に参加した。

アメリカ軍はベトナムの戦場において勝利を収めることはできなかったが、決して致命的な損害をこうむったわけではなく、最後まで戦いに敗れたという意識はなかった。ベトナム戦争は戦場の一人ひとりのアメリカ軍兵士にも高い政治的判断を要求した。優越した物量で敵を圧倒することに慣れたアメリカ軍にとっては、この要求を満たすことは困難であり、状況に適応するためには多くの時間と経験と犠牲を必要とした。

しかし、ゲリラ戦はアメリカ軍にとって決して未経験の分野ではなかった。アメリカ合衆国はその独立戦争において、装備、訓練ともに優れたイギリス正規軍に対して正面から戦いを挑まず、ヒット・エンド・ラン戦法によってイギリス軍に出血を強要し、イギリス軍とイギリス政府の戦意が崩壊するのを待った。また、一七世紀以来アメリカ陸軍の中心的な任務は、ヨーロッパからの植民者を守るためにアメリカ原住民を討伐するインディアンとの戦争であった。この戦争は非正規戦でありゲリラ戦であったが、アメリカ陸軍はこのような日常的で汚い小戦闘に魅力を感ぜず、インディアン戦争を研究し、非正規戦のための戦術戦略理論を発展させることはなかった。二〇世紀に入ってもフィリピンの独立運動を鎮圧し、中米各国に軍事介入するなど非正規戦の経験がないわけではなかったが、いずれの場合にもアメリカ軍は大きな傷を受けず、組織的反省は行われなかった。

アメリカ軍は常にヨーロッパの正規戦争に目を奪われ、ゲリラ戦を取るに足らぬ些細なものと考える傾向があり、名誉を得られないゲリラ戦を好まず、組織的に学習することはなかった。したがって、新たな非正規戦に直面したとき、アメリカ軍には活用すべき組織的記憶としてのゲリラ戦指導原則が存在せず、混乱と錯誤と失敗を繰り返しながら、慣れない戦争を学ばねばならなかった。

マクナマラの反省

ベトナム戦争を指導したアメリカの中心人物であるマクナマラ国防長官は、ベトナム戦争の教訓として次の点を指摘している。①共産主義の脅威を過大評価した。②南ベトナム政府の無能と腐敗を理解していなかった。③北ベトナムのナショナリズムに基づく信念を過小評価した。④東南アジアの歴史、文化、政治に対して無知であった。⑤強い政治的動機を持った人間に対しては軍事技術に限界があることを知らなかった。⑥大規模な軍事介入を開始する前に、議会や国民の間で十分な討議や論争をしなかった。⑦複雑な戦争を国民に十分に説明せず、国民を団結させることができなかった。⑧すべての国家をアメリカの好みにしたがって作り上げる権利をアメリカは持っていないことを認識していなかった。⑨国際社会が支持する多国籍軍と合同で軍事行動するという原則を守らなかった。⑩国際社会には解決できない問題があることを認めなかった。⑪行政府のなかにベトナム戦争を分析し議論するトップクラスの文官、武官による組織がなかった。

マクナマラ国防長官は次のようにも述べている。「われわれは正しいことをしようと努めたのですが、そして正しいことをしていると信じていたのですが、われわれが間違っていたことは歴史が証明している」

第8章　逆転を可能にした戦略

1　戦略の構造とメカニズム

戦略の意味するもの

戦略とは、古来、戦いに勝つためにはどうしたらいいかという課題にこたえるためのものであり、より具体的には、軍事力を行使すべき戦争に対処するためのものであった。一般的には、いかにして戦争に勝つか、という問いが提示されることになるが、負けないためにはどうすべきか、という課題もそれと同じくらいの重要性を持つ。このような戦略をめぐる思考方法が、軍事の領域を超えて幅広く適用されるようになり、今日では、主体と主体の相互作用によって構成される社会現象のほとんどすべてをカバーしているといってよい。

社会現象としての戦略現象は、主体間の相互行為（作用）の因果連鎖として展開する。

表 8-1　戦略の５つのレベル

レベル	課　題	構成要素
大戦略	国家資源の動員 目的、意味の付与	国家理念（国家目標、価値） 国益 政治的リーダーシップ
軍事戦略	戦争遂行能力（軍事的資源配分） 軍事的合理性の追求	政治優位 戦域、軍種の特性
作戦戦略	複数の戦術単位の配置、指揮運用能力 作戦計画の妥当性	正面攻撃と策略的機動
戦術	戦闘遂行能力の発揮 兵器システムの運用	士気、技能、錬度、集団凝集性
技術	兵器／兵器システムの質的極大化	攻撃力と防御力のトレードオフ 質と量のトレードオフ

主体の主体たるゆえんは、その行為の意図性、目的性にある。戦略性、つまり戦略的であるということは、相手の出方に応じてこちらの出方を変えることであり、こちらの出方に応じて相手の出方が変わることである。主体としての自分の行為が、自分以外の主体の行為と相互作用を営むことを意味する。戦略現象とは、意図を有する主体間の、このような相互作用にかかわっている。一般的には、このような現象を扱うアート（実践）と科学の領域を指すものとして、戦略（あるいは戦略論）という言葉が用いられる。

国家ないし国家に準じた主体間で闘争がなされる場合、戦略現象はいくつかのレベルで展開される。一方の極にあるのが技術のレベルであり、他方の極に大戦略のレベルがある。この両者の間に、戦術、作戦戦略、軍事戦略の三つのレベルを識別することができる。そして、これらの各レベルには独自の課題がある。

技術のレベルは、兵器システムの性能をめぐる競合であり、開発に携わる科学者、技術者がかかわる世界である。戦術のレベルは、戦闘能力をいかに発揮するかという戦闘遂行能力の競合である。作戦戦略のレベルは、全体としての戦闘をマネジする指揮・運用主体の競合である。軍事戦略のレベルは、国家の有する軍事力全体がかかわる戦争遂行の次元であり、軍事力と国家意志を結びつける経営（マネジメント）の競合である。そして、大戦略のレベルは、国家意志に基づき軍事力を含むすべての国力を発揮する競合の場である。以下では、各レベルの課題について考えてみよう（表８‐１参照）。

技術のレベル

軍事における戦闘行動の帰趨（きすう）は、なによりも用いる兵器システムの性能によって大きく左右される。戦闘は、兵器と兵器、あるいは兵器とその対抗手段との技術的競合という側面が大きな部分を占めるからである。戦闘は、形而下的な物理的破壊力行使の現象に還元される。ここでの決め手は、兵器・装備品の能力を表わす性能諸元（スペック）の数字である。戦車であれ、戦艦であれ、また戦闘機であれ、例えば搭載する火力（攻撃力）、防護性（防御力）、そして機動力（運動性）の優越性が追求される。

一般に、搭載する火砲を大口径にすることと、装甲を厚いものにすることの両者を追求すると、必然的にそれを搭載する兵器そのものを巨大化せざるをえない。これは過去の戦艦の建艦競争において典型的に見られたことであり、戦車開発においても部分的に同じようなことが見られた。航空機の場合は、攻撃力と防御力との関係のほかに、飛行航続距離や最大速度など機動性との間にも同じような関係が生まれた。

しかしながら、攻撃力（矛）と防御力（盾）の両者を同時に追求することは、きわめて難しい。兵器の巨大化はしばしば敏捷性（agility）や機動性を損なうからである。ここに、兵器・装備品の性能に関する諸元間のトレードオフという現実的課題が発生する。

もう一つの現実的課題としてのトレードオフは、質と量をめぐる問題である。つまり、（信頼性を含め）できるだけ高い性能の兵器を開発製造するか、それとも一定水準の性能であれば、できるだけ早く必要数を調達し実戦配備するか、という問題である。兵器・装備品の開発に携わる科学者、技術者にとって、量的な側面は第一義的な重要性を持たない。かれらは、コストよりもむしろ高い水準の性能を追い求め、かつ欠点の少ない、操作しやすい兵器を開発しようとする。一般に、質的な極大化、技術的な卓越性の追求こそ、かれらの使命だからである。こうして技術のレベルでのトレードオフは、技術的卓越性志向と軍事的必要性志向との間でなされる。いいかえれば、開発にかかわる技術者と軍人との間のせめぎあいである。

兵器の質的極大化、技術的卓越性の追求は、ときとして戦術レベル以上の戦略も左右する。例えば、弩級戦艦の開発がそうである。すなわち攻撃力、防御力で圧倒的に卓越した戦艦を建艦し、配備すれば、それより性能の劣る戦艦、巡洋艦は何隻、束になっても、これに対抗することはできなくなり、この事実は列国の大戦略のレベルにまで影響を及ぼしたのである。

同じようなことは、核兵器とその運搬手段の場合にもいえる。弾道ミサイル（ICBM、IRBM）と弾道弾迎撃ミサイル（ABM）の対決は、広大な空間にまたがる兵器システムの競合にほかならない。ここでは、兵器システムの技術上の優劣がすべてを決する。そうだからこそ、兵器システムの質的均衡が大戦略レベルでの抑止として作用したのである。

戦術のレベル

戦場という場における軍事力の衝突によって構成されるのが、戦術レベルの戦略現象である。技術によって支えられた形而下の戦闘能力は、個別の地形条件、自然状況のもとで発揮される。このような戦闘遂行能力は、いうまでもなく人間的要因によって大きく規定される。戦術レベルの戦略現象は、人間がかかわる事象としての戦闘の現実にほかならない。兵器、兵器システムの運用は、それに比べはるかに信頼性が低くかつ不確実性をはらんだ「変数としての人間」によって左右される。

このような人間的要因は、一般に士気（モラール）、技能（スキル）という言葉で表現されるが、ここでは個人よりもむしろ集団としての士気、技能が重要になる。実際の戦闘に従事するのはチーム、集団だからである。演習場での訓練による反射的な組織行動の演練、儀式等の制度的仕掛けによる名誉や大義の強調を通して、個々人の士気、集団規律、集団凝集性といった無形の要素が修得される。

実際の戦闘行動を可能にし、その帰趨を左右するのは、現場指揮官のリーダーシップである。場としての現地の特性をすばやく理解し、刻々と変化する戦闘状況を読みながら、構成メンバーから最大限の努力を戦場において引き出すことが、現場指揮官の役割である。戦闘という厳しい状況において個々人を支え、個々人の恐怖を克服するのは、集団凝集性と集団規律であり、その維持と発揮は現場指揮官の能力に依存している。

戦略現象には、攻勢と守勢という位置取り（ポジショニング）がある。その相対的位置取りは、意図的行為（攻勢）とそれに対する反応的行為（守勢）の相互作用から発生する。また、攻勢—守勢は非対称である。一般に、攻撃側に比べて防御側は、人間的要因に関してははるかに強いストレスにさらされる。したがって、他の条件に大きな違いがない場合、攻勢側が防御側よりも有利である。主動的に攻撃の場所と時機を選択できる側と、それに対し受動的に対処する側の、それぞれの直面する不確実性が異なるからである。

攻勢—守勢の相互作用には、両者「攻守ところを変える」というダイナミックスが展開される。しばしば、攻勢側、守勢側それぞれの位置取りが変化するのである。これは戦術レベルだけに発生する現象ではない。どのレベルでも発生するが、戦術レベルではその最も基本的な形態が観察される。

ダイナミックな展開は、偶然的な要因によっても促進される。クラウゼヴィッツが摩擦という概念で論じたように、個々の戦闘行動は、その場、その時点での、複合的な人間的要因や、天候などの自然条件といった諸要因に関する予測不可能性から逃れることができないからである。戦闘は錯誤の連続であるといわれるゆえんである。

戦術レベルでの課題は、そうした予測不可能性に身をさらしながら、攻勢―守勢の非対称的なニーズを読み、ダイナミックな変化に対応することである。このような戦闘遂行能力は、最終的に現場指揮官のリーダーシップに還元される。

個々の戦闘は、それ自体で完結した目的と意味を持っているわけではない。いうまでもなく個々の戦闘は、より包括的な意図や計画のなかに位置づけられ、手段としての側面を持っている。現場指揮官は、常に階層上の上位指揮官の下にある。中央の司令部は終始、現場の戦闘行動に注目し、これをコントロールの下に置き、必要な措置をとろうとする。

しかしながら、いったん戦闘が開始されると、当該部隊の戦闘行動は、中央のコントロールよりも目前の相手の行動によって直接左右されることになる。現場部隊の意図の競合は、戦場における独自のダイナミックスで展開するからである。中央から現場に対するリアルタイムの指示や命令には、限界がある。こうして、戦術レベルは他のレベルと識別されることになる。

作戦戦略のレベル

作戦戦略のレベルでは、戦闘に関する計画と意思決定の論理が全面的に展開する。作戦戦略レベルにおいて、戦術レベルでの個々の戦闘は、相手との作用・反作用や自軍の複数の戦術単位の運用・配置という、より包括的な視点のなかに位置づけられる。このような包括的な場に立つことにより、作戦戦略レベルでは、全体としての作戦計画を構想し遂行するという、独自の経営(マネジメント)の課題に直面することになる。

表 8-2　戦いの原則

目標の原則 (The Objective)
主動の原則 (The Offensive)
集中の原則 (Mass/Concentration)
経済の原則 (Economy of Force)
統一の原則 (Unity of Command)
機動の原則 (Maneuver/Flexibility)
奇襲の原則 (Surprise)
簡明の原則 (Simplicity)
保全の原則 (Security)

前述したように、技術レベルでは、兵器・兵器システム間の競合がなされ、戦術レベルでは、このような兵器・兵器システムを戦場で運用する武装部隊間の競合と相互作用、すなわち戦闘が遂行される。そして、作戦戦略レベルでは、全体としての戦闘の経営(マネジメント)、すなわち司令部の指揮・運用能力の競合と相互作用が問題となる。

作戦戦略レベルでは、戦術レベルの戦闘の単なる総和を超えるダイナミックな全体性が展開する。作戦戦略レベルの包括的な視点は、戦術レベルと比べた場合の規模の大きさと手段の多様性によって特色づけられるが、ここには、戦術レベルの問題には還元できない固有の課題が発生する。

それでは、作戦戦略レベルの固有の課題とはいかなるものであろうか。それは、作戦全体としての戦いをマネジすることであり、より具体的には、戦闘に関する計画策定と意思決定に集約される。この課題達成のためには、いうまでもなく、自己の戦力、相手の戦力見積もり、相手の予想される行為を含めて、複雑多岐にわたる変数を考慮しなければならない。

広く「戦いの原則」といわれるものは、このような課題に対する歴史的経験からの一般的原則の抽出であり、現在では、例えば以下のように整理されている。すなわち、目標の原則、主動の原則、集中の原則、経済の原則、統一の原則、機動の原則、奇襲の原則、簡明の原則、保全の原則、の九つの原則である。これらは原則というよりも、作戦計画立案の際に留意すべきチェックリストともいうべきものであろう（表8-2）。

作戦計画の策定は、単純化すれば、直接的アプローチと間接的アプローチとの選択に帰着する。直接的アプローチとは、軍事力の直接的衝突、正面からの攻撃を志向する。そのために、相手に優越する兵力・火力の準備、投入が必要とされる。大量の人員・兵器・物資を投入し、火力対象の的確な捕捉、反復攻撃、持続的補給の計画的遂行が決め手となる。資源の圧倒的優越性は、戦闘における不確実性を吸収し、戦場での予測可能性を高める。とはいえ、相手の抵抗が大きければ大きいほど、双方の犠牲も大きくなり、投入コストもそれに応じて大きくなる。

これに対し間接的アプローチとは、相手の軍事力そのものの壊滅ではなく、何らかの手段により相手の軍事力の機能発揮を阻止することを目的とする戦い方である。具体的には、指揮系統や兵站（へいたん）システムの破壊、あるいは情報システムやネットワークに対する攻撃がその代表的な例である。攻撃対象が軍事力そのものではないということは、相手の軍事力が集中した部分でないところ、すなわち相手の強みではなく弱点を攻撃することになる。そのためには、相手の強み・弱みを的確に認識していることが前提となる。そのうえで、相手の意表をつく奇襲作戦や、すばやい機動作戦が決め手となる。

直接的アプローチ、間接的アプローチという選択は何を意味しているのだろうか。前者は正面攻撃であり物量の優位が前提となり、後者は策略としての知恵や革新的なアイデアが不可欠である。したがって、本来的に物量において劣る側は、前者を選択することはできない。また、前者は負担するコストが大きいけれど、リスクの小さい戦い方であり、後者はコストは相対的に小さくてすむが、失敗のリスクが大きい戦い方である。

いいかえれば、直接的アプローチは、量的な大きさが質的な差を吸収しうるということを前提にしている。これに対して、間接的アプローチは、質的な差が量的な大きさを超越することができるということを前提にしている。前者では規模の経済の論理が決定的な意味を持ち、後者では、的確な情報見積もりや状況判断、創造的な作戦計画、錬度の高い軍事組織と作戦行動が重要である。

軍事戦略のレベル

戦争においては、しばしば複数の作戦がほぼ同時に遂行される。陸海空三軍が同時期に、別個の作戦を実施する場合もある。第二次大戦のように、戦いの地理的空間が世界大に広がっている場合には、ヨーロッパ、アフリカ、アジア、太平洋といった戦場（戦域）で、時期を同じくしてそれぞれ別個の複数の作戦が展開された。軍事戦略レベルの戦略とは、こうした戦場もしくは軍種を異にする諸作戦を軍事的合理性に基づいて経営（マネジ）し、これを国家意志に結びつけるものである。

エドワード・ルトワクは、戦略のこのレベルを「戦域」レベルと呼んでいる。戦域とは、第二次大戦の例に見られるように、もともと一連の作戦行動を遂行する地理的空間を意味し、その外側から直接的な影響を受けない自己充足的な軍事的空間とされている。ただし、われわれのいう軍事戦略レベルとは、そうした自己充足的な戦域内の諸作戦のマネジメントにとどまらず、異なる各戦域間の諸作戦のマネジメントをも含むものである。

いうまでもなく、戦術、作戦戦略、軍事戦略、それぞれのレベルに関連する空間の広がりは異なる。戦術レベルの空間よりも作戦戦略レベルの空間は大きく、軍事戦略レベルの空間はさらに大きい。したがって、それぞれの空間的特性に応じて、兵站や戦闘部隊の規模と種類といった軍事資源の展開は異なる。軍事資源を展開して戦争を遂行する経営（マネジメント）の能力も違ってくる。

ただし、現実には、各レベルに関連する空間の違いはあいまいである。そして、技術の進展がこのあいまいさを増幅させる。例えば、近年の兵器や情報通信技術の飛躍的発展は、戦術レベルや作戦戦略レベルの空間的自己充足性を大きく弱める方向に作用している。作戦戦略レベルの経営（マネジメント）が戦術レベルに及び、軍事戦略レベルの経営（マネジメント）は作戦戦略レベルに、ときには戦術レベルにまで及んでいる。

よりあいまいなのは、軍事戦略レベルと大戦略レベルとの差である。しばしば、この両レベルが関連する空間の広がりは重なり合い一致する。したがって、もともと各戦域間の諸作戦の統合や、各軍種間の諸作戦の統合は、軍事戦略レベルではなく、大戦略のレベルでなされるべきだとの見解もあろう。

ただし、軍事戦略レベルの課題はあくまで国家意志を軍事行動に翻訳することにあり、その点からすれば、そこに貫かれるべき論理は軍事的合理性である。軍事戦略レベルの視点と大戦略レベルの視点は、必ずしも一致するものではない。一致しない場合は、政治優位の原則に基づき、当然ながら大戦略レベルでの選択が優先されることになる。政治的判断によって、軍事的合理性の観点からの優先順位が必ずしも高くない選択肢が、選ばれることもありうる。

軍事戦略レベルで達成すべき課題は、軍事的合理性である。そのためには、所与の軍事力のもとで、軍事的に可能なものと、そうでないものとを見極めることが前提となる。軍事的合理性に照らして、諸作戦の優先順位を定め、各戦域、各軍種の間に資源を配分する。ただし、多くの場合、その最終的な決定は、大戦略レベルでの政治的判断にゆだねられる。軍事戦略レベルで追求すべき軍事的合理性は、政治的選択を左右するものではなく、選択肢を提供するものだからである。

大戦略のレベル

大戦略レベルでの課題は、戦争あるいは国家安全保障のために、軍事力、外交・同盟関係、経済力、その他の国家資源を動員することである。一般に、戦争それ自体はそれほど頻繁に生起するものではないが、平時においても、国家安全保障のための大戦略レベルでの戦略現象は、日常的に目にすることができる。

大戦略のレベルは、戦略に最終的な意味を付与する場である。すなわち、兵器システムの開発・生産(技術レベル)、それを運用する現場での戦闘遂行能力(戦術レベル)、戦闘の経営(マネジメント)すなわち指揮・運用能力(作戦戦略レベル)、そして全体としての軍事資源を配分し諸作戦を統合調整する戦争遂行能力(軍事戦略レベル)は、究極的に大戦略のレベルによって規定されることになる。大戦略は、手段―目的の連鎖のなかで、最終的な目的に密接にかかわっているからである。

戦略に総括的な意味を与えるということは、軍事的合理性を国家目標や国益にすり合わせることでもある。だが、国家目標や国益それ自体は、政治的プロセスによって形成される。したがって、手続きを重視する合意形成の政治的プロセスにこだわるあまり、国内政治ではいかに成功を収めても、戦争指導や外交の大戦略レベルで失敗した政治指導者は歴史上、少なくない。

大戦略レベルの課題を解決しうるのは、優れた政治的リーダーだけである。かれは、必ずしも迂遠(うえん)な政治的プロセスによらずに、明快な国家目標を掲げ、誰にでも理解できる言葉と論理で国民に国益の中身を説明することができる。戦いに勝つために、あるいは国際政治で有利な立場を築くために、将来性のある技術の開発を支援し、戦術レベルや作戦戦略レベルでの動きにもたえず関心を示し、有能な軍事指導者を抜擢して、諸作戦の統合調整や軍事資源の配分について協力するか、あるいはその役割を有能な軍事指導者にゆだねる。戦争勝利や国家目標達成のために、軍事力だけでなく、外交力、経済力等の国家経営資源を動員し、国民の支持・協力を引き出すことができる。大戦略のレベルは、なによりも、優れた政治的リーダーシップが求められ、発揮される場なのである。

戦略のメカニズム

戦略には、技術、戦術、作戦戦略、軍事戦略、大戦略、の五つのレベルがある。各レベルには独自の解決すべき課題があり、固有の文脈（コンテクスト）を持っている。

一方、戦略は、各々独立した意図を持つ主体間の相互作用である。それぞれ主体が互いに戦闘意志を持つ場合、我の行為に対して相手（敵）が反応し、それに対して我がさらに対抗する、という作用―反作用が繰り返される。しかも、この作用―反作用の因果連鎖は、不確実性と偶然性と摩擦とが横行する場で展開されるがゆえに、ルトワクが述べたように、逆説的である。目的達成のために選択すべき最も合理的な行為が、その目的達成につながらず、むしろ合理的でないと思われる選択が、望ましい結果をもたらす。これが、ルトワクが奇襲の例を引いて逆説的論理と呼んだものである。そして、作用―反作用の因果連鎖が逆説的であり、非線形的であるがゆえに、主体間の相互作用はダイナミックなものとなる。

以上のことから、戦略のメカニズムとして、どんなことが確認できるだろうか。ここでは、二つのことを指摘しておきたい。第一に、戦略の各レベルはそれぞれ独自の課題を持っているとはいえ、他のレベルからもたえず影響を受け、また他のレベルにも影響を及ぼす。このような意味で、戦略の構造は全体として重層的である。第二に、したがって、主体間の相互作用の逆説的因果連鎖は、各レベルで（水平的に）展開するだけでなく、各レベルの間で垂直的にも展開する。

まず、戦略の構造の重層性とは、各レベルの相互作用が隣接するレベルの相互作用から影響を受ける、ということである。手段―目的の連鎖のなかで、手段は目的によってコントロールされ、逆に目的は手段によって制約される。作戦戦略レベルでの計画に基づき戦術レベルの戦闘が遂行されるが、その戦果は作戦計画にフィードバックされ、さらには軍事戦略レベルの戦争遂行能力にも影響を与える。

手段―目的の連鎖において、コントロールの方向は、大戦略のレベルから軍事戦略レベル、作戦戦略レベル、戦術レベルを経て、技術のレベルへと向かう。大戦略レベルの目的を達成するために、各種作戦を統合する企画・調整がなされ、個別の作戦が計画され、現場で戦闘する部隊が準備され、部隊が戦うための手段として兵器が用意される。

他方、手段―目的の連鎖における制約の方向は、これとは逆になる。兵器の性能に限界があれば、戦術レベルの目的や計画は制約される。同様に、戦術レベルでの能力の限界は作戦戦略レベルの目的を制約し、作戦戦略レベルの制約は軍事戦略レベルの目的を限定する。軍事力全体でなしうることに制約があれば、それに応じて大戦略レベルの目的も変えなければならない。この点は、リデルハートが指摘したとおりである。

また、すべての作戦計画が、当初の目的や意図を達成するわけではない。目的どおりに手段が機能することは、むしろまれであるともいえる。したがって、戦術レベルで達成できなかったことが作戦戦略レベルの行為を制限し、作戦戦略レベルの失敗が軍事的資源の配分を拘束する。逆に、あるレベルでの予期以上の大成功が他のレベルの目的や計画を変えてしまう場合もある。戦争の過程で勝利が相次ぐと、ときとして戦争目的が肥大化してしまうのは、その典型的な例である。

このような戦略の構造の重層性を最も極端なかたちで表したのが、核戦略である。兵器としての核兵器の登場は、大戦略のレベルに強力な政治的手段をもたらした。と同時に、核兵器の強力な破壊力は、その兵器としての信頼性とともに、政治的選択を制約し、核兵器を事実上使用できないものにしたのである。

次に、逆説的因果連鎖の垂直的展開なるものは、端的にいえば、ある戦略レベルでの過度の成功は、結果的に、他のレベルあるいは全体としての失敗を導くことがある、ということである。例えば、日清戦争のとき、日本は予想を上回る勝利を重ねたが、それに応じて戦争目的を肥大化させ、大戦略レベルで三国干渉を招き、結果的に外交で失敗を犯してしまった。成功のし過ぎは失敗を招くというパラドックスの一例である。

このような逆説的連鎖の垂直的展開が起こる理由の一つは、あるレベルで敗れた相手が別のレベルに着目し、そこに努力を集中することにある。これを逆に見れば、あるレベルにおける相手の圧倒的な優位に対しては、これとは別のレベルで対抗することができる、ということでもある。これは、コリン・グレーが「埋め合わせ」という概念で説明したものであり、逆転現象にもつながっている。

以上、ここでは、戦略のメカニズムとして、戦略の構造の重層性と、逆説的因果連鎖の垂直的ダイナミックスという二つの点に着目した。戦略の構造が重層的であるがゆえに、主体間の相互作用の逆説的ダイナミックスは、同一レベルで水平的に展開されるだけでなく、各レベルの間に垂直的にも展開されるのである。

2 逆転を可能にした戦略

本書では、二〇世紀において、逆転を成し遂げた（あるいは反対側の視点に立つならば逆転を許してしまった）典型的な戦いと思われる六つの事例を取り上げた。すなわち、毛沢東の反「包囲討伐」戦（一九三〇～三四年）、第二次大戦におけるバトル・オブ・ブリテン（一九四〇年）、スターリングラード攻防戦（一九四二～四三年）、朝鮮戦争における仁川上陸作戦（一九五〇年）、第四次中東戦争（ヨム・キプール戦争、一九七三年）、ベトナム戦争（一九六五～七三年）の六つである。

これら六つの事例のなかで、逆転を可能ならしめた戦略は、具体的にどのように実践されたのか。以下では、これまで説明してきた戦略の構造とメカニズムに即して、六つのケースの逆転とそれを成し遂げた戦略を分析し、整理してみよう。

毛沢東の反「包囲討伐」戦

毛沢東の反「包囲討伐」戦は、中国国内において、弱小な中国共産党軍が強大な国民政府軍を相手に長期間にわたる戦闘を繰り広げ、最終的に勝利した世紀の大逆転といわれる戦いである。一九三〇年一二月から三四年一〇月にかけて第一次から第五次にわたる蔣介石の「包囲討伐」に対抗して、毛沢東は「遊撃戦」概念を生成し、現場学習を通してこの概念を実践、修正していった。

表8-3　毛沢東の反「包囲討伐」戦での戦略の構造

大戦略	農民主体の共産革命 土地革命と根拠地設定
軍事戦略	遊撃戦、持久戦
作戦戦略	遊撃戦
戦術	訓練（射撃と山登り） 三大規律と六項注意、三大民主 紅軍ー遊撃隊ー赤衛隊
技術	

毛沢東の大戦略レベルでの目的は、中国における共産革命の実現であった。かれは中国社会の実情に照らして、革命運動の主体としての農民に目を向ける。農民を革命に立ち上がらせるためには、地主から土地を取り上げ、農民に土地を分配することが必要であった。さらに、この土地革命を持続し拡大していくために、毛沢東は根拠地をつくり、それを守る軍事力を編成した。この根拠地を覆滅させようとする国府軍に対して、毛沢東が創造し展開したのが遊撃戦である。遊撃戦は軍事戦略と作戦戦略の両レベルにまたがっていたと考えられよう。

「敵進我退、敵駐我攪、敵疲我打、敵退我追」という一六字句に集約された遊撃戦は、量的優位を背景に正規戦を挑んでくる国民政府軍に対して、その有効性を実証した。それは、毛沢東の弁証法的思考から生み出され、実戦の経験によって有効性を高めた。毛沢東の弁証法によれば、戦争には優勢と劣勢、主動と受動、持久と速決、内線と外線、集中と分散、全局と局所といった矛盾関係が生起するが、それは対立しながら両立し、条件によっては相互に転化しうるものであり、究極的には正—反—合のように止揚されて高次の段階に進むと見なされた。それはまさに、戦略が、敵対意志を持つ主体間の相互作用、作用と反作用であることを深く洞察したものであった。

戦術レベルでは、遊撃戦の戦闘を遂行しうる能力が、戦いながら育てられた。第二次反「包囲討伐」戦に際し、山地での戦闘に備えて射撃と山登りの訓練が集中的に行われ、「人間猿」と呼ばれるほど山岳戦闘に習熟した紅軍兵士が鍛えられた。また、指揮官が倒れたときには、すぐこれに代わりうる幹部として下士官の能力向上が重視された。下士官の能力は、小部隊で遊撃戦を戦うためにも必要とされた。

軍紀については、「三大規律」と「六項注意」が徹底され、社会の下層民から成る兵士の日常的行動規範としての機能を十分に果たした。軍隊内の「三大民主」によって、将兵間の連帯と凝集性が強化された。紅軍—遊撃隊—赤衛隊という独特の組織編成がとられ、正規戦と遊撃戦と土地革命とが同時に遂行された。技術レベルには特筆すべきものがないが、武器は主として軍閥軍や国府軍から奪って調達した。

このように、反「包囲討伐」戦で毛沢東の採用した戦略の構造が、大戦略レベルから戦術レベルまで、重層的であったことは明らかである。遊撃戦の展開は、同一レベル上の逆説的ダイナミックス（戦略の水平的ダイナミックス）そのものであった。レベル間の逆説的ダイナミックス（戦略の垂直的ダイナミックス）はどうだろうか。これについては、例えば、兵器の質や量（技術レベル）や動員力（大戦略レベル）での国府側の圧倒的優位を、毛沢東は作戦戦略レベルや戦術レベルでの創造力と実践力で覆したと見ることができる。

毛沢東が軍事指揮から離れた後、作戦戦略レベルでの包囲討伐戦に敗れた紅軍が逃亡・漂浪の旅を彷徨（さまよ）っていたとき、軍事指揮権を回復した毛沢東は、これに「北上抗日」という大戦略レベルの意味を付与し、国府軍・軍閥軍を相手に機動的な運動戦を戦った。こうして逃亡は「長征」となったが、これも戦略の垂直的ダイナミックスを示したものと考えられる。

この事例で際立っているのは、やはり毛沢東の傑出したリーダーシップである。かれは弁証法の思考によって遊撃戦の概念を創造し、それを実践しただけではない。巧みな、分かりやすいレトリックを用いて、将兵や「人民」に語りかけ、戦う意味を納得させ、戦い方の基本を共有し、士気を鼓舞したのである。遊撃戦は、その概念創造においても、実践においても、毛沢東なしにはありえなかったといえよう。

表8-4　バトル・オブ・ブリテンでのイギリスの戦略構造

大戦略	デモクラシー イギリスの存続 アメリカの支援、参戦
軍事戦略	戦略的持久 制空権の確保維持
作戦戦略	防空戦 防空システムの構築と一元的運用 戦力の節約
戦術	地上からのパイロット統制 飛行場・レーダーサイト防衛優先
技術	レーダー 邀撃戦闘機

バトル・オブ・ブリテン

一九四〇年七月から九月にかけてのバトル・オブ・ブリテンは、絶頂期にあったドイツ空軍の攻撃にイギリスが耐えて、その存続を確保し、最終的に戦争の大きな流れを変えることになった転換点であった。ドイツ軍の攻勢は目的を達成することなく終わり、守勢のイギリスはドイツ空軍の攻撃をなんとかしのぐことで目的を達成した。

大戦略レベルでのイギリスの目的は、まず自国の存続を図るとともに、単独ではドイツに勝つことができないので、アメリカから全面的支援を引き出すために、ドイツの攻撃に対する抗戦の意志と能力を示すことであった。ヒトラーとの妥協という選択肢もないわけではなかったが、それはデモクラシーが全体主義に屈服することを意味するとして、チャーチルによって断固拒否された。

ドイツの和平提案を拒絶して、その英本土侵攻を防止するためには、侵攻ドイツ陸軍の海上輸送を阻止することが必要であり、そのためには英本土上空の制空権を保持する守りの戦いを展開しなければならなかった。軍事戦略レベルでの、防空戦を主体とした戦略的持久である。そこには、いずれドイツは攻勢限界点に達するであろうという前提があった。防空戦を戦うため、フランスへの戦闘機派遣は抑制されなければならなかった。

また、ダンケルクから撤退した後、イギリスはヨーロッパ大陸で戦うことが当面できなくなったので、対独抗戦の意志を示すため、もう一つだけ残された戦場すなわち北アフリカ戦線に、バトル・オブ・ブリテンを戦いながら、陸上兵力を増援させた。

作戦戦略レベルでの防空戦では、まずレーダーを中心として早期警戒ネットワークを構築し、これに邀撃(ようげき)戦闘機、高射砲、阻塞気球、探照灯などを組み合わせた防空戦のシステムをつくりあげた。攻防の論理からいえば、一般に攻勢側が有利であるといわれるが、守勢の側に立つイギリスは、敵を早期発見し、自国本土上空という地の利を生かして、戦いの主導権(イニシアティブ)をとる攻勢側のドイツの優位を相殺した。防空戦の責任は戦闘機兵団に全面的にゆだねられ、同兵団司令官（ダウディング）は、陸軍高射砲部隊の作戦上の指揮を含め、防空システム全体を一元的に指揮した。ダウディングはまた、ドイツ側の挑発に乗らず、最後まで戦力（戦闘機とパイロット）を節約し、予備戦力の保持を重視した。

戦術レベルでは、地上の指揮所が戦闘機のパイロットを統制したことが注目されよう。これは無線電話などの技術改良によって可能になり、パイロットの反対を押し切って実施されたが、これによってレーダーを用いた早期警戒システムの利点が活用された。ドイツ空軍の爆撃に対しては、都市よりも飛行場やレーダーサイト等の施設を守ることが優先された。自国の存続がかかった防空戦に勝つには、戦闘機運用のための施設が優先されなければならなかったからである。また、ドイツ空軍の護衛戦闘機にはスピットファイアを対抗させ、爆撃機にはハリケーンで攻撃させるという戦法も試みられた。

技術のレベルでは、防空戦のコンセプトが固まるにしたがい、防御重視の兵器システムが整備された。レーダーは多くの技術的な問題が未解決の段階で開発が進められた。邀撃戦闘機としては、スピットファイアとハリケーンが開発された。技術開発での質と量をめぐるトレードオフに関しては、最善の案と次善の案をあえて捨て、一定量の生産を実戦に間に合わせるために、三番目の案が採用された。実戦段階に入った後は、フランスの戦いでの経験に基づき、戦闘機の防御力を強化するため、操縦席後部の装甲板、燃料タンクの防護装置などが付け加えられた。

以上のように見てくると、この事例でも、作戦戦略レベルの防空戦を核として、大戦略レベルから技術レベルまで、戦略の構造が重層的であったことが分かる。なかでも、作戦戦略レベルの防空戦のコンセプトが技術レベルでの新兵器開発を促し、開発された新兵器が防空戦のシステム化をさらに充実させた。

戦略の水平的ダイナミックスは、守ることによって攻めた、という点に見ることができよう。特に作戦レベルでは、自らにとって有利な空間に敵を引きつけ、ドイツ軍の力を逆用した。垂直的ダイナミックスに関しては、軍事戦略のレベルで、イギリスがフランスの戦いで敗れてヨーロッパ大陸では当面戦えなくなり、陸軍は北アフリカ、海軍は対Uボート海上護衛戦くらいしか戦えなかったことが、大戦略レベルでの課題を単純明快にした。また、ヨーロッパ大陸を支配したドイツの軍事戦略レベルの優位を、作戦戦略レベルの防空戦によって相殺した。

この事例でも注目されるのは戦争指導者、リーダーの存在である。チャーチルはこの戦いの持つ意味を的確に把握し、それを格調高いレトリックを用いた議会演説やラジオ放送を通じて国民に訴えた。ドイツ軍の空襲による被害地を見て回り、自分の姿を見せることによって国民を鼓舞し、士気の阻喪を防いだ。防空戦の展開に強い関心を持ち続けながら、かれには珍しく作戦への干渉を控え、ダウディングに一切を任せ全面的に支持した。バトル・オブ・ブリテンの勝因の一つは、ヒトラーとは対照的なチャーチルのリーダーシップでもあったのである。

スターリングラード攻防戦

一九四二年の秋から翌年の春にかけてのスターリングラード攻防戦は、独ソ戦のみならず第二次大戦における戦局の転回点となった戦いである。ドイツ軍はここで攻勢限界点に達し、これ以降守勢に転じることになった。

大戦略レベルのソ連の目的は、「大祖国戦争」を勝ち抜くことであり、そのためにはス

表8-5　スターリングラード攻防戦でのソ連の戦略構造

大戦略	大祖国戦争 スターリン体制維持
軍事戦略	スターリングラード死守 戦略的予備兵力の投入
作戦戦略	戦略的持久 奇襲としての逆包囲
戦術	近接戦闘 小規模戦闘チーム
技術	

ターリングラードを「死守」しなければならなかった。スターリングラードを失うと、カフカスからの石油輸送が難しくなり、カスピ海経由のアメリカからの援助物資も手に入らなくなるからであった。石油も援助物資も「大祖国戦争」を勝ち抜くには必須のものだったのである。軍事戦略レベルでは、戦略的予備兵力の大半をスターリングラードに投入し、特にシベリアから、対日戦に備えていた精強な部隊を呼び寄せた。

作戦戦略レベルの核は、戦略的持久と逆包囲の組み合わせである。すなわち、スターリングラードを包囲し陥落させようと過度の兵力を集中投入しているドイツ軍を、スターリングラードに引きつけて消耗させ、この間に準備した戦略予備を投入して外側からドイツ軍を逆包囲したのである。リスクも少なくなかったが、ドイツ軍がスターリングラードに膨大な兵力を集中したがゆえに、成果も大きくなった。また、逆包囲に際しては、ドイツ軍の最も弱い部分、つまりルーマニア人部隊に主力攻撃をかけた。

なお、逆包囲という戦略的奇襲には企図の秘匿が不可欠であり、そのため、スターリン、ジューコフ、ワシレフスキーの三人以外には逆包囲の企図は明かされなかったが、ジユーコフとワシレフスキーは頻繁に前線を訪れて、士気の高揚を図った。

ソ連軍は作戦戦略レベルだけでなく、チュイコフを中心として戦術レベルでも注目すべき戦いを展開した。ドイツ軍は航空機—戦車—歩兵の連携に優れた機動打撃力を発揮したが、ソ連軍はこのドイツ軍の強みを封殺したのである。それは、できるだけ敵に接近し、近接白兵戦闘に持ち込むことであった。近接戦闘に持ち込めば、ドイツ軍は味方への誤爆を恐れて空軍を使えなかった。それまでのドイツ軍の攻撃で瓦礫の山と化したスターリングラードの市街戦では、戦車が使えなかった。こうしてドイツ軍の強みである航空機—戦車—歩兵の連携は封殺され、祖国防衛のため頑強に戦うソ連軍将兵の能力が発揮されたのである。

さらにソ連軍は、こうした市街戦のために、突撃隊、支援隊、予備隊という数名の将兵から成る高度に専門化した小部隊を編成し、小規模戦闘チームによる機動性を発揮した。また、祖国を守るため、将兵だけでなく、市民や労働者も戦闘に参加した。

スターリングラードのケースでも、大戦略レベルから戦術レベルまで、戦略の構造は重層的である。スターリングラード死守という絶対命令が逆包囲という作戦構想を生んだが、逆包囲は戦略的持久つまりドイツ軍を引き込んで頑強に戦い続けることなしには、なしえなかった。他方、スターリングラード市街でのドイツ軍の強みを殺した近接白兵戦によってこそ、戦略的持久は可能となった。

戦略の水平的ダイナミックスは、作戦レベルでドイツ軍の攻勢を逆用し、戦術レベルでドイツ軍の強みを封殺した点によく現れている。垂直的ダイナミックスについては、ドイツ軍の強大な兵力（特に空軍力と機甲）という軍事統合レベルの優位と、兵器の優秀さという技術レベルでの優位を、ソ連軍は作戦戦略および戦術レベルでの発想転換と優れた実践によって封じ込めたことが指摘されよう。

表8-6　朝鮮戦争（仁川上陸作戦）でのアメリカの戦略構造

大戦略	韓国の回復 自由世界の防衛 介入の正当性
軍事戦略	制空権、制海権の保持 マッカーサーによる一元的指揮 第7艦隊の台湾海峡出撃
作戦戦略	水陸両用作戦としての仁川上陸 釜山の維持
戦術	統連合部隊の編成（第7統合機動部隊） 奇襲
技術	

朝鮮戦争

一九五〇年六月北朝鮮軍の韓国軍に対する奇襲攻撃により始まった朝鮮戦争は、アメリカ軍（国連軍）の介入、中国軍の参戦へとエスカレートし、北朝鮮軍・中国軍と韓国軍・国連軍との間で攻防が繰り広げられた。朝鮮半島のほぼ中央にある北緯三八度線を中心に、戦線が南北に移動を繰り返し、三年一カ月後に、戦端が開かれたときとほぼ同じ位置で休戦協定が調印されている。

朝鮮戦争には、戦局の流れを変えた節目とも言うべき三つの転換点がある。これらはいずれも戦争開始から一年以内のことであり、それ以降、戦線は膠着状態になる。それからほぼ二年を経て、休戦協定に至るのである。ここでは、最初の節目（ターニング・ポイント）となった仁川上陸作戦に焦点を絞ってまとめてみよう。

朝鮮戦争初期におけるアメリカの大戦略レベルの目的は、北朝鮮に侵略された韓国の領土を回復し、西側自由世界を守ると同時に、その威信を回復することであった。このためアメリカは、北朝鮮の侵略を非難する国連安保理の決議を得て、国連軍を創設することができた。北朝鮮に軍事的に対抗する国際的な合法性と正当性を獲得したのである。国連軍には、アメリカ軍だけでなく、イギリス軍、オーストラリア軍、カナダ軍、ニュージーランド軍、フランス軍等も加わった。

軍事戦略レベルでは、第七艦隊を台湾海峡に出動させて中国を牽制するとともに、日本およびアメリカ本国から大規模の増援軍を朝鮮半島に派遣した。朝鮮半島とその周辺の制空権、制海権を確保した。日本占領にあたっていた連合軍最高司令官であり、アメリカ極東軍司令官でもあったマッカーサーを国連軍司令官に任命し、陸海空および海兵の四軍を一元的に指揮させた。

作戦戦略レベルで注目されるのは、釜山周辺で北朝鮮軍の攻撃を食い止めながら、仁川に逆上陸し、一気に戦勢を転換させたことである。マッカーサーは、上陸地を仁川とすることへの反対が多方面から唱えられたにもかかわらず、自らの判断と信念を貫いた。大東亜戦争の太平洋における日本軍との戦いで、数多くの上陸作戦（水陸両用作戦）を成功させてきたマッカーサーの経験と威信が、かれの判断を支えた。仁川に上陸すれば、ソウルの奪回が容易であり、ソウルの奪回は軍事的のみならず政治的効果も大きい。また、北朝鮮軍の補給線を遮断することができるうえ、釜山で戦っている第八軍と呼応して北朝鮮軍を包囲することも可能である、と考えられた。

仁川上陸は、釜山が持ち堪えることが大前提であった。マッカーサーは、釜山の危機的状況に対処するため、仁川上陸に予定された戦力をも釜山に注ぎ込み、上陸作戦の計画を応急的に変更した。また、上陸作戦は、アメリカ軍が握る制空権と制海権、戦力の優位を背景にして実施され、欺騙と陽動によって奇襲効果を高めた。

戦術レベルでは、残存する韓国兵をアメリカ軍師団の中に取り込み、日本で猛訓練を行って、団結と錬度を高めた。また、急遽召集された予備役のアメリカ将兵に対しても短期間で効果的な訓練がなされた。上陸の実行部隊としては、第七統合機動部隊が編成された。陸海軍、海兵隊を統合し、アメリカ軍、イギリス軍、韓国軍を連合した統連合部隊であった。上陸作戦を奇襲として実行するため、秘匿措置が講じられた。上陸作戦は朝と夕方の二段階に分けて実施する計画が立てられた。この計画には不利を招きかねない部分もあったが、北朝鮮軍側の対応のまずさもあって、懸念した不利は発生しなかった。

以上のように、仁川上陸作戦でも戦略の構造の重層性を確認することができる。戦略の水平的ダイナミックスは、奇襲そのものの中に反映されている。仁川上陸には多くの反対論があった。それはこの作戦には大きな困難が含まれていたからである。しかし、大きな困難を伴っていたからこそ、奇襲効果が高まったとも言える。実際、仁川上陸が奇襲として成功し、北朝鮮軍の対応が不十分だったのは、ここに原因があった。

戦略の垂直的ダイナミックスについては、この仁川上陸作戦の成功がもたらした結果に目を向けなければならない。まず、仁川上陸によって北朝鮮軍を挟み撃ちにしたアメリカ軍は、北緯三八度線を超え、平壌を陥落させて進撃していった。しかし、この北上は新たな反作用として、中国軍の参戦を招くことになったのである。作戦の成功が大戦略レベルの戦略に影響を与え、目的が韓国の回復から韓国による朝鮮半島統一にまで拡大したことが、この事態をもたらしたと言えよう。

また、中国軍の介入に対抗するため、マッカーサーは満州への空爆や核兵器使用の許可を執拗(しつよう)に大統領トルーマンに求め、結局、解任されてしまった。これも、仁川上陸作戦で大きな戦果を獲得したマッカーサーが、作戦戦略レベル、軍事戦略レベルを超えて、大戦略のレベルにまで自分の信念と判断を押し付けようとしたための結末であったと見ることができよう。

表8-7　第四次中東戦争でのエジプトの戦略構造

大戦略	エジプトの自尊心と失地の回復 国家財政の再建
軍事戦略	限定戦争戦略
作戦戦略	スエズ運河渡河作戦 戦略的奇襲
戦術	局地的な限定空中優勢圏の確保 対戦車戦法の開発 運河築堤の通路啓開能力
技術	移動式地対空ミサイル 携行式対戦車誘導ミサイル 通路啓開技術（高圧放水ポンプ）

第四次中東戦争

ラマダン戦争あるいはヨム・キプール戦争ともいわれる第四次中東戦争は、イスラエルに対して一方的に劣勢にあったアラブ諸国が、捲土重来の奇襲攻撃を敢行した戦いである。一九七三年一〇月、エジプト軍とシリア軍による、スエズ運河とゴラン高原の二正面での奇襲によって始まった戦いは、後半に入ってイスラエルが優位に立ち、最終的に米ソ両大国の主導により停戦が実現したが、作戦レベルでのエジプト軍の一時的、局地的な勝利は、軍事的に完全な勝利に結びつかなかったとはいえ、大戦略のレベルでエジプトに大きな成果をもたらした。

大戦略レベルでのエジプトの目的は、緒戦の勝利で自国の自尊心を回復し、中東情勢を流動化させ、柔軟に外交を駆使してアメリカの影響力を引き出し、失地（シナイ半島）回復を条件として、イスラエルと和平することであった。

積年のイスラエルとの戦争状態がエジプトの国家財政を破綻に追い込んでいたので、サダト大統領は、これから脱却するためにイスラエルとの和平を究極目的とし、和平を成し遂げるための条件としてエジプトの尊厳と失地の回復を実現し、その条件をつくるためにイスラエルに軍事的に挑んで、緒戦の勝利をつかもうとした。このためサダトは、戦争準備を進めるとともに、アラブの統一戦線を強化し、アメリカの外交関与を引き出すため、国務長官キッシンジャーとの間に交渉の窓口を開いた。

軍事戦略レベルでは、軍事的に劣勢なエジプトは、対イスラエル全面戦争戦略から限定戦争戦略にシフトした。軍事能力のレベルにマッチするよう戦略を修正したのである。サダトは、限定戦争戦略に反対する軍の首脳を逐次に解任し、かれに協力する軍人をその後任に据えた。自らは首相を兼任し、軍政部門も担当して、政治的権力を手中に収めた。また、軍事目的や基本方針は明示したが、具体的な作戦計画やその実施は一切軍人たちに任せて、過度の介入を自制した。

作戦戦略レベルでは、エジプトの軍事能力の範囲で、シナイ半島の一角にエジプト国旗を翻すことを意図した。それだけで、エジプトの尊厳を回復し、中東情勢を流動化させることができると考えられたからである。これが限定戦争戦略に基づくシナイ半島進攻作戦のねらいであった。具体的には、スエズ運河を渡河し、運河東岸に橋頭堡を確保することを作戦目標にした。そのためには、守勢戦略にあるイスラエル軍の防衛システムを麻痺・無力化させなければならなかった。イスラエルの守勢戦略の鍵は、卓越した情報能力に基づく事前警報システムにあった。これに対処するため、エジプト軍は進攻企図の秘匿と欺騙陽動に努め、これに完璧に近い成功を収めた。

戦術レベルで、エジプト軍が対処しなければならなかったのは、イスラエル軍の圧倒的な空軍力と機甲戦力であった。エジプト軍は、イスラエル空軍に対抗するため、全面的な制空権の獲得ではなく、各種の地対空ミサイル、高射砲、高射機関銃を組み合わせて、運河渡河と橋頭堡確保だけを掩護する局地的な限定空中優勢圏をつくりあげた。また、強力なイスラエルの機甲戦力に対しては、戦車に対して戦車で対抗するという常識を覆し、対戦車誘導ミサイルを装備する歩兵で対抗した。この新しい対戦車戦闘法によって、自軍の機甲戦力が渡河してくるまで、歩兵部隊はイスラエルの戦車部隊に対処できたのである。

さらに、運河東岸には高い築堤があり、イスラエル軍はこれをエジプト軍機甲部隊に対する重要な障害物と見ていたが、エジプト軍はこの築堤に通路を啓開する大胆な方法を案出し、渡河に要する時間を大幅に短縮したのである。

技術のレベルでは、このような戦術の実施を可能にする低高度用の移動式地対空ミサイル、携行式対戦車誘導ミサイルが初めて実戦配備された。また、通路啓開のために高圧放水ポンプを用いるというアイデアが出され、実際に配備され大きな成果を上げた。

エジプトの戦略の構造の重層性は、大戦略レベルから技術レベルまで、まことに典型的であったと言ってよい。戦略の水平的ダイナミックスは、軍事戦略レベルでの限定戦争戦略の採用、作戦戦略レベルでの奇襲としてのスエズ運河渡河作戦に、よく反映されている。垂直的ダイナミックスは、緒戦段階での作戦戦略レベルの勝利および軍事戦略レベルの成功と、最終段階における大戦略レベルでの政治的効果との間に認められる。たしかにエジプト軍は、最終的な軍事的勝利を収めることはできなかった。しかし、それでも緒戦段階の成功がもたらした軍事的効果によって、政治的な目的が達成された。このケースでは、キッシンジャーが述べたとおり、限定的な軍事行動が戦略のダイナミックスを展開させる契機となり、政治力学を発動させる起爆剤となった。

このケースでも、特筆さるべきは、サダトのリーダーシップである。かれは、国家を財政的破綻から救うため、最終的なゴールとしてイスラエルとの和平をめざした。しかし、和平を達成するためには、中東情勢を流動化させ、アメリカを引き込む必要があり、そのためにはイスラエルに軍事的に挑んでみなければならなかった。サダトは、和平を達成するために、戦争を始めたのである。また、限定戦争戦略の構想も、かれの創造力をよく表している。抵抗者を、強権をもって排除すると同時に、目的と方針を明示した後は、軍人たちに具体的な問題解決を一任した。サダトは戦略的リーダーとしての資質を見事に発揮したというべきであろう。

ベトナム戦争

ベトナム戦争は、アメリカ軍の本格的介入に限定するなら、一九六五年の北ベトナムへ

表8-8　ベトナム戦争でのアメリカの戦略構造

大戦略	共産勢力の侵略阻止 南ベトナム政府の維持
軍事戦略	北ベトナム爆撃 地上軍の投入
作戦戦略	消耗戦略
戦術	サーチ・アンド・デストロイ
技術	ヘリコプター、戦略爆撃機、携帯用小型レーダー、光増幅式暗視装置、コンピューター

の爆撃開始と南ベトナムへの本格的地上兵力の投入を起点とし、七三年の和平協定の調印によって南ベトナムから撤退するまでの間の戦いということになる。その後も、北ベトナム軍および南ベトナム民族解放戦線と南ベトナム政府軍との戦闘は続き、七五年のサイゴン陥落を経て、翌七六年、南北ベトナムはベトナム社会主義共和国として統一された。

ベトナム戦争においてアメリカ軍の投入兵力は一時期最大約五五万に達したが、戦場において決定的な勝利を得ることはできなかった。また、アメリカ軍は、致命的な損失をこうむったわけでもないのに、最終的にベトナムから撤退しなければならなかった。戦いに負けたという意識がないままに、アメリカは深刻な挫折感と政治的敗北感にとらわれることになった。気がついたら、世界一の軍事大国アメリカは、装備においてははるかに劣る解放戦線ゲリラ、北ベトナム軍兵士との戦いに敗れていたのである。

大戦略レベルでのアメリカの目的は、共産主義勢力の侵略を阻止し、南ベトナムを維持することであった。しかし、南ベトナム政府は腐敗し、その領域を自ら統治する能力に欠け、政治的正統性を主張することができなかった。そのためアメリカは、大規模な軍事介入によって、本来は政治闘争であったベトナム戦争の、軍事的側面を過大に強調しなければならなくなった。

軍事戦略レベルにおいてアメリカは、軍事的勝利が政治的課題を解決するという前提のもとに、地上軍の介入と北ベトナムへの爆撃を実施した。北爆によって敵の士気を失わせるとともに、北ベトナムからの補給能力を減少させたうえで、南ベトナムの戦場においては、正規軍の戦いに持ち込もうとしたのである。ただし、地上軍の投入は初期にはかなり緩慢であった。アメリカの世界戦略との兼ね合いや、中国軍の介入の危険性も考慮しなければならなかったからである。

作戦戦略レベルでは、消耗戦略の下に通常戦・在来戦の戦い方が採用された。それは、圧倒的な物量と火力とを集中して敵を正面からたたき、制圧するというものであった。正面からたたき続ければ、物量と戦力に劣る敵は、殲滅(せんめつ)されるか、あるいは音を上げて屈服すると想定されたのである。しかし、南ベトナムのジャングルには、敵をたたくべき戦線がなかった。しかも、物量と火力において劣る北ベトナム軍と解放戦線は、大規模、重装備のアメリカ軍との正面衝突を避け、ゲリラ戦で対応してきた。戦闘の場所と時間を主体的に選択し、戦闘のリズムをコントロールし、主導権(イニシアティブ)をとろうとしたのである。

消耗戦略は、味方の損害を許容範囲に抑えながら、敵に耐え難い損害を与えることをねらうものであった。爆撃や砲撃が多用されたのもそのためである。しかし、敵のゲリラ戦によって戦闘の犠牲者が増加すると、音を上げたのはアメリカ側であった。戦死傷者の増加に対し、アメリカ国民の批判が強まり、戦争の正当性、倫理性すら疑われるようになった。

戦術レベルでは、ゲリラ戦を展開する北ベトナム軍・解放戦線に対して、アメリカ軍は、サーチ・アンド・デストロイ（索敵撃滅戦）で対抗した。対ゲリラ戦のために、アメリカ軍は師団や旅団の編成を変えようとはしなかった。通常戦型の戦い方で、ゲリラ戦に対応したのである。

火力と機動力に依拠したサーチ・アンド・デストロイは、捕虜の数、捕獲した兵器数、敵の戦死者数（ボディ・カウント）等によって評価された。また、北爆の成果も、出撃回数、破壊した目標、ホー・チ・ミン・ルートを南下する交通量の減少などによって評価された。

敵の戦力を損耗によって評価することや、目的達成度をモニターするために数量化することそれ自体が誤りとはいえない。数量化されたデータを、その背後にあるリアリティと取り違えたこと、数字によって欺かれリアリティが見えなくなってしまったことこそが問題であった。

「索敵」のためには正確な情報が前提であった。しかし、南ベトナム住民との間に信頼関係を構築して情報を収集するという措置は講じられなかった。「撃滅」は、味方の損害を抑えるために過度に空爆や砲撃に頼ることとなり、必要以上の破壊を生み出した。ここでも、住民との信頼が損なわれ、むしろその敵意を増幅させる結果となった。その破壊の状況が映像等でアメリカ本国に伝えられると、戦争の正当性と倫理性はますます疑問とされるに至った。

技術のレベルでは、アメリカ軍は多種多様な技術を戦場に持ち込んだ。携帯用小型レーダー、人間体臭探知機、光増幅式暗視装置、枯葉剤、攻撃用ヘリコプター、B52戦略爆撃機等々。しかし、戦術レベルあるいは作戦戦略レベルでの欠陥のために、その技術が十分に生かされることはなかった。戦場ではむしろ自動小銃程度の武器を持った兵士同士の戦闘となり、そこではジャングルの勝手を知った北ベトナム軍・解放戦線兵士のほうが有利であった。

アメリカが戦略の構造の重層性を理解していなかったとは思われない。しかし、アメリカ軍は戦略の水平的ダイナミックスも、垂直的ダイナミックスも機能させることができなかった。これに対して、戦略の水平的ダイナミックスや垂直的ダイナミックスを巧みに生み出し、それを効果的に利用したのは北ベトナムの側であった。

以上、すべてのケースで戦略の五つのレベルが明確に識別できるわけではないが、どの事例でも逆転した側の戦略は重層的構造を持ち、水平的ダイナミックス、垂直的ダイナミックスを意図的につくりだし、これを巧みに利用したことが明らかとなった。

最後に指摘したいのは、大戦略レベルでの戦略的リーダーシップの重要性である。戦略の構造が重層的であるならば、その重層性を的確に把握し、各レベルの戦略を綜合しうるのは、大戦略レベルでの指導者しかあり得ない。それは、毛沢東、チャーチル、サダトなどの実例に実証されているところである。しかも、その戦略的指導者は、自らが属する社会、国家あるいは集団の理念や価値を体現し、戦う目的を人々に理解させ、人々の共感と支持を得なければならない。また、戦う目的を達成するために、適材を抜擢し、軍事戦略レベルへの介入はもちろん、ときには作戦戦略レベル、戦術レベル、あるいは技術のレベルにまで介入しなければならない。戦略の構造の重層性を理解し、戦略の水平的・垂直的ダイナミックを駆使するとは、そうしたことまでも含むのである。次章では、以上のことを踏まえて、戦略の本質についての命題が提示される。

終章　戦略の本質とは何か――10の命題

第1章（戦略論の系譜）で述べたように、戦略論は戦略の本質論と原則論のどちらかに傾斜しながら発展してきた。前者はクラウゼヴィッツに代表されるように、戦略の本質をとらえようとし、哲学的、解釈的、概念的アプローチをとる。かれは戦争を「拡大された決闘」のメタファーでとらえ、理念型として「絶対的戦争」の概念を示した。後者はジョミニに代表されるように、戦略の原則化を志向し、分析的、客観的、科学的アプローチをとる。かれは戦いの普遍妥当の基本原則を確立しようとし、「戦争は政治の延長である」というクラウゼヴィッツの本質論を捨象した。ジョミニの理論は、本質論より分析的アプローチを好むアメリカの軍事理論に大きな影響を与えた。

その後の戦略論は、両者の統合を志向することになる。リデルハートや毛沢東は、孫子や中国古典の本質的洞察から間接アプローチ戦略や遊撃戦の原理原則を展開した。現在の戦略研究者（ルトワク、ハワード、グレーなど）は、クラウゼヴィッツの「摩擦」の概念や弁証法、さらには複雑系などの方法論を取り入れながら、静態的な戦略論から動態的な戦略論の構築を目指している。

戦略論は、人間世界を研究対象とする社会科学の一分野である。社会科学と自然科学の重要な差は、対象としての人間が意図や価値をもち、その実現に向かって思索し、予測し、行動し、修正し、環境の影響を受けつつ、環境を変えていく、つまり単なる受動的存在ではなく、能動的であり、反省的であるということにある。

人間は主体的に、コンテクスト（文脈ないし脈絡）や状況を察知し、その意味を言語化し、ダイナミックなコンテクストの中で持てる知識（ナレッジ）や技能（スキル）を行使していく。つまり、人間の世界は客観的事実ではなく、その都度のコンテクストに依存する「解釈」により成り立っている。一方、自然科学は事象を特定のコンテクストから独立させてとらえ、普遍妥当の原理原則を追究するのである。

第二次大戦の英独戦を書いた名著『ヒトラー対チャーチル』の著者ジョン・ルカーチは、人間の意図や価値を排除する決定論的で科学的なアプローチに反論し、次のようにいう。

「決定論的な科学哲学によれば、歴史は物質的条件や制度や組織によって「つくられ」、もはや傑出した人の思考や言動によっては形成されないことになっている。だが一九四〇年の時点で、世界の大部分、そしてそれ以降の二〇世紀のほとんどの運命を決定づけたのは、二人の男、すなわちヒトラーとチャーチルであったことは疑いようもない。重要なのは、人間の性格であって、しかも物質面より精神面である。ヒトラーもチャーチルも優れた思索家であった。二人の対決にかかわる核心的な要素——すなわちお互いをどう認識し合ったか——をはじめとして、二人が実際どのように、何を考えたかによって、すべてが決定された。要するに、思考は現象より重要であり、思考は現象に先行する。さらに言えば、理念が人間にどう作用するかより、人間が理念に向かって何を為すかがより重要であり、現実的であるのだ」

極論すれば、人間の主観（認識）を入れ込まない戦略論はありえないということである。しかしながら、人間の行動は意図や理念を実現することを通じて環境を変革すると同時に、環境の影響や制約を受ける。社会的事実は人間の認知や解釈とは独立に存在し、見えざる構造やメカニズムが社会現象を決定するという側面もある。マルクスの生産関係という下部構造が政治や文化などの上部構造を規定するという考え方は、その一例である。しかしそのような場合でも、その見えざる構造との関係性を察知するのは、——限界があるけれども——人間の直観や認識能力であって、人間の主観を媒介しない一方的な客観的分析だけでは、戦略の創造とその実行を説明できないのである。

われわれは戦略論の科学化を志向するけれども、それは自然科学と同一の厳密さでの科学化を意図していない。科学の方法論は価値観を排除するところから始まるが、実は戦略はすぐれて人間的現象であって、人間の価値観を源泉としている。われわれの関心は、そうしたリーダーの世界観や直観にある。しかも、戦略はコンテクストによってダイナミックに動く。社会科学の面白さは自然科学ではうまく扱えない価値、コンテクスト、パワーなどの現象を事例や物語をベースに、できるだけ客観的に、禁欲的に、現実に迫っていき、最終的には「かくあるべきである」という規範的命題を提示することにある。

科学が扱う事実（である）から価値（すべきだ）は導き出せない。規範的命題は科学の方法論で測定・検証できることもあるけれども、永遠の仮説にとどまるかもしれない。戦略論の分析的アプローチと解釈的アプローチは相互補完の関係にあって、主観と客観の往還運動を通じて複眼的に真実に迫ることが基本なのである。

われわれは、序章で「なぜいま戦略なのか」という大きな問題を設定した。日本軍になぜ逆転がなかったかを考察し、戦略志向の必要性を問うた。第1章の「戦略論の系譜」では、これまでの戦略論を概観した。第2章以降は、戦略の本質が逆転に最も顕在化されるという仮説に基づいて、六つの事例を選択し、記述し、分析した。そのうえで、第8章ではあらためて戦略の定義と「逆転を可能にした戦略の構造」を提示した。この終章では、互いに重なり合ういくつかの命題を構築しながら、戦略の本質に迫ってみたい。

命題1　戦略は「弁証法」である

ヘーゲルの弁証法で言えば、戦略は絶えず「正」（テーゼ）「反」（アンチテーゼ）「合」（ジンテーゼ）のプロセスで生成発展しているといえる。彼我のダイナミックな相互作用を把握し、大戦略、軍事戦略、作戦戦略、戦術、技術の重層関係の矛盾を綜合するのが戦略である。

クラウゼヴィッツは「戦争は彼我双方の活動の不断の交互作用である」と指摘し、さらに戦争の不確実性を高める要因として「摩擦」という概念を提示した。アンドレ・ボーフルは、簡潔に「戦略とは、紛争を解決するために用いる、二つの対立する意志の弁証法のアートである」と定義した。近年では、ルトワクが戦略の本質を、対立するものを合一させるときの逆説的論理にあると見て、時間の概念を導入して戦争における失敗と成功、勝利と敗北は相互に転化し得ると主張した。

本書の事例のなかでは、毛沢東が最も明示的に弁証法を戦略論に導入し実践した。毛の『矛盾論』によれば、現実は対立物の均衡が一時的状態であって、不均衡が常態である。対立物の統一された均衡状態が崩れて矛盾を生み新たな均衡状態へ向かうことが、事物の発展過程なのである。毛沢東は戦略的ゲリラ戦ともいうべき「遊撃戦」の概念を生み出し、資源の質・量ともに圧倒的に格差があるにもかかわらず、蔣介石の指揮する強力な国民政府軍に勝利した。

ゲリラ戦の本質は、決して負けないが、決して勝てないという矛盾にある。正規戦とゲリラ戦の二項対立、「正」と「反」を止揚する、「戦略的に組織化されたゲリラ戦」が「合」なのである。

その戦い方は通常のゲリラと異なり、しっかりした指揮・命令の下に集中、統一、規律をもって行われる戦闘形式である。絶対的兵力数では「一をもって十にあたる」では、量的に勝てないが、あるコンテクストに引き込むと、「十をもって一にあたる」という時空間が創造でき、そこでは逆転勝利を収めることができる。敵を根拠地に深く誘い入れ、固定した戦線と兵站（へいたん）を持たず、必ず緒戦は勝つという原則を持つ。

毛沢東は「敵進我退（進めば退き）敵駐我攪（駐まれば攪し）敵疲我打（疲れたら打ち）敵退我追（退けば追う）」という一六字句の憲法を全員に暗記させ、実践のなかで完全に遊撃戦の型として共有させた。それは、絶えず矛盾が生成される現実のなかで、時間軸を導入し好機をとらえてそのギャップを止揚していく弁証法的方法論である。

バトル・オブ・ブリテンも弁証法のプロセスととらえることができる。航空作戦では、攻撃側が本来的に有利である。スピードが早いので、攻撃側は攻撃の時機、目標、方法の先制（イニシアティブ）をとりやすい。防御側はそれを探知しても対抗時間が限られる。この矛盾をどう解消するか。ダウディングの解は、爆撃機から戦闘機への増産シフトであり、支援システムとしてのレーダーの開発と高射砲兵団の空軍による一元的管理であった。ダウディングの進言によって、チャーチルが戦闘機部隊のフランス派遣を中止したことも、戦闘機とパイロットの資源温存に貢献した。

バトル・オブ・ブリテンは本質的に防空戦ではあるが、むしろ敵の攻撃を待ち受け、敵の勢いと動きを利用して守りと攻めを融通無碍（むげ）に展開した戦いであった。ドイツ空軍のほうでも、爆撃効果を決定的にすべく、役に立たないユンカース87急降下爆撃機を引き揚げ、護衛戦闘機を大幅に増加し、戦闘機の爆撃機に対する護衛航法を改善した。第一一戦闘機群のパーク司令官は、これまで敵の爆撃機にはハリケーン、戦闘機にはスピットファイアで対抗してきたが、今後は爆撃機の迎撃に集中するという方針転換をしたときに、このドイツ軍の戦術転換に直面してその方針を撤回せざるをえなくなった。しかし、ドイツ空軍の新戦術が効果を出し始めたときに、ロンドン攻撃の目標転換が起こった。ダウディングはこの機をとらえて、これまで温存してきた熟練パイロットを他の戦闘機部隊から引き抜いて第一一群に投入し、辛うじて九月一五日（バトル・オブ・ブリテン記念日）の勝利の転換点に結びつけたのである。

命題2 戦略は真の「目的」の明確化である

いかなる戦争も政治目的に奉仕しなければならない、したがっていかなる戦争も政治指導者によって決定され、指導され、方向づけられなければならないというクラウゼヴィッツの考え方は、現代では大方のコンセンサスを得ている。しかしながら、完全なる軍事的勝利が、必ずしも政治目的の達成につながるわけではない。

ブライアン・ボンドの『戦史に学ぶ勝利の追求』によれば、ナポレオン戦争から湾岸戦争に至るまで、軍事的に勝利した側が戦争目的を達成した事例は皆無ではないが、きわめてまれであるとされている。大方の軍事的勝利は、その成果を、戦争の政治的目的達成に昇華させることができなかったのである。たしかに、ある一定の時間をおかないと、戦争目的を達成できたかどうかを評価するのは難しい。軍事的な勝利を収めたときに、戦争の政治的目的を達成したかのように錯覚する場合もよくあることである。

『孫子』は、「戦い勝ち攻め取りて、その功を修めざるは凶なり。命づけて費留という」（戦闘に勝利し、敵国要域を占領したとしても、その軍事的な成果を、戦争目的の達成に結びつけることができないようでは駄目である。つまり骨折損のくたびれもうけというべきだ）と断じている。

バトル・オブ・ブリテンにおいて、ダウディングの目的はドイツ空軍力の阻止にあり、そのために戦闘機群の半分をイングランド南部に展開し、あとは予備としてドイツ爆撃機の航続距離外の北部に置いた。ねらいは飛行場とレーダー・システムを守ることであり、そのためにドイツ護衛戦闘機群を相手とするのではなく、爆撃投下前の爆撃機を撃墜することを最重要任務としたのである。

これに対して、ゲーリングの目的は明確ではなかった。イギリスの産業、人口中心部、レーダー基地、飛行場、あるいは沿岸海運と、どこに焦点を合わせるのか、攻撃目標が揺れ動いた。やがて、飛行場爆撃に焦点を合わせてイギリス戦闘機部隊に最大の損失を与え、今一歩で勝利するかと見えたその決定的瞬間に、突然、ベルリン爆撃への報復として首都ロンドンへと攻撃目標を転換したのであった。攻撃目標の転換は、作戦の目的がはっきりしなかったからである。

朝鮮戦争におけるマッカーサーとトルーマンの論争は、アメリカの戦争目的が全期間を通じて一貫していなかった好例である。「韓国の完全な独立と朝鮮半島統一」なのか、それとも「北朝鮮軍を三八度線まで押し戻すこと」なのか。仁川上陸作戦によって戦局の主導権をアメリカ軍が握るにつれて、戦争目的は北朝鮮政権の打倒と韓国による朝鮮統一に向かった。ワシントンは三八度線以北への進軍に許可を与えながら、中共軍の介入のない限りという条件を設定せず、その決定をマッカーサーの責任に転嫁したのであった。一方、マッカーサーについては「政治という非情なゲームのルールを死ぬまでマスターすることができず、そのためにもみくちゃにされた敗者だった」という指摘もある（マンチェスター『ダグラス・マッカーサー』）。

ベトナム戦争においてアメリカ軍は、個々の作戦や戦闘で必ずしも敗北していたわけではない。むしろ個々の戦闘を詳細に見ると、戦術的・作戦的な勝利を重ねていた。しかし、気づいてみたら一九六九年には撤退せざるを得なくなり、七五年には北ベトナム軍の正規軍がサイゴンの大統領官邸を制圧するに至る。

ベトナムへの軍事介入は元来、大統領の決断によって開始されたが、その二年後には早くも戦争目的について齟齬が起こってきた。議会と政府が対立すると同時に、議会が戦争のやり方に介入してくるようになり、政府も明確な戦争目的を標榜することができなくなった。かくして、軍は何をなすべきかという目的を与えられることなく、作戦をしなければならなくなる。ベトナム戦争の大敗北は、アメリカ軍が戦争の目的があいまいなまま戦闘せざるをえなかったことにその原因があった。

これに比べると、スターリングラード攻防戦でも、第四次中東戦争でも、指導者によって戦いの政治目的が明確に述べられていることは、ここでもう一度繰り返すまでもないだろう。

命題3　戦略は時間・空間・パワーの「場」の創造である

戦略とは、コンテクストに応じて場を創造することである。あらゆる戦略は、真空で生起するのではなく、一定の歴史的時間と地理的空間の制約のなかでパワーを有効かつ効率的に発揮するというダイナミックな関係性として具現化される。そのような時間、空間、パワーの関係性をコンテクスト（脈絡ないし文脈）という。パワーは、ハード・パワー（軍事力、経済力などの物理的資源）とジョセフ・ナイの言うソフト・パワー（文化、価値観、政策、制度などの知識資産）が合成された潜在能力である。戦略はこのようなコンテクストをダイナミックに変換ないし創造しつつ、我と敵との関係を逆転させるプロセスである。

時間軸、空間軸、パワー軸は独立に論じることもできるが、現実には三位一体の有機的関係としてとらえられ、それが成立している動態は「場」［英語では場所（place）、磁場（field）、闘技場（arena）など］と定義される。そうすると、戦略においては場の創造、維持、拡大が重要な課題となる。そして場は、戦術、作戦戦略、軍事戦略、大戦略とあらゆるレベルに入れ子（フラクタル）的に存在するので、それらの場を水平的、垂直的に連鎖させる重層的な場の展開が要請される。競争優位の場は、空間適合性（地形の戦争適合度）、共感性（人民の好感度）、中心性（知識・情報ネットワークの中心度）、開放性（境界・資源の連鎖的展開可能性）、象徴性（地域のもつシンボル性）などを考慮して選択される。

毛沢東の遊撃戦では、根拠地という場の創造が基本であった。根拠地は、『水滸伝』の梁山泊（りょうざんぱく）のメタファーとしてつくられた。国民政府軍と比較してパワー不足の紅軍が唯一勝利することができたのは、人民が紅軍を積極的に援助し戦いに有利な陣地のある根拠地って敵を誘い込んだときであった。根拠地は単に静態的空間ではなく、空間的限界を突き破ってダイナミックに動く存在であって、国民政府軍にとっては場の転換が激しくとらえどころのない存在となった。さらに、全局と局所の相互作用のダイナミックスから局所としての一つひとつの根拠地をいかに全局に連鎖拡大するかが、毛の場の戦略であった。

ベトナム戦争は、毛の遊撃戦略のベトナム版といってよい。火力に劣る北ベトナム軍は、航空機、戦車、火砲の機能しにくいジャングルにアメリカ軍を誘い込むことを戦闘の基本型とした。ジャングルは、一寸先が見えないという点で広大な空間を構成する。そのような場においては、射程や弾量といった火力で遜色（そんしょく）がない小火器中心の直接戦闘が中心となり、民族独立の大義に燃える兵士の価値観や士気というソフト・パワーが影響力を発揮できた。

北ベトナム総司令部がサイゴン陥落作戦において最も悩んだのは、主戦場をどこにするかということであった。熟慮のうえ決定したのは、交通の要所バンメトウトであった。そこはベトナムに隣接するラオス領内の飛行場から近く、北ベトナムからのホー・チ・ミン・ルートに直結して補給に有利な地点であり、南ベトナムを南北に分断できた。さらに、南ベトナム政府軍の中心基地があるブレイクより攻撃しやすかった。

バンメトウトが陥落すると、政府軍は中部高原地帯でパニックに陥った。北ベトナム軍はこの戦闘を、政府軍を連続攻撃する好機ととらえ、戦場を連鎖状に拡大し、首都から遠く離れた一都市の陥落が中央政府の崩壊をもたらすという奇跡的勝利につなげた。

ボー・グェン・ザップは次のようにいっている。「われわれの決定は非常に早く変更された。あらゆる局面を分析し、状況を把握した。あらゆる変化を注意深く素早くつかみ、すべてを把握して、時期がきたら直ちにタイムリーな一撃を行い、総攻撃に転じた。これは戦争を指導していく際の芸術的、科学的方法である」(小倉貞男『ヴェトナム戦争全史』)。副参謀長レ・ゴク・ヒエンは、ベトナム戦争の勝利と敗北の経験から獲得した真理は「戦いには必ず勝てる機会がある。それをつかんで全力で立ち向かっていけば道は開ける」ことだと戦後のドキュメンタリー番組で語っていた。ザップ将軍は局所のコンテクストを読み、瞬時に全局に展開したのである。

ジューコフとワシレフスキーは、スターリングラードにおいてドイツ軍を釘づけにする一方で、はるか後方からドイツ軍の弱体な外縁部を突破・逆包囲するという二つの場の同期化を行った。

ドイツ軍の強みは、航空機の絨毯(じゅうたん)爆撃と長距離砲撃、それに続く戦車装甲軍団とその背後からの大量の歩兵部隊の進撃という一連の機動打撃力発揮の電撃戦の巧みさにあった。スターリングラード防衛軍司令官チュイコフは、このドイツ軍連携機動力の機能を停止させるために、あえて瓦礫(がれき)と化した市街地における近接戦闘を展開した。そして、近接戦闘を機動的に展開するために小部隊編成を採用し、突撃班、援護班、予備班の三班編成システムをとった。この戦法によって、ドイツ軍の従来の強みはそのまま弱点に転化され、逆包囲のためのソ連軍の戦略的持久を許すことになった。

朝鮮戦争の流れを変えた、奇襲上陸によって後方遮断を行うというアメリカ軍の作戦では、どこに上陸するかの場の選択が、戦略実現上最大のポイントであった。マッカーサーは、軍首脳部の強硬な反対を押し切って仁川上陸を決断した。それは釜山正面に補給線の伸びきった北朝鮮軍主力を拘束し、かつはるか後方の仁川に上陸することで、相手に対して空間的に二正面作戦を強要したのである。

サダトが創造した「限定戦争戦略」という概念も、優勢な相手に対して戦いを挑む場合の戦略であった。これはスエズ運河東岸に橋頭堡を確保し、作戦目標をエジプト軍の主体的な作戦能力の範囲内に限定した、いわゆる限定目標に対する攻勢作戦である。そのため、イスラエル本土あるいはシナイ半島全域に対する攻勢を企図することなく、スエズ運河東岸の限定された場に戦闘を展開し、自軍の長所を最大限に発揮して、敵軍の長所発揮を封殺し、敵が弱点をさらけ出すのに乗じることができる態勢をつくりあげた。

優勢なイスラエル軍の航空機に対しては、航空機で対抗するのではなく、SAM（地対空ミサイル）と在来型対空火砲の組み合わせによって「局地空中優先圏」という場の造成に努めた。同様に、イスラエル軍の機甲部隊に対しては、戦車ではなく、歩兵に大量の対戦車ミサイルを携行させ、局地空中優先圏の傘の内部で対戦する方法を採った。イスラエル軍の優秀な情報機関をあざむくために実戦準備とまぎらわしい演習を繰り返し、「クライ・ウルフ症候群」、つまりイスラエル側にいつ狼（エジプト軍）が襲ってくるか分からないという心理状態をつくりだし、判断を麻痺させることに成功した。さらに、スエズ運河東岸築堤の通路を開くために、爆薬やブルドーザ等の既成の方法によらず、高圧放水ポンプというまったく予期しえないような技術を発見、採用した。

この緒戦の勝利を、サダトはキッシンジャーと連携することにより、エジプトの尊厳に基づいたイスラエルとの和平を達成するという大戦略に止揚したのである。

命題4 戦略は「人」である

戦略を洞察するのも、実行するのも人間である。分析的戦略論は、傍観者的であり、人間の顔が見えないという限界を持つ。

リーダーシップの本質は、誰を選ぶか、誰を持ち上げるか、誰を抑えつけるか、誰の首をすげ代えるかの判断を伴う人事にある、とエリオット・コーエンは指摘する。戦時の国家指導者の手腕は、コンテクストを判断できる能力のみならず、有能な将軍や文民の部下の性格を判断できる能力にもある。つまり、人に対する感性である。人選にあっては、冷酷さも必要である。将軍は使い捨ての存在であって、最も頻繁に将軍を解任したのはリンカーンであった。

チャーチルは、国防大臣を兼任し、イズメイ将軍を三軍参謀長との連絡役として活用し、戦争計画立案と実施の直接責任をとり、権限をフレキシブルかつあいまいに、かといって非民主的ではない絶妙のバランス感覚で行使した。航空機増産には、辣腕家の新聞社主ビーヴァブルックを起用し、彼のやり方が強引だという非難にも耳を貸さず、戦闘機の増産に専念させた。北アフリカ戦線の第八軍司令官を非情にも切って、その後任にモントゴメリーを登用したのもチャーチルであった。

スターリングラードの転換点は、主力の第六二軍の指揮官にチュイコフ中将を選んだことに負うところが大きい。かれはドイツ軍の強さの本質を洞察し、瓦礫の山の市街で「手榴弾の届く範囲で戦う」近接戦法で電撃戦を破綻させた。

サダトは、かれの限定戦争に反対する将軍たちを解任した。新しく国防相に任命したのは陸軍士官学校同期生のアリ将軍であった。アリは政治にはまったく興味のない生粋の軍人だった。サダトは、達成すべき目標の明示と必要な資源配分以外は、軍の計画と実行に干渉することなく軍事合理性を貫徹させた。

命題5　戦略は「信頼」である

戦略は、ソフト・パワーを基盤とする。われわれの戦略論の枠組み（フレームワーク）では、伝統的な「資源」という概念よりも「パワー」という概念が使われるが、パワーはハード・パワーとソフト・パワーで構成される。前者は軍事力やテクノロジーを含む物理的資源を指し、後者は共有された価値観など社会的関係資本（ソシアル・キャピタル）を代表とする、人間の関係性のなかで機能する不可視の資源である。

ロバート・パットナムは、社会的関係資本を「調整された諸活動を活発にすることによって社会の効率性を改善できる、信頼、規範、ネットワークといった社会の特徴」と定義しているが、なかでも信頼（トラスト）は戦略の創造と実行において重要な機能を果たす。

例えば、軍隊内の信頼関係については、救国・救民の理念にコミットしていた中国紅軍のほうが国民政府軍よりも強かった。紅軍では、「三大民主」によって、将兵の間の連帯が強化された。チャーチルも、全体主義への抵抗を訴え、被災地を見回って国民の間に信頼を植えつけた。かれとダウディング、ダウディングとパークとの信頼関係も強固であった。スターリングラードではジューコフとワシレフスキーが頻繁に前線を訪れて、価値の共有と信頼の強化を図った。大祖国戦争という目的が、住民や労働者の戦闘参加、連帯につながった。エジプトでも、抵抗する軍首脳を切った後の軍とサダトとの間の関係は良好であった。ただ、その後のかれの暗殺まで考えると、国民の間でのサダトへの信頼には不十分なところがあったのかもしれない。

われわれが信頼関係の構築でとりわけ注目するのは、大戦略の創造と実行におけるリーダー間の信頼である。第二次大戦中の「大同盟」の中心には、ルーズベルトとチャーチルがいた。相互の間には、スタイル、哲学、性格の差があったにもかかわらず、両者は大戦を通じて信頼関係を鍛え上げていった（Kimball, W. F., Forged in War: Roosevelt, Churchill, and the Second World War）。

かれらは国益を代表する政治家であり、理想主義者であり現実主義者でもあった。ルーズベルトはチャーチルの保守主義に対して批判的であり、チャーチルはルーズベルトが大英帝国の国益を無視するのではないかと懸念していたけれども、戦争に勝利することへのコミットメントと平和の創造への決断については、互いに一切の疑念をもっていなかった。一九三九年九月から四五年四月一二日のルーズベルト死去の日まで、両者の間の書簡は二〇〇〇通に及んだ。これらの大半はパーソナル・タッチの親近感を込めた、率直なコミュニケーションであった。

戦時大同盟にこのような指導者間の個人的な関係がなければ、英米の関係はソ連との軍事パートナーシップのような単なる連携（アライアンス）に終わっていただろう。たしかに、かれらには判断の誤りがあり、勝利の方法、戦後世界の構想、国益などで意見は対立したが、決定的なときには常に大同盟を第一に置いたのである。チャーチルは、イギリスの資源展開能力の限界を熟知し、ルーズベルトやスターリンに対しては、相談相手として振る舞いつつ、しかも戦争の遂行に影響力を保持しつづけた。

逆に、一貫して専制君主であったヒトラーは、他国との実質的な同盟の重要性を無視し続けた。バルバロッサ作戦を日本に相談し、日独の間に事前の話し合いの機会が設けられていたら、日本の対ソ同時進攻も可能であったかもしれない。

組織内の信頼の欠如は、スターリンとヒトラーに顕著に見られる。スターリンは忠誠や信頼といった社会的資産を重んじなかった。スターリンの第二次大戦前に行った将校団の粛清は、「いかなる国の将校団も、ソ連軍がこの平時にこうむった以上の損失を受けたことはなかった」といわしめるほどであった。それは、バルバロッサ作戦の初期に驚くほどの損害をこうむる原因となった。

ヒトラーは自分の側近には厚い信頼を寄せていたが、軍事合理主義に徹するプロイセン陸軍の伝統を継承したドイツ国防軍の将軍たちの献策に一切耳を傾けることなく、かれらとの信頼関係を破壊していった。スターリングラードの敗戦の一因は、ヒトラーの作戦に対する軍事合理性を欠いた過剰介入にもあったのである。

命題6　戦略は「言葉（レトリック）」である

言語能力は政治の基本である。そして戦略も、時間軸を含んだ「起承転結」のレトリックで表現されることが重要である。しかし、すべてのリーダーにこの言語能力、レトリックの能力がそなわっていたわけではない。チャーチルは自ら歴史を執筆し、書くことを好んだが、ヒトラーは過去の習慣や制度を放棄さるべきであるとして、歴史を重視せず、自ら文書を書くことは少なかった。

毛沢東は中国史に造詣（ぞうけい）が深く、かれの遊撃戦の概念には『三国志』『水滸伝』『西遊記』などの物語が凝縮されている。チャーチルや毛沢東は、演説にメタファーを多用したが、前者はイギリス古典、とりわけシェイクスピア、後者は中国古典から援用することが多かった。毛は五〇篇の作品を残した詩人でもあった。

毛沢東の『実践論』『矛盾論』は紅軍幹部への講話から生まれたのだが、かれの「一六字句の憲法」（敵進我退、敵駐我擾、敵疲我打、敵退我追）は詩的であり、大きな戦闘の勝利に際しては、その物語を詩で表現し紅軍に共有させていった。

チャーチルには、戦争は勝てるという信念はあったが、どうやって勝てるかについてのアイデアはなかった。かれは正直さをさらけ出して、論理をやめて心情に訴える言葉を発した。「私が捧げることができるのは、ただ血と労苦と涙と汗だけである。……われわれの目的は何かと問われれば、一言で答えることができる。勝利（ビクトリー）、いかなる犠牲をはらっても勝利（ビクトリー）、あらゆる恐怖にたじろかず勝利（ビクトリー）、道がどれだけ険しかろうとも勝利（ビクトリー）、なぜならば勝利（ビクトリー）なくして生存しえないからである……。さぁ、力を一つにしてともに進もうではないか」

チャーチルは、歴史、文学に造詣が深く、演説、書きものの天才であり、演説草稿はスタッフに任せなかった。人を鼓舞する言葉だけでなく、叙述し、明確化し、説明する言葉の重要性を理解していた。空襲下のロンドン市民は、ラジオから流れるシェイクスピア調のかれの演説を聞かないと眠れなくなったという。「フランスの戦いは終わった。イギリスの戦いが今や始まろうとしている。キリスト教文明の生存はこの戦いにかかっている。われわれイギリスの生命、わが国の諸制度、わが帝国の長い歴史はそれにかかっているのだ」。これを聴く者は自ら歴史の舞台に立たされていることを自覚し、奮起したのである（河合秀和『チャーチル』）。

命題7　戦略は「本質洞察」である

事実は「目に見える」が、本質は「目に見えない」。データは事実であるが、戦略思考にはその背後にある真の意味やメカニズムを読む洞察力が要請される。

科学的方法の優れているところは、仮説（信念）を事実（データ）と対応させることによって否定の余地を残すことである。実験（実証）によって仮説を肯定ないし否定する、つまり仮説検証によって真実に迫り、知識を修正・蓄積・体系化するプロセスにこそ科学の強みがある。こうして、個人の信念から独立した、主観を超えた客観的知識を持続的に獲得していくのである。

このような科学観に疑義を提起しているのが、ロイ・バスカーである。かれの主張は、これまでの科学は「見えるもの」をいかに「見るか」ということに中心があったが、「見えるもの」の背後にある「見えないもの」にも目を向け、見えるものを規定している実在を探求することこそ科学の機能なのだ、ということである。この方法論を超越主義的(トランセンデンタル・)実在主義(リアリズム)という。

世界は経験的事実、事象的事実、実在的現実から成る。例えば、秋になれば枯葉が木から落ちる。私がこれを見るのは経験的事実である。それを、私だけでなく誰にでも見える客観的な出来事として成立するのが事象的事実である。通常の科学では、この事象的事実の段階で、空気の流れ、枯葉の摩擦、温度、湿度などを測定し、関連づけて枯葉が完全に落ちきる時期を予測するだろう。

しかしバスカーによれば、これだけでは事実を説明することにはならない。さらに進んで実在的現実、つまりこの事象的事実をコントロールし、促進している構造、パワー、メカニズム、傾向(テンダンシー)を明らかにしなければならない。それは、重力(グラビティ)の作用を発見し理論化することである。私がそれを見るという経験的現実、他者も集合的にそれを見るという事象的事実だけでなく、このような動きの背後にそれを支配している実在がある、それを明らかにするのが科学の役割だというのである。

このようなアプローチは、自然科学者よりも一部の社会科学者に、例えば経済学のトニー・ローソンなどに強く受け容れられている。社会現象は閉鎖的な実験室で検証することが困難な、開かれた関係性のなかで生起する。社会現象で見えないものは、主体の意図や動機であり、その背後でそれを可能にし、コントロールしている社会的慣習や常識、法制度や契約、ゲームのルールなどである。社会学の偉人であるマックス・ウェーバーは資本主義の深層要因にプロテスタンティズムの精神(エートス)を求めたし、マルクスは生産関係という下部構造を洞察し、上部構造との関係性を概念的に明らかにした。

戦略現象は、まさに主体間の相互作用の因果連鎖であり、本来的にダイナミックなものである。目に見える戦闘の背後に、どのような論理が利いているのか、あるいは利いていないのか。具体的な戦果の背後に、それを左右し、コントロールしているどのような構造やメカニズムがあるのか。また、逆説的現象の背後にある実在とは、いかなるものか。直接観察することができる事象や事態を通して、このような実在の形成、再形成、衰退を明らかにすることこそ、戦略の論理を明らかにすることにほかならない。このプロセスこそは、戦略的リーダーシップの方法論にかかわってくるのである。

エリオット・コーエンによる政軍関係のリーダーシップの研究によれば、優れたリーダーは「状況一つひとつの独自性と具体的な違いをありのままに嗅(か)ぎ分け認識する能力」があると同時に、より大きなテーマのなかで細部を総合する能力があるという。細部の認知は、より大きな目的に立ち向かわなければならないときに、現場の痛みや犠牲の苦しみを理解することにもつながる。人、物、自然の現実をありのまま直感することは、少なくとも背後にある本質に気づくことに貢献する。「神は細部に宿る（God is in detail）」のである。

ヒトラーが前線に出向いたのは、六年間の戦争期間中でポーランド進攻時のみであった。グーデリアン将軍は、「冬のロシアの果てしなく広がる雪をその目で見て、そこに吹き抜ける凍てつくような風を肌身で感じた者だけがこのときの出来事の本当の判断を下せるのだ」と述懐した。

チャーチルは頻繁に現場に飛び、戦争のコンテクストに身を置いて軍司令官と対話した。戦闘機兵団司令部を訪問した際、ダウディングから戦闘機増産の要請を受けビーヴァブルックを登用したり、パイロットの増員要請には他軍種からの引き抜きを支援した。現場で察知したことやアイデアを壮大な計画やシナリオに構築するのはチャーチルの得意技であった。さらに、ロンドンの爆撃跡をたびたび視察し、市民を元気づけるとともに市民に見える首相の役割を演じた。一方、未来を予見させる軍事技術にも好奇心を持ち続け、装甲自動車からタンクの開発までを手がけたほどである。

マッカーサーは朝鮮戦争開戦後五日目に、最前線に飛んだ。「これまでの戦争でもそれを知る方法は一つしかなかったし、今でもそれに変わりはない。私は朝鮮に飛んで、この目で状況を視察することにした」。道路わきの小高い丘の上に立っていたわずか二〇分の間に、かれは後の卓抜な仁川上陸作戦の着想を得たのである。

現場に行っても、間違ったものを見ることもある。分析的戦略・戦術を信奉したマクナマラとウェストモーランドの戦果の指標は、死体の数（ボディ・カウント）であった。それでは、戦場に行っても北ベトナムとベトコンの戦士の質的評価はできなかった。後に、「強い政治的動機をもった人間に対しては軍事技術に限界があることを知らなかった」とマクナマラは回顧している。

直観力は、具体のコンテクストにおける経験の反省的実践を通じて質量ともに磨かれていく。同時に、万巻の書を読むことは、事象の本質と発展法則を洞察する素材を提供することになるだろう。騎兵隊将校としてインドに駐留したチャーチルは、余暇を利用して読書に専念し、このときの自学自習で広い教養を身につけた。プラトン、アリストテレス、ショーペンハウアー、アダム・スミス、ギボン、マコーレーなど、とりわけ時間軸で物語を展開する歴史に関心を示し、文体と思考形式をつくりあげ、後に第一次大戦の歴史『世界の危機』を出版した。同時に、第二次大戦に入ってからは、分析的な統計手法も政策決定に活用した。チャーチルは「事例を自己の特定の視点だけで見てはいけない。冷酷な事実も持とうではないか」といっている。

毛沢東は、戦争指導のかたわら、読書を唯一の趣味とした。遊撃戦の渦中においても読書に励み、とりわけマルクス・レーニン主義の書物と中国古典を愛読した。毛沢東は敵地を占領した際、まず図書を略奪したという。唯物弁証法と中国古典は、中国革命の展望と遊撃戦の方法論に昇華されているのである。

命題8　戦略は「社会的に」創造される

戦略は社会的に創造される。つまり人と人との相互作用のなかで生成され、正当化される。

しかし他方で、戦略は個人の認識に依存している。世界認識が個人の主観に基づいて構成される以上、そこには常にバイアスの危険を伴うことになる。ドミニク・ジョンソンは、近著『自信過剰と戦争』で錯覚（イリュージョン）の功罪について論じている。自信過剰（オーバーコンフィデンス）を生む錯覚は、次のような性向をもつ。①世界を非現実的な肯定条件で見る。②実際より環境支配力があると信ずる。③未来を客観的データが正当化できる以上にバラ色にとらえる。

他方、錯覚の積極的側面には次のような機能がある。①実力以上にパフォーマンスを増幅させ、自己欺瞞（ぎまん）を通じて勝利の可能性を高める（楽観は目標達成への持続的努力につながるが、悲観はあきらめにつながる）。②自分の能力が実力以上のものだと錯覚すると、その強さだけを誇示し弱みを見せなくなるので、それを額面どおり受け取った相手を「勝てないのではないか」と思わせてしまう。

ジョンソンはこのような錯覚の功罪を論じたうえで、バランスをなくした自信過剰は戦略の失敗に導く、と事例研究を通じて結論づけている。それらの事例は、本書でも取り扱っているイスラエル軍のヨム・キプール戦争、マッカーサーの仁川上陸作戦成功後の中共軍の侵攻、アメリカのベトナム戦争への介入のほか、一九三八年のヒトラーの侵攻を許したチェンバレンのミュンヘン危機、最近のイラク戦争などである。

人間の主観に基づく思い込みを超越する方法論とは何だろうか。現象学で言うエポケー（判断停止）の、現実をありのまま直観するのも、そのような方法論の一つであろう。リーダー個人のあり方でいえば、リーダー自身の世界認識を客観化する、つまり主体の視点自体を反省的にとらえ直し、自己自身を客観化することである。自己認識を客観化する能力をメタ認知という。

しかしながら、ハーバーマスは、このような孤独な自我の独話（モノローグ）的な反省では不十分であって、真の反省は主体間のコミュニケーションという対話（ダイアローグ）にあると主張する（『コミュニケーション的行為の理論』）。真理を合理的に追究する理性は、社会の孤独な自己対話としての反省でなく、自由に討論する開かれた対話のうちに宿っているというのである。

より現実に近づく知の方法論としては、個人のメタ認知能力に依存するだけではなく、現実を複眼的に照射する開かれた対話を通じて真理に接近するアプローチが最も基本である。戦略は、そしてその正当性や真理性は社会的に創造されるのである。

「正しい」「本当である」「善い」という感覚は、個人の心だけでなく共同体における関係のプロセスから生まれる、と社会構成主義は考える。現実は社会的に構成されるという立場に立てば、事実と価値を分けることはできない。人々は、事実の背後にある意味の生成プロセスに参加し、対話を通じて現在と未来の「善い」生き方の創造に集団としてかかわっていくのである。戦略の生成についても、何が「正しい」戦略かについては、対話を通じた複眼的思考のほうが真実に接近する能力を高めることになるだろう。

本書の事例のなかでは、ヒトラーは、人間の強み・弱みに対する理解と敵側の弱点を見抜く直観では群を抜いていたが、自己の信念を弱めるすべてのものを拒否するか回避しようとして、対話を圧殺し、データを信じる者は敗北主義者であるとした。前線や空爆を受けた都市に行き、自分の目で戦場の苦しみと爆撃による被害を見ようとはしなかった。自己の意志の力を弱める現実を閉め出す必死の努力をしたのである。

スターリンは、状況の俊敏な把握と細部に目を配る能力に優れていたが、猜疑心が強く、他者が正しくても認めようとはしなかった。しかし、レニングラードを失い、モスクワ攻防の危機に及んでジューコフに助言を求め、スターリングラード戦からは軍首脳と主要指揮官との対話を深め、逆転勝利に導いた。

「私の望んだのは、適当な討論の後に人々が私の意志に従うことであった」とチャーチルは言ったが、かれは対話を好み、自己が積極的に議論するが他人の討論にも耳を傾ける用意のある、いわば討論による独裁者の地位にあった。

マッカーサーは、自己の判断や決定に疑問や反論を呈する者に容易に妥協しなかった。自己の立場を明確にした後は自己の過ちの可能性を頑なに容認しなかったし、議論は常に後回しであった。

ベトナム戦争の最大の問題は、アメリカ政府首脳とアメリカ軍がほぼ例外なく自信過剰と自己欺瞞に陥り、勝利への信念を反証するデータや議論をことごとく排除したことである。戦場の現実のなかでの戦略の検証が不在であった。

命題9　戦略は「義（ジャスティス）」である

戦略という知は真・善・美を希求する。プラトンは善を最上位に置いたが、善の典型は正義である。毛沢東の農村革命と救国・救民、チャーチルの民主主義文明の守護、スターリンの共産主義体制の維持、サダトのエジプトの尊厳回復など、それぞれの存在を賭としたビジョンの背後には、戦争目的を正当化する大義があった。

唯一の例外は、ベルサイユ体制に挑戦する「生存圏の獲得」に失敗したヒトラーが「ユダヤ人の絶滅」に戦争目的を転化し、人間性の欠如において人類史上に汚点を残したことである。ヒトラーの空虚で実質のない演説には、チャーチルに見られるような深遠な哲学や歴史観がなかった。アーリア人種の優越と生存権の獲得というナチの世界観には、本質的に普遍の正義が欠落していたのである。

チャーチルは断固ヒトラーと戦う決断をした。かれはそれに耐える資源をイギリスが保有しているのか、そして戦後はどうなるのかを分析したというよりは、究極的には意志の力で問題は解決できると信じていた。ヒトラーと和平協定を結ぶほうが、イギリスのパワーを維持できる点では合理的であったかもしれない。しかしチャーチルは、彼の歴史観から、正義は邪悪な全体主義に抵抗するイギリスにあり、それゆえ勝つと信じていた。

ベトナム戦争は、冷徹に見れば、朝鮮戦争の北朝鮮軍のように、北ベトナムによる南ベトナムの武力制圧であったと見ることもできる。元来ベトナム共産党の政治綱領には、「ベトナム革命はプロレタリアート指導によるブルジョワ革命である」と明記されていた。しかし、ホー・チ・ミンの当面の目的はベトナムの真の独立であり、そのためにかれは、階級闘争は前面に出さないで知識人や農民も含めた国民の各層を結集する方策をとった。北ベトナムは一貫して「救国」を掲げた独立運動を世界に訴えた。

これに対し、アジア諸国がドミノ倒しのように次々に共産化することを恐れたアメリカの「ドミノ理論」によるベトナム介入は、国民を真に鼓舞する「義」において弱かった。

ワインバーグは『勝利のビジョン』において、八人の第二次大戦のリーダーのビジョンの実現度を比較している。チャーチルの大英帝国の再興はならなかった。ヒトラーのユダヤ人の絶滅もならなかった。スターリンの東欧支配によるソ連大帝国は一時成功したが、今日解体された。最も大戦時のビジョンを実現したのは、国際連合の設立も含めて、植民地主義に一貫して反対したルーズベルトであるという。

ワインバーグは毛沢東を含めていないが、文化大革命という世紀の愚行を犯しつつも、今日中国が大国としての地位と実力を獲得している現実は、毛沢東のビジョンを実現したものと見るべきだろうか。

命題10　戦略は「賢慮」である

これまで戦略とは何かについて相互に重複し合う命題で整理をしながら、戦略という概念のイメージを生成してきた。戦略の本質に対する多様な側面からの一見アドホックに見える接近は、最終的に一つの命題に収斂する。われわれは、これらの命題を統合する概念は政治的判断力だと考える。政治的判断（political judgement）という概念の起源は、アリストテレスにさかのぼる。

アリストテレスは『ニコマコス倫理学』において、知識をエピステーメ（episteme）、テクネ（techne）、フロネシス（phronesis）の三つに分類した。エピステーメは、今日の用語でいえば認識論に対応するものである。いわゆる科学的知識を生み出すことにかかわっている。このような知識は分析的合理性を基礎とし、普遍的な一般性を志向し、時間・空間によって左右されないコンテクスト独立的な、客観的な知識（形式知）である。

テクネは、今日の用語でいえば、テクニック、テクノロジー、アートにほぼ対応する。実用的な知識やスキルを応用することで何らかのものを生み出したり、つくりだす技能（暗黙知）である。意識的な目的によって支配される手段的合理性を基礎としており、その意味で実践的かつコンテクスト依存的である。

フロネシスは、今日の用語では賢慮ないし配慮（prudence）、実践的知恵（practical wisdom）、倫理（ethics）などと訳されているが、この概念は、価値についての思慮分別とコンテクスト依存的な判断や行為を含んでいる。実践的な価値合理性を基礎とし、個々のコンテクストや状況においてどのように行為するかを判断することや、常識の知、経験や直観の知を志向する実践的知恵（高質の暗黙知）である。フロネシスは、コンテクストそのものを方向づける、あるいはコンテクストを創ることにかかわっている。アリストテレスは、知の三つの効用はこの賢慮の概念に綜合されると考えている（Flyvbjerg, B., Making Social Science Matter）。

戦略論はギリシャ語のストラテゴス（将軍）を語源としていたように、戦略の策定と実行のトータル・プロセスを経営するリーダーシップが基本となる。賢慮型リーダーは、環境ないし現場を直観する。生きたコンテクストを分析的に対象化するというよりは、そのなかに身を置いて細部の語りかけを察知する（認知科学でいうアフォーダンス）。同時に、自らの哲学、歴史観、審美眼を総合したビジョンに基づいて、直観を大きな潮流（全局）と関係づけ、現実の本質を洞察する。

この暗黙知と形式知、主観と客観、ミクロとマクロの往還は、パワーの場における対話と実践を通じてスパイラルに行われる。賢慮は頭のなかの思考運動だけではなく、心身一如のプロセスで演じられる知的パフォーマンスなのである。このプロセスを通じて環境と行為主体、戦略の策定と実行が綜合されるのである。

ヘーゲルは、アレキサンドロス、カエサル、ナポレオンなどの世界史的個人について次のように言う。「彼らは実践的かつ政治的な人間である。それと同時に思考の人でもあって、何が必要であり、何が時宜にかなっているのかを洞察している。洞察されたものは、まさにその時代と世界の真理であり、時代の内部にすでに存在する次の時代の一般的傾向である。彼らの仕事は、世界の次の段階に必ずあらわれる一般的傾向を見てとり、それを自分の目的とし、その実現に精力を傾けることである」（『歴史哲学講義』）。このような世界史的個人も、そのリーダーシップの原型はこの賢慮にあると考えられる。

知の綜合としてのリーダーシップというコンテクストから、アリストテレスの知の概念を、今日の言葉でとらえ直すとするならば、綜合されるべきものは、科学的知識としての理論的な「ノウ・ホワイ」、実践的なスキルとしての「ノウ・ハウ」、そして実現すべき価値（達成すべき目的）としての「ノウ・ホワット」にほかならない。一般に、価値についての分析、人間にとって善いことなのかそれとも悪いことなのかということが、人間行為の出発点となる。

賢慮は、日常の言語・非言語的コミュニケーションで他者の気持ちの理解、共感、感情の機微の察知、自他介入のタイミングと限界点の配慮などを通じて養われる理解と創造の自由演技であり、知的パフォーマンスである（Steinberger, P. J., The Concept of Political Judgement）。それは社会的コンテクストの意味を読み、それを壮大な理論につなげる自由な思考の冒険でもある。

政治とは可能性のアートであり、交渉と調整のプロセスを通じた未来創造である。政治的判断としての賢慮は、個々のコンテクストのなかで活動する人間の具体的な目的と手段についての共同の熟慮・判断・説得による普遍的合意に基づいて、未来へと行動を起こす能力なのである（バイナー『政治的判断力』）。

戦略とは、最も高度な政治的判断力である。それは単なる計画の策定のみならず、実行を含むトータル・プロセスである。環境の知を直観によって獲得し、主体的なビジョンのなかで位置づけ、正当化して組織のパワーを総動員して未来を創造することなのである。

賢慮型リーダーは、個々のダイナミック・コンテクストの直視から、どの側面が検討に値するのか、どの側面は無視してよいのかを察知する、状況認識能力をもつ。これは問題は何かを把握する問題設定能力であり、いわゆる達人の能力と通底する。問題解決の大半は、実は問題設定によるものなのである（R. Halverson, "Accessing, documenting, and communicating practical wisdom"[11]）。

リーダーシップは、個人的でもあり社会的でもある。われわれの事例でいえば、政治家は国家の善のために働くのであるから、この場合のリーダーシップ現象の分析単位は国家になる。このような集合体（組織、コミュニティ、国家）の経営は、多層レベルにわたるリーダーの分配、配置を要請する。トップ、ミドル、ロワーとそれぞれのレベルのリーダーが、コンテクストに応じて共振・共鳴してはじめて国家が機動的に運営され、その戦略の重層的レベルの矛盾が重点的・水平的に綜合されるのである。

賢慮型リーダーは、個人の全人格に身体化している高質の暗黙知を認識（ものの見方）と実践（もののつくり方）の「徒弟制度」を通じて、組織の全レベルのリーダーに伝承し、自律分散型リーダーシップ（distributed leadership）を発揮させ、組織のソフト・パワーを最高度に発揮させる。

賢慮型リーダーシップ（phronetic leadership）は、次の五つの能力を要請すると考えられる。

1. 他者とコンテクストを共有して共通感覚を醸成する能力

人間の最も根底にあるケア、愛、信頼、安心など感情の知を共有する場（コンテクストの共有）をつくる能力である。

2. コンテクスト（特殊）の特質を察知する能力

ミクロの複雑な事象を単純化し、どの側面を考慮ないし無視するかを、直観的に見抜く状況認知能力である。

3. コンテクスト（特殊）を言語・概念（普遍）で再構成する能力

ミクロの直観を、対話を通じて抽象化し、概念化してマクロの歴史的想像やビジョン、テーマと関係づけて説明し、説得する能力である。

4. 概念を公共善（判断基準）に向かってあらゆる手段を巧みに使って実現する能力

「善い」ことの実現に向かって、あらゆる手段や資源を思慮分別をもって、ときに巧妙（cunning）に、マキアヴェリ的手法も即興的に駆使する能力である。

5. 賢慮を育成する能力

個人の全人格に埋め込まれている賢慮を実践のなかで伝承し、育成し、動員する能力である。

チャーチルとヒトラーの対比（ルカーチ『ヒトラー対チャーチル』）でいえば、チャーチルは懐かしい祖父に対して覚える親しさと素朴な人間らしさを持ち、ときに目に涙をいっぱい浮かべることがあり、それを恥じる様子もなかった。共感の場づくりに優れ、他者との対話のなかで本質を直観し、その理論づけ、正当化が巧みであった。状況に応じたユーモアのセンスに満ち、最悪の事態にも、にわかに浮上するタイミングを知っていた。

ヒトラーは人間感情と他者の弱点を見抜く直観に優れていたが、そこから得た本質を概念的に再構成し、理性的に説得する能力に欠けていた。チャーチルほどの人間的温かさや感情の豊かさに欠け、ユーモアがほとんどなく、たまにユーモアらしきものを示しても下品に見えた。いわゆる即興の場を生み出す知的パフォーマンスに欠けていた。

チャーチルは、参謀本部の戦略計画の策定には積極的に介入した。コンテクストに応じて本質的な問いやアイデアを矢継ぎ早に発した。三軍の参謀長たちがそれに反論するときには、同様に高度で緻密(ちみつ)さにおいてそれを上回る反対意見の文書で応酬しなければならなかった。問いの立て方は、まさに問題設定の仕方であり、このような認知的な「徒弟制度」を通じて、チャーチルはかれのスタッフに賢慮を育成していった。

一九四〇年初夏、イギリス政府がヒトラーとの和平交渉に乗っていれば、ヒトラーはヨーロッパの完全支配に勝利していたであろう。しかし、五月二七日の戦時内閣でチャーチルは断固これを拒否した。これが第二次大戦最大のターニング・ポイントであった。ヒトラーがチャーチルを理解した以上にチャーチルはヒトラーを理解していた。チャーチルは、日常の多様な人々との対話と現場感覚のなかから、早くも一九二四年にヒトラーの国家社会主義の台頭を予知していたのである。

チャーチルの知的、道徳的中心原理は、歴史的想像力であったという。それは包括的で一切の現在、一切の未来を豊かで多彩な過去の枠組みの中に収め切るという強いロマン主義であった。チャーチルは戦場に頻繁に出向いて将軍の作戦に介入したが、ミクロの現実とこのような大きな仮説としてのマクロ・パースペクティブが実践のなかで統合されていた。

文学や芸術の美意識は「善」を志向する賢慮と深いかかわりをもつだろう。チャーチルは書くことを好み、直観は言語に表出化され、経営（マネジメント）は書類ベースを基本にした。書類の山に猛然と挑み、その内容を消化した。ヒトラーは文書は書かず、特定の軍事書類を除き書物には目を通さなかった。チャーチルは四〇代に絵を描く喜びを知り、音楽には造詣はなかったが、詩の機微は理解した。ヒトラーは画家だったが、絵画への興味は失せていった。音楽は終始ワーグナーに傾倒していた。

チャーチルは、政治的葛藤プロセスの処理にあたっては、弁証法と感情的武器を可能な限り駆使して妥協を越えようとした。説得、真の怒りと偽りの怒り、嘲り（あざけり）、冷やかし、罵倒（ばとう）、嘲笑（ちょうしょう）、毒舌、涙などあらゆる手段の巧妙なバランスであった。

イザイア・バーリンは、その人物がいなければ起こりえなかった転換を歴史に与えた人物を偉人とし、悪人も偉人であることがある、スターリン、ヒトラー、毛沢東がそれであるといっている。アラン・ブロック（『対比列伝　ヒトラーとスターリン』）は、ヘーゲルの「世界史的人物に対してつつましさ、謙虚さ、人間愛、寛容といった私的な徳目を並べてはならないのである」（『歴史哲学講義』）を引用し、この信念を共有していたのがヒトラーとスターリンであるとし、両者の比較研究を始めている。

さらに両者に共通していたのは強烈な支配欲であり、自説を曲げず議論を封じ、マキアヴェリ流の政治を基本としていた。二人とも冷酷無情こそは最高の美徳であり、人の生命にはまったく関心を払わない唯物論者であり、政治と権力という観点からしか人生を考えなかった。

両者とも戦場に出ることはなく、したがって現場の細部と痛みを理解することはなかった。スターリングラードの勝利は画期的であったが、スターリンが新しい戦闘形態を理解したのは、一九四三年七月のクルスクの戦い以降だったという。

スターリンとヒトラーは両者の独断的な主張と相まって、複雑な事象を単純化する能力に長けていた。ヒトラーのこの能力は初期の奇襲的な電撃戦において遺憾なく発揮されたが、戦線が停滞し戦争と政治の関係についての深い洞察が必要になるにつれて馬脚をあらわすことになった。一方、スターリンは、ヒトラーの残虐な戦争指導に抗して高揚するロシア人民の愛国心と誇りを一身に集め、大祖国戦争の英雄的指導者となっていった。しかしながら、二人に共通していたのは、「善」という実践感覚の決定的な欠落であった。

毛沢東は、農村革命の直接指導から農民との共感をベースに個々のコンテクストの細部を洞察し、土地革命という壮大なビジョンと関係づけ、それを実現するための遊撃戦、根拠地、持久戦を概念化し、実践していった。その方法論は認識と実践の反省的スパイラルであった（『実践論』）。

また、複雑な事象を単純化する方法論を開発した。「複雑な事物の発展過程には、多くの矛盾が存在しているが、そのなかでは必ず一つが主要な矛盾で、それをつかむならば、問題はすべて、たちどころに解決される」（『矛盾論』）。端的に言えば、戦場で複雑な事象に直面したら、まず主要矛盾を識別し、あとは無視してよい、ということなのである。そして、戦争は「救国・救民」のためのあらゆる手段を行使する日々の善の実践である、と毛は言う。毛は『孫子』や中国古典を参照して権謀術策を駆使した。

さらに驚くべきことは、『実践論』『矛盾論』を兵士に講義し、その特定のコンテクストへの応用の結果を「軍事民主」の討論の自由のなかで反映させ、日々の実践感覚(プラクシス)として共有させたことである。少なくとも若き日の毛沢東は、賢慮型リーダーシップを発揮していたといえるだろう。

戦略の構想力とその実行力は、このような日常の知的パフォーマンスとしての賢慮の蓄積とその持続的練磨に依存するのである。戦略は、すべて分析的な言語で語れて結論が出るような静的でメカニカルなものではない。究極にあるのは、事象の細部と全体、コンテクスト依存とコンテクスト自由、主観と客観を善に向かってダイナミックに綜合する実践的知恵である。

それは、存在論（何のために存在するのか）と認識論（どう知るのか）、あるいは理想主義とプラグマティズムを、実践においてダイナミックに綜合する賢慮そのものであろう。

戦略の本質は、存在を賭けた「義」の実現に向けて、コンテクストに応じた知的パフォーマンスを演ずる、自律分散的な賢慮型リーダーシップの体系を創造することである。

参考文献

【序章】
加登川幸太郎『三八式歩兵銃―日本陸軍の七十五年』白金書房、一九七五
千早正隆『日本海軍の戦略発想』プレジデント社、一九八二
藤原彰『太平洋戦争史論』青木書店、一九八二
野村実「太平洋戦争の日本の戦争指導」近代日本研究会編『年報・近代日本研究―四』山川出版社、一九八二
小沢郁郎『つらい真実・虚構の特攻隊神話』同成社、一九八三
野村実『海戦史に学ぶ』文芸春秋、一九八五
森松俊夫編『敗者の教訓』図書出版社、一九八五
奥宮正武『太平洋戦争の本当の読み方』PHP研究所、一九八七
山本七平『日本はなぜ敗れるのか―敗因21カ条』角川書店、二〇〇四

【第1章】
クラウゼヴィッツ（篠田英雄訳）『戦争論』岩波文庫、一九六八

L・ハート（森沢亀鶴訳）『戦略論』原書房、一九七一
上田修一郎『西欧近世軍事思想史』甲陽書房、一九七七
佐藤徳太郎『ジョミニ・戦争概論』原書房、一九七九
P・パレット編（防衛大学校「戦争・戦略の変遷」研究会訳）『現代戦略思想の系譜―マキャヴェリから核時代まで』ダイヤモンド社、一九八九
M・ハンデル（防衛研究所翻訳グループ訳）『戦争の達人たち　孫子・クラウゼヴィッツ・ジョミニ』原書房、一九九四
B・ボンド（川村康之監訳）『戦史に学ぶ勝利の追求』東洋書林、二〇〇〇
川村康之『クラウゼヴィッツ　戦略論大系②』芙蓉書房、二〇〇一
石津朋之『リデルハート　戦略論大系④』芙蓉書房、二〇〇二
E・コーエン（中谷和男訳）『戦争と政治とリーダーシップ』アスペクト、二〇〇三
Michael Howard, The Causes of Wars, Unwin Paperbacks, 1984
Edward N. Luttwak, Strategy: the Logic of War and Peace, Harvard University Press, 1987, revised and enlarged edition, 2001.
Williamson Murray, MacGregor Knox, and Alvin Bernstein, eds., The Making of Strategy: Rulers, States, and War, Cambridge University Press, 1996.
Colin S. Gray, Modern Strategy, Oxford University Press, 1999.

Colin S. Gray, Strategy for Chaos: Revolutions in Military Affairs and the Evidence of History, Frank Cass, 2002.

【第2章】

E・スノー（小野田耕三郎・都留信夫訳）『中共雑記』未來社、一九六四
S・シュラム（石川忠雄・平松茂雄訳）『毛沢東』紀伊國屋書店、一九六六
新島淳良『毛沢東の哲学』勁草書房、一九六六
『毛沢東撰集』四巻、外文出版社、一九六八
J・チェン（徳田教之訳）『毛沢東』筑摩叢書、一九七一
『星火燎原』六巻、新人物往来社、一九七一
毛沢東「中国革命戦争の戦略問題」日本国際問題研究所中国部会編『中国共産党史資料集』第8巻、勁草書房、一九七四
E・スノー（松岡洋子訳）『中国の赤い星』筑摩叢書、一九七五
N・ウェールズ（高田爾郎訳）『中国革命の内部』三一書房、一九七六
野村浩一『人民中国の誕生』講談社学術文庫、一九七六
A・スメドレー（阿部知二訳）『偉大なる道』岩波文庫、一九七七
野村浩一『毛沢東』講談社、一九七八

宍戸寛『中国紅軍史』河出書房新社、一九七九
高田甲子太郎「毛沢東戦略思想の源流」「続毛沢東思想の源流」『軍事史学』第一五巻第一号〜第一六巻第二号、一九七九〜八〇
彭徳懐（田島惇訳）『彭徳懐自述』サイマル出版会、一九八四
尚金鎖・龍長富『毛沢東軍事思想研究』河南人民出版社、一九八五
小島晋治・丸山松幸『中国近現代史』岩波新書、一九八六
姫田光義『中国革命に生きる』中公新書、一九八七
平松茂雄『中国人民解放軍』岩波新書、一九八七
福本勝清『中国革命を駆け抜けたアウトローたち』中公新書、一九九八
金沖及主編（村田忠禧、黄幸監訳）『毛沢東伝』上・下、みすず書房、一九九九、二〇〇〇

【第3章】

W・チャーチル（毎日新聞翻訳委員会訳）『第二次大戦回顧録』第5〜7巻、毎日新聞社、一九五〇
航空自衛隊幹部学校教育部『英本土航空会戦史』一九六五
J・ベダー（山本親雄訳）『スピットファイア－英国を救った戦闘機』サンケイ新聞社出版局「第二次世界大戦ブックス」一九七一

E・ビショップ（山本親雄訳）『栄光のバトル・オブ・ブリテン—英本土航空決戦』サンケイ新聞社出版局「第二次世界大戦ブックス」一九七二
A・J・P・テイラー（古藤晃訳）『ウォー・ロード—戦争の指導者たち』新評論、一九八九
J・コルヴィル（都築忠七ほか訳）『ダウニング街日記—首相チャーチルのかたわらで』（上）平凡社、一九九〇
R・ハウ、D・リチャーズ（河合裕訳）『バトル・オブ・ブリテン—イギリスを守った空の決戦』新潮文庫、一九九四
J・ルカーチ（秋津信訳）『ヒトラー対チャーチル—80日間の激闘』共同通信社、一九九五
Basil Collier, The Defence of the United Kingdom (History of the Second World War: United Kingdom Series), HMSO, 1979.
Barry R. Posen, The Sources of Military Doctrine: France, Britain, and Germany between the World Wars, Cornell University Press, 1984.
Williamson Murray and Allan R. Millett, eds., Military Innovation in the Interwar Period, Cambridge University Press, 1996.
Richard Overy, The Battle of Britain: the Myth and the Reality, Penguin Books, 2000.
Martin Gilbert, Winston Churchill's War Leadership, Vintage Books, 2004.

【第4章】
J・ジュークス（加登川幸太郎訳）『スターリングラード』サンケイ新聞社出版局「第二次世界大戦ブックス」一九七一
W・I・チェイコフ（小城正訳）『ナチス第三帝国の崩壊』読売新聞社、一九七三
W・ゲルリッツ（守屋純訳）『ドイツ参謀本部興亡史』学習研究社、一九九八
P・カレル（松谷健二訳）『バルバロッサ作戦』学習研究社、二〇〇〇
A・ビーヴァー（堀たほ子訳）『スターリングラード　運命の攻囲戦　一九四二〜一九四三』朝日新聞社、二〇〇二
A・ブロック（鈴木主税訳）『対比列伝　ヒトラーとスターリン』全三巻、草思社、二〇〇三
D・M・グランツ、J・M・ハウス（守屋純訳）『独ソ戦全史』学研M文庫、二〇〇五

【第5章】
佐々木春隆著、陸戦史研究普及会編『仁川上陸作戦』原書房、一九六九
佐々木春隆『朝鮮戦争—韓国編』全三巻、原書房、一九七七
児島襄『朝鮮戦争』（全三巻）文藝春秋、一九七七
W・マンチェスター（鈴木主税・高山圭訳）『ダグラス・マッカーサー』（上、下）河出書房新社、一九八五

小此木政夫『朝鮮戦争―米国の介入過程』中央公論社、一九八六
朱建栄『毛沢東の朝鮮戦争』岩波書店、一九九一
A・V・トルクノフ（下斗米伸夫・金成浩訳）『朝鮮戦争の謎と真実』草思社、二〇〇一

【第6章】

M・ヘイカル（時事通信社外信部訳）『アラブの戦い』時事通信社、一九七五
A・サダト（朝日新聞東京本社外報部訳）『サダト自伝―エジプトの夜明けを』朝日イヴニングニュース社、一九七八
M・ダヤン（込山敬一郎訳）『イスラエルの鷹―モシュ・ダヤン自伝』読売新聞社、一九七八
高井三郎『第四次中東戦争――シナイ正面の戦い』原書房、一九八一
田上四郎『中東戦争全史』原書房、一九八一
A・サダト（読売新聞外報部訳）『サダト・最後の回想録』読売新聞社、一九八二
H・キッシンジャー（読売新聞・調査研究本部訳、桃井真監修）『キッシンジャー激動の時代2 火を噴く中東』小学館、一九八二
H・ヘルツォーグ（滝川義人訳）『図解中東戦争』原書房、一九八五
川本和孝『キッシンジャーとサダトとソ連』展望社、一九八六
Lawrence Whetten, The Canal War, The MIT Press, 1974.

The Sunday Times, Insight on Middle East War, Andre Drutch, 1974.

Walter Laqueur, Confrontation: The Middle East and World Politics, Bantam Book, 1974.

Dan Ofry, The Yom Kippur War, Zohar, 1974.

Anwar el Sadat, In Search of Identity: An Autobiography, Harper, 1974.

Chaim Herzog, The War of Atonement—October, 1973, Little, Brown and Company, 1975.

Golda Meir, My Life, Futura Book, 1975.

Mohamed Heikal, The Road to Ramdan, Fontana Coll, 1976.

Moshe Dayan, Story of My Life, Sphere Books, 1976.

Avi Shlaim, "Failures in National Intelligence Estimates: The Case of the Yom Kippur War", World Politics, April, 1976.

Chaim Herzog, The Arab-Israel Wars: War and Peace in the Middle East, Randam House, 1982.

The Jerusalem Post, April, 1974.

【第7章】

新舘節朗「ベトナム戦争における米軍の兵力投入に関する一観察(1)、(2)」『幹部学校記事』一九七〇年一一月号、一二月号

藤井寛元「足が見たベトナム戦争(1)―(4)」『幹部学校記事』一九七一年五月号―八月号

西村仁「第2次インドシナ戦争（ベトナム戦争）1966.7～1967.6における米第3海兵師団の作戦についての一考察」『陸戦研究』一九八三年三月号

西村仁「インドシナにおける戦争　一九六八年のケサン攻防戦、その背景と意義(1)—18」『富士』一九八三年六月号—八五年三月号

本間長世「ベトナム戦争の教訓」『アジア・クォータリー』一九八五年一〇月

D・パイク（浦野起央訳）『ベトコン』鹿島研究所出版会、一九六八

ニューヨーク・タイムス編（杉辺利英訳）『ベトナム秘密報告』下巻、サイマル出版会、一九七二

D・オーバードーファー（鈴木主税訳）『テト攻勢』草思社、一九七三

陸井三郎編『ベトナム帰還兵の証言』岩波新書、一九七三

G・L・クアン（寺内正義訳）『ボー・グエン・ザップ』サイマル出版会、一九七五

R・グリーン（藤井冬木訳）『地獄から還った男』原書房、一九八〇

P・ショル＝ラトール（赤羽龍夫訳）『泥田に死す』時事通信社、一九八一

G・C・ヘリング（秋山昌平訳）『アメリカの最も長い戦争』下巻、講談社、一九八五

R・S・マクナマラ（仲晃訳）『マクナマラ回顧録』共同通信社、一九九七

B. T. Bashore, "The Name of the Game. Is Search and Destroy", Army, February, 1967.

W. E. DePuy, "Vietnam: What We Might Have Done And Why We Didn't Do It", Army, February, 1986.

J. Race, War Comes to Long An, University of California Press, 1972.
J. J. Ewell, I. A. Hunt, Sharpening the Combat Edge, Department of the Army, 1974.
B. W. Rogers, Cedar Falls-Junction City: A Turning Point, Department of the Army, 1974.
W. Pearson, The War in the Northern Provinces 1966-1968, Department of the Army, 1975.
W. C. Westmoreland, A Soldier Reports, Doubleday, 1976.
D. R. Palmer, Summons of the Trumpet, Presidio Press, 1978.
G. Lewy, America in Vietnam, Oxford U.P., 1978.
N. Podhoretz, Why We Were In Vietnam, Simon and Schuster, 1982.
R. A. Hunt, R. H. Shultz, ed., Lessons from an Unconventional War, Pergamon Press, 1982.
D. C. Hallin, The Uncensored War, The Media and Vietnam, Oxford U.P., 1986.

【第8章】

E・コーエン（中谷和男訳）『戦争と政治とリーダーシップ』アスペクト、二〇〇三
R・S・マクナマラ（仲晃訳）『マクナマラ回顧録』共同通信社、一九九七
Edward N. Luttwak, Strategy: the logic of War and Peace, Harvard University Press, 2001.

【終章】

J・ハーバーマス（河上倫逸他訳）『コミュニケーション的行為の理論』（上）未來社、一九八五
W・マンチェスター（鈴木主税・高山圭訳）『ダグラス・マッカーサー』（上・下）河出書房新社、一九八五
野中郁次郎『企業進化論』日本経済新聞社、一九八五
R・バイナー（浜田義文監訳）『政治的判断力』法政大学出版局、一九八八
加護野忠男『組織認識論』千倉書房、一九八八
I・バーリン（河合秀和訳）『ある思想史家の回想』みすず書房、一九九三
G・F・W・ヘーゲル（長谷川宏訳）『歴史哲学講義』（上）岩波文庫、一九九四
J・ルカーチ（秋津信訳）『ヒトラー対チャーチル─80日間の激闘』共同通信社、一九九五
野中郁次郎・竹内弘高『知識創造企業』東洋経済新報社、一九九五
河合秀和『チャーチル』中公新書、一九九八
B・ボンド（川村康之監訳）『戦史に学ぶ勝利の追求』東洋書林、二〇〇〇
松岡実『ベトナム戦争』中公新書、二〇〇一
アリストテレス（朴一功訳）『ニコマコス倫理学』京都大学学術出版会、二〇〇二
A・ブロック（鈴木主税訳）『対比列伝　ヒトラーとスターリン』全三巻、草思社、二〇〇三
鎌田伸一・山内康英「戦略環境の変化と軍事組織の対応」野中郁次郎・泉田裕彦・永田晃也編

著『知識国家論序説』東洋経済新報社、二〇〇三
E・A・コーエン（中谷和男訳）『戦争と政治とリーダーシップ』アスペクト、二〇〇三
T・ローソン（八木紀一郎監訳）『経済学と実在』日本評論社、二〇〇三
野中郁次郎・紺野登『知識創造の方法論』東洋経済新報社、二〇〇三
野中郁次郎・大串正樹「知識国家の構想」野中・泉田・永田編著『知識国家論序説』東洋経済新報社、二〇〇三
K・J・ガーゲン（永田素彦他訳）『社会構成主義の理論と実際』ナカニシヤ出版、二〇〇四
村井友秀編著『戦略論体系⑦　毛沢東』芙蓉書房出版、二〇〇四
J・S・ナイ（山岡洋一訳）『ソフト・パワー』日本経済新聞社、二〇〇四
那須耕介「政治的思考という祖型」足立幸男編著『政策学的思考とは何か』勁草書房、二〇〇五
小倉貞男『ヴェトナム戦争全史』岩波現代文庫、二〇〇五
P. J. Steinberger, The Concept of Political Judgement, University of Chicago Press, 1993.
R. A. Bhaskar, Realist Theory of Science, Verso, 1997.
W. F. Kimball, Forged in War: Roosevelt, Churchill, and the Second World War, Morrow, 1997.
B. Flyvbjerg, Making Social Science Matter, Cambridge University Press, 2001.
J. Lukacs, Churchill, Yale University Press, 2002.

M. Gilbert, Winston Churchill's War Leadership, Vintage Books, 2003.

A. Roberts, Hitler and Churchill, Phoenix, 2003.

R. Halverson,"Accessing, documenting, and communicating practical wisdom: the phronesis of school leadership", American Journal of Education, Novermber 2004.

D. Johnson, Overconfidence and War, Harvard University Press, 2004.

Alexander, L.G. & A. Bennett, Case Studies and Theory Development in the Social Sciences, MIT Press, 2005.

Nonaka, I. & R. Toyama "The theory of the knowledge-creating firm: subjectivity, objectivity and synthesis", Industrial and Corporate Change, 14: 3, 2005.

【主な著書】

『ネットワークパワー』（NTT 出版、1990）

『パワーミドル』（講談社、1992）

・杉之尾宜生（すぎのお・よしお、本名：孝生　第6章、第8章担当）

1936 年生まれ

防衛大学校卒業

防衛大学校教授（元一等陸佐）を経て

現在　戦略研究学会・日本クラウゼヴィッツ学会顧問

【主な著訳書】

『戦略論大系①　孫子』（編著、芙蓉書房出版、2002）

『『戦争論』の読み方』（共著、芙蓉書房出版、2003）

『撤退の研究』（共著、日本経済新聞出版社、2007）

・村井友秀（むらい・ともひで　第7章、第8章担当）

1950 年生まれ

東京大学大学院修了、防衛大学校教授を経て

現在　東京国際大学教授

【主な著書】

『安全保障学入門』（共著、亜紀書房、2003）

『戦略論大系⑦　毛沢東』（編著、芙蓉書房出版、2004）

（著者略歴）

・**野中郁次郎**（のなか・いくじろう　序章、第２章、第８章、終章担当）
1936年生まれ
カリフォルニア大学（バークレイ）経営大学院卒業。Ph.D.
現在　一橋大学名誉教授
【主な著書】
『組織と市場』（日経・経済図書文化賞受賞、千倉書房、1974）
『知識創造の経営』（日本経済新聞社、1990）
『知識創造企業』（共著、東洋経済新報社、1995）

・**戸部良一**（とべ・りょういち　序章、第１章、第３章、第８章担当）
1948年生まれ
京都大学大学院修了、博士（法学）。防衛大学校教授、国際日本文化研究センター教授を経て
現在　帝京大学教授
【主な著書】
『ピース・フィーラー　支那事変和平工作の群像』（吉田茂賞受賞、論創社、1991）
『逆説の軍隊』（中央公論社、1998）
『日本陸軍と中国』（講談社、1999）

・**鎌田伸一**（かまた・しんいち　序章、第５章、第８章担当）
1947年生まれ
上智大学大学院修了
元防衛大学校教授
【主な著訳書】
『組織行動の調査方法』（共訳、白桃書房、1980）
『「あいまい性」と作戦指揮』（共訳、東洋経済新報社、1989）

・**寺本義也**（てらもと・よしや　第４章、第８章担当）
1942年生まれ
早稲田大学大学院修了、早稲田大学教授。経営研究所所長を経て
現在　ハリウッド大学院教授
　　　メイ・ウシヤマ総合研究所所長

本書は二〇〇五年八月に日本経済新聞出版社より刊行した『戦略の本質　戦史に学ぶ逆転のリーダーシップ』を文庫化したものです。

nbb
日経ビジネス人文庫

戦略の本質
戦史に学ぶ逆転のリーダーシップ

2008年 8 月 1 日 第 1 刷発行
2025年 2 月 3 日 第20刷（新装版2刷）
著者
野中郁次郎・戸部良一
のなか・いくじろう　とべ・りょういち
鎌田伸一・寺本義也
かまた・しんいち　てらもと・よしや
杉之尾宜生・村井友秀
すぎのお・よしお　むらい・ともひで
発行者
中川ヒロミ

発行
株式会社日経BP
日本経済新聞出版

発売
株式会社日経BPマーケティング
〒105-8308 東京都港区虎ノ門4-3-12

ブックデザイン
川上成夫

印刷・製本
大日本印刷株式会社

Printed in Japan ISBN978-4-296-12406-0

nbb 好評既刊

歴史からの発想

堺屋太一

超高度成長期「戦国時代」を題材に、「進歩と発展」の後に来る「停滞と拘束」からいかに脱するかを示唆した堺屋史観の傑作。

歴史の使い方

堺屋太一

本能寺の変、関ヶ原の戦いなどのエピソードを紹介しながら、歴史の楽しみ方、現代への役立て方を説く。やっぱり歴史は面白い！

東大講義録 文明を解くⅠ・Ⅱ

堺屋太一

作家・堺屋太一が1980年代生まれの世代に向けて文明の由来と未来について語った講義録。東大生も感動した内容を公開。

世界を創った男 チンギス・ハン 上・中・下

堺屋太一

13世紀、あらゆる人種、宗教、文化、地域を取り込み、経済重視で帝国を拡張し続けた史上最強の征服者チンギス・ハンの生涯を描く。

近代文明の誕生

川勝平太

日本はいかにしてアジア最初の近代文明国になったのか？　静岡県知事にして、独自の視点を持つ経済史家が、日本文明を読み解く。

nbb 好評既刊

戦国武将の危機突破学

童門冬二

信長、家康など九人の人間的魅力を解剖。ビジネスで戦うリーダーに求められる指導力、判断力、解決力が学べる好読み物。

大御所家康の策謀

童門冬二

駿府城へ隠居した家康は、怪僧、豪商など異能集団を重用。野望の実現のために謀略の限りを尽くす。大御所政治の内幕を描く。

織田信長 破壊と創造

童門冬二

最強の破壊者・信長は稀代のビジョナリストだった。信長の思想と戦略を抉り出した話題作を文庫化。史上最大の革命家の謎に迫る。

新釈 三国志 上・下

童門冬二

戦国乱世の覇権を競う勇将、名参謀たちが駆使した権謀術数の数々。日本史への類比とビジネス哲学で読み解いた「童門版三国志」。

参謀は名を秘す

童門冬二

参謀として都知事を支えた著者が、信長の沢彦、家康の太原雪斎、忠臣蔵の堀部安兵衛などを検証し、真の参謀のあり方を追求する。